高等职业教育系列教材

# 计算机应用基础
## （Windows 7 + Office 2013）

主　编　潘　军

副主编　朱宪花

参　编　魏俊博　孙梅梅　刘　婷

机械工业出版社

本书采用"项目引领、任务驱动、教学做一体"的教学模式，结合目前高职新生的学习特点，弱化基础操作的讲解，强化操作技巧的讲授，紧密结合实际工作任务，突出实用性和个性化，培养创新能力。

本书以 Windows 7 操作系统和 Office 2013 办公软件为基础，主要内容包括 Windows 7 系统使用与管理、Office 2013 操作基础、文字处理（Word 2013）、数据处理（Excel 2013）、演示文稿制作（PowerPoint 2013）、网络应用与共享 6 个项目。用项目进行引导（让学生知道要完成什么），以此提出任务，进行任务描述（让学生知道要做什么）和任务分析（让学生知道用什么工具去完成）。在任务实施环节，用理论知识和操作技巧进行详细讲解，再通过能力训练提高操作能力，同时结合知识链接和知识测试，巩固理论知识。

本书可以作为各类高等职业院校、中等职业学校和高等专科学校电子信息大类的"计算机应用基础"课程的教材，也可以作为教育培训机构的培训教材，同时适合需要提高计算机操作水平的读者使用。

本书配有素材、效果文件以及授课电子课件，需要的教师可登录 www.cmpedu.com 免费注册、审核通过后下载，或联系编辑索取（QQ：1239258369，电话：010-88379739）。

**图书在版编目（CIP）数据**

计算机应用基础：Windows 7+Office 2013／潘军主编 . —北京：机械工业出版社，2017.8（2024.9重印）
高等职业教育系列教材
ISBN 978-7-111-57531-3

Ⅰ . ①计… Ⅱ . ①潘… Ⅲ . ①Windows 操作系统—高等职业教育—教材 ②办公自动化—应用软件—高等职业教育—教材 Ⅳ . ①TP316.7 ②TP317.1

中国版本图书馆 CIP 数据核字（2017）第 179535 号

机械工业出版社（北京市百万庄大街 22 号　邮政编码　100037）
策划编辑：鹿　征　　责任编辑：鹿　征
责任校对：张艳霞　　责任印制：常天培
北京机工印刷厂有限公司印刷
2024 年 9 月第 1 版·第 5 次印刷
184mm×260mm·17.25 印张·421 千字
标准书号：ISBN 978-7-111-57531-3
定价：49.90 元

电话服务　　　　　　　　　　网络服务
客服电话：010-88361066　　机 工 官 网：www.cmpbook.com
　　　　　010-88379833　　机 工 官 博：weibo.com/cmp1952
　　　　　010-68326294　　金 书 网：www.golden-book.com
**封底无防伪标均为盗版**　　机工教育服务网：www.cmpedu.com

# 高等职业教育系列教材计算机专业
## 编委会成员名单

**名誉主任**　周智文

**主　　任**　眭碧霞

**副 主 任**　林　东　　王协瑞　　张福强　　陶书中

　　　　　　龚小勇　　王　泰　　李宏达　　赵佩华

　　　　　　刘瑞新

**委　　员**　（按姓氏笔画顺序）

　　　　　　万　钢　　万雅静　　卫振林　　马　伟

　　　　　　王亚盛　　尹敬齐　　史宝会　　宁　蒙

　　　　　　乔芃喆　　刘本军　　刘剑昀　　齐　虹

　　　　　　江　南　　安　进　　孙修东　　李　萍

　　　　　　李华忠　　李　强　　何万里　　余永佳

　　　　　　张　欣　　张洪斌　　张瑞英　　陈志峰

　　　　　　范美英　　郎登何　　赵国玲　　赵增敏

　　　　　　胡国胜　　钮文良　　贺　平　　顾正刚

　　　　　　徐义晗　　徐立新　　唐乾林　　黄能秋

　　　　　　黄崇本　　曹　毅　　傅亚莉　　裴有柱

**秘 书 长**　胡毓坚

# 出 版 说 明

《国家职业教育改革实施方案》（又称"职教 20 条"）指出：到 2022 年，职业院校教学条件基本达标，一大批普通本科高等学校向应用型转变，建设 50 所高水平高等职业学校和 150 个骨干专业（群）；建成覆盖大部分行业领域、具有国际先进水平的中国职业教育标准体系；从 2019 年开始，在职业院校、应用型本科高校启动"学历证书 + 若干职业技能等级证书"制度试点（即 1 + X 证书制度试点）工作。在此背景下，机械工业出版社组织国内 80 余所职业院校（其中大部分院校入选"双高"计划）的院校领导和骨干教师展开专业和课程建设研讨，以适应新时代职业教育发展要求和教学需求为目标，规划并出版了"高等职业教育系列教材"丛书。

该系列教材以岗位需求为导向，涵盖计算机、电子、自动化和机电等专业，由院校和企业合作开发，多由具有丰富教学经验和实践经验的"双师型"教师编写，并邀请专家审定大纲和审读书稿，致力于打造充分适应新时代职业教育教学模式、满足职业院校教学改革和专业建设需求、体现工学结合特点的精品化教材。

归纳起来，本系列教材具有以下特点：

1) 充分体现规划性和系统性。系列教材由机械工业出版社发起，定期组织相关领域专家、院校领导、骨干教师和企业代表召开编委会年会和专业研讨会，在研究专业和课程建设的基础上，规划教材选题，审定教材大纲，组织人员编写，并经专家审核后出版。整个教材开发过程以质量为先，严谨高效，为建立高质量、高水平的专业教材体系奠定了基础。

2) 工学结合，围绕学生职业技能设计教材内容和编写形式。基础课程教材在保持扎实理论基础的同时，增加实训、习题、知识拓展以及立体化配套资源；专业课程教材突出理论和实践相统一，注重以企业真实生产项目、典型工作任务、案例等为载体组织教学单元，采用项目导向、任务驱动等编写模式，强调实践性。

3) 教材内容科学先进，教材编排展现力强。系列教材紧随技术和经济的发展而更新，及时将新知识、新技术、新工艺和新案例等引入教材；同时注重吸收最新的教学理念，并积极支持新专业的教材建设。教材编排注重图、文、表并茂，生动活泼，形式新颖；名称、名词、术语等均符合国家有关技术质量标准和规范。

4) 注重立体化资源建设。系列教材针对部分课程特点，力求通过随书二维码等形式，将教学视频、仿真动画、案例拓展、习题试卷及解答等教学资源融入到教材中，使学生学习课上课下相结合，为高素质技能型人才的培养提供更多的教学手段。

由于我国高等职业教育改革和发展的速度很快，加之我们的水平和经验有限，因此在教材的编写和出版过程中难免出现疏漏。恳请使用本系列教材的师生及时向我们反馈相关信息，以利于我们今后不断提高教材的出版质量，为广大师生提供更多、更适用的教材。

机械工业出版社

# 前　言

随着计算机技术的飞速发展，各种系统软件和应用软件的版本不断升级，新知识大量涌现，人们需要持续进行知识更新。现在的大学新生都是"00后"的学生，他们知识面广、兴趣点多样、操作能力强，更乐于接受新鲜事物。同时，通过对行业和企业的工作岗位调研，以及同类院校的专业调研，对于毕业生的计算机应用水平和操作水平，均要求能够达到熟练使用的程度。

现在的高中毕业生已不再是"零基础"水平，他们在入学前大多已经接触或掌握了操作系统和Office组件的使用，而且涉及的版本非常丰富，从Windows XP到Windows 7、8或10，从Office 2003到2007、2010、2013、2016等，或者是WPS的各种版本。本书在教学内容的选取上，充分考虑了"00后"学生的特点，以及版本的普及性和新趋势，在案例的选取上突出实用性，在任务的安排上强调综合性，精简理论知识，弱化基本操作，强化技巧训练，面向全新功能。

本书源于长期的"计算机应用基础"课程的教学实践，教学内容包括Windows 7系统的使用与管理、Office 2013操作基础、文字处理（Word 2013）、数据处理（Excel 2013）、演示文稿制作（PowerPoint 2013）、网络应用与共享6个项目。

本书采用项目化教学设计，以项目为引导，用任务做基础，通过任务描述（让学生知道要做什么）→任务分析（让学生知道用什么工具去完成）→任务实施（让学生知道工作步骤是什么）→能力训练（利用综合性的训练任务提升操作水平）→知识测试（了解理论知识的掌握程度），完成每个项目的学习。

本书具有以下特点：

① 面向实际工作过程设计案例和任务，注重职业能力的培养。

② 教学做一体化设计，理实有机结合，知识讲解和能力训练同步。

③ 能力训练内容实用性强，帮助读者进一步提高操作水平。

本书由山东电子职业技术学院的潘军任主编，朱宪花任副主编。朱宪花编写项目1，潘军编写项目2和项目3，魏俊博编写项目4，刘婷编写项目5，孙梅梅编写项目6，全书由潘军统稿。山东九州信泰信息科技股份有限公司的技术工程师费圣翔、山东电子职业技术学院财务与审计处的徐怡旻等参与了教材的内容组织和结构设计，提供了实训素材，在此表示衷心感谢。

由于编写水平有限，时间仓促，书中难免有不妥和疏漏之处，恳请广大读者批评指正。

编　者

# 课时分配建议

本课程采用"教学做一体"的教学模式。建议周学时 4 学时，教学周数 16 周，总学时 64 学时。

本书的章节课时安排建议：

| 项 目 名 称 | 任 务 名 称 | 学时 | 教学难点与重点 | 合计 |
|---|---|---|---|---|
| 项目 1<br>Windows 7 系统的使用与管理 | 任务 1.1　熟悉 Windows 7 操作系统 | 1 | 操作系统的版本，桌面和窗口的使用 | 4 |
| | 任务 1.2　管理文件资源 | 1 | "计算机"和"库"的使用及资源管理 | |
| | 任务 1.3　定制工作环境 | 1 | 个性化工作环境设置，设置用户账户 | |
| | 任务 1.4　实用工具 | 1 | 任务管理器、桌面小工具、附件 | |
| 项目 2<br>Office 2013 操作基础 | 全部任务 | 2 | 版本差异，新功能，工作界面，常用基本操作及帮助 | 2 |
| 项目 3<br>使用 Word 2013 进行文字处理 | 任务 3.1　普通文档的写作与编辑 | 4 | 常用文档的编辑 | 18 |
| | 任务 3.2　调查问卷的设计与制作 | 4 | 表格的设计与制作 | |
| | 任务 3.3　制作图文混排文档 | 4 | 图文混排方法和技巧 | |
| | 任务 3.4　毕业论文的编辑与制作 | 6 | 长文档编辑 | |
| 项目 4<br>使用 Excel 2013 进行数据处理 | 任务 4.1　制作员工基本信息表 | 4 | 工作簿管理，数据输入，格式设置及打印输出 | 20 |
| | 任务 4.2　制作学生成绩统计表 | 4 | 公式和函数，数据统计分析及图表制作 | |
| | 任务 4.3　个人收支统计表的设计与制作 | 6 | 获取外部数据，公式审核及监视窗口 | |
| | 任务 4.4　产品销售表的设计与制作 | 6 | 数据库函数，数据透视表 | |
| 项目 5<br>使用 PowerPoint 2013 制作演示文稿 | 任务 5.1　校园文化艺术节活动宣传 | 4 | 常用演示文稿的制作方法 | 14 |
| | 任务 5.2　工程项目管理报告 | 4 | 设计与制作母版，切换方式及动画设计 | |
| | 任务 5.3　公司产品展示 | 6 | 插入多媒体对象及综合应用 | |
| 项目 6<br>网络应用与共享 | 任务 6.1　信息检索与下载 | 2 | 搜索引擎及数据库检索系统 | 6 |
| | 任务 6.2　资源共享与远程访问 | 2 | 资源共享及远程连接 | |
| | 任务 6.3　无线局域网的组建与管理 | 2 | 网络连接及无线局域网的组建与管理 | |
| 总　　　计 | | | | 64 |

# 目　　录

# 项目 1　Windows 7 系统的使用与管理

**学习目标**

- ◆ 了解操作系统的基本概念及功能
- ◆ 了解 Windows 7 的版本类型
- ◆ 熟悉 Windows 7 的基本操作
- ◆ 掌握 Windows 7 的计算机窗口使用和库管理
- ◆ 掌握 Windows 7 的实用工具

**能力目标**

- ◆ 能够掌握 Windows 7 的基本操作
- ◆ 能够熟练使用计算机窗口和管理库
- ◆ 能够熟练管理文件夹和文件
- ◆ 能够熟练使用任务管理器
- ◆ 能够创建与管理用户账户

## 任务 1.1　熟悉 Windows 7 操作系统

 任务描述

常用 Windows 操作系统的版本包括 Windows XP、Windows 7、Windows 8、Windows 10 等，不同的计算机或笔记本电脑，根据不同的系统配置，安装的操作系统是不同的。

现在，就交给你一项任务：

学校组织学生参加职业技能大赛，建立了一个兴趣小组并配备个人计算机，操作系统安装的是 Windows 7 版本。有的同学是第一次接触这个版本，需要了解和熟悉 Windows 7 的基本操作，请帮助他们完成这项任务。

 任务分析

完成任务的工作步骤与相关知识点分析见表 1-1。

表 1-1　任务分析

| 工 作 步 骤 | 相关知识点 |
|---|---|
| 了解操作系统概念 | 操作系统定义、功能和分类 |
| 了解 Windows 版本 | Windows 版本的区别 |
| 熟悉 Windows 桌面 | Windows 桌面组成及设置 |
| 熟悉 Windows 窗口 | Windows 窗口组成及设置 |

## 1.1.1　Windows 7 操作系统简介

### 1. 操作系统的概念

操作系统（Operating System，OS）是管理和控制计算机硬件与软件资源的计算机程序，是直接运行在"裸机"上的最基本的系统软件，任何其他软件都必须在操作系统的支持下才能运行。操作系统是计算机系统的关键组成部分，负责管理与配置内存、决定系统资源供需的优先次序、控制输入与输出设备、操作网络与管理文件系统等基本任务。

操作系统是用户和计算机的接口，同时也是计算机硬件和其他软件的接口。

### 2. 操作系统的分类

操作系统的种类很多，各种设备安装的操作系统从简单到复杂，从手机的嵌入式操作系统到超级计算机的大型操作系统等。目前流行的操作系统主要有 Windows、Linux、Mac OS X、z/OS、Free BSD、Android、iOS 和 Windows Phone 等，除了 Windows 和 z/OS 等少数操作系统，大部分操作系统都为类 UNIX 操作系统。

按应用领域划分主要有 3 种：桌面操作系统、服务器操作系统和嵌入式操作系统。

（1）桌面操作系统

桌面操作系统主要用于个人计算机。个人计算机市场从硬件架构上来说主要分为两大阵营，分别为 PC 与 Mac 计算机；从软件上主要分为两大类，分别为类 UNIX 操作系统和 Windows 操作系统。

- UNIX 和类 UNIX 操作系统：Mac OS X、Linux 发行版（如 Debian、Ubuntu、Linux Mint、openSUSE、Fedora 等）；
- 微软公司 Windows 操作系统：Windows XP、Windows Vista、Windows 7、Windows 8、Windows 10、Windows NT 等。

（2）服务器操作系统

服务器操作系统一般是指安装在大型计算机上的操作系统，比如 Web 服务器、应用服务器和数据库服务器等。服务器操作系统主要集中在以下三大类。

- UNIX 系列：SUN Solaris、IBM – AIX、HP – UX、FreeBSD 等；
- Linux 系列：Red Hat Linux、CentOS、Debian、Ubuntu 等；
- Windows 系列：Windows Server 2003、Windows Server 2008、Windows Server 2012 等。

（3）嵌入式操作系统

嵌入式操作系统是应用在嵌入式系统的操作系统。嵌入式系统广泛应用在生活的各个方面，涵盖范围从便携设备到大型固定设备，如数码相机、手机、平板电脑、家用电器、医疗设备、交通灯、航空电子设备和工厂控制设备等，越来越多的嵌入式系统安装了实时操作系统。

在嵌入式领域常用的操作系统有嵌入式 Linux、Windows Embedded、VxWorks 等，以及广泛使用在智能手机或平板电脑等电子产品的操作系统，如 Android、iOS 和 Windows Phone 等。

**3. 操作系统的功能**

计算机系统的资源可分为设备资源和信息资源两大类。设备资源指的是组成计算机的硬件设备，如中央处理器、主存储器、磁盘存储器、打印机、磁带存储器、显示器、键盘输入设备和鼠标等。信息资源指的是存放于计算机内的各种数据，如文件、程序库、知识库、系统软件和应用软件等。

操作系统的功能包括管理计算机系统的硬件、软件及数据资源，控制程序运行，改善人机交互界面，为应用软件提供支持等，使计算机系统所有资源最大限度地发挥作用，提供了各种形式的用户界面，使用户有一个好的工作环境，为软件开发提供必要的服务和相应的接口。

操作系统位于底层硬件与用户之间，是两者沟通的桥梁。用户可以通过操作系统的用户界面输入命令，操作系统则对命令进行解释，驱动硬件设备，实现用户需求。

以现代观点而言，一个标准个人计算机的 OS 应该提供以下功能：

◆ 进程管理（Processing management）；

◆ 内存管理（Memory management）；

◆ 文件系统（File system）；

◆ 网络通信（Networking）；

◆ 安全机制（Security）；

◆ 用户界面（User interface）；

◆ 驱动程序（Device drivers）。

**4. Windows 7 操作系统**

Windows 系列操作系统是微软公司在 20 世纪 90 年代研制成功的图形化工作界面操作系统，俗称"视窗"。第一个版本的 Windows 1.0 问世于 1985 年，起初仅是 MS – DOS 下的桌面环境，后续版本逐渐发展成为个人计算机和服务器用户设计的操作系统，目前最新正式版本为 Windows 10。

（1）版本类型

Windows 7 操作系统是微软公司 2009 年推出的计算机操作系统，供个人、家庭及商业使用，一般安装于笔记本电脑、平板电脑、多媒体中心等。Windows 7 部分常见版本如图 1–1 所示。

2014 年 10 月 31 日起，Windows 7 家庭普通版、家庭高级版以及旗舰版的盒装版将不再销售，而且微软也不再向 OEM 厂商发放这 3 个版本的授权。

2015 年 1 月 14 日起，微软停止对 Windows 7 系统提供主流支持，这意味着微软正式停止为其添加新特性或者新功能。Windows 7 系统的版本介绍见表 1–2。

图 1–1　Windows 7 部分常见版本

表1-2　Windows 7 系统版本一览表

| 版本类型 | 英文名称 | 功能简介 |
|---|---|---|
| 初级版 | Windows 7 Starter | 又称入门版，仅安装在原始设备制造商的特定机器上，并限于某些特殊类型的硬件。微软并不直接面向消费者开放 |
| 家庭普通版 | Windows 7 Home Basic | 仅在新兴市场投放（不包括发达国家）。大部分在笔记本电脑或品牌计算机上预装此版本 |
| 家庭高级版 | Windows 7 Home Premium | 在普通版上新增功能：Aero 玻璃特效、多点触控功能、多媒体功能、组建家庭网络组 |
| 专业版 | Windows 7 Professional | 替代 Windows Vista 下的商业版，支持加入管理网络、高级网络备份等数据保护功能、位置感知打印技术等 |
| 企业版 | Windows 7 Enterprise | 提供一系列企业级增强功能：内置和外置驱动器数据保护、锁定非授权软件运行、无缝连接基于的企业网络、Windows Server 2008 R2 网络缓存等 |
| 旗舰版 | Windows 7 Ultimate | 包含以上版本的所有功能（除企业版） |

（2）配置要求

最低配置如下。

◆ CPU：1 GHz 的单核处理器。

◆ 内存：1 GB，安装识别的最低内存是 512 MB，小于 512 MB 会提示内存不足（只是安装时提示）。

◆ 硬盘：20 GB 以上可用空间。

◆ 显卡：有 WDDM 1.0 或更高版驱动的集成显卡 64 MB 以上，128 MB 为打开 Aero 特效最低配置。

◆ 其他设备：DVD – R/RW 驱动器或者 U 盘等其他存储介质。如果需要用 U 盘安装 Windows 7，需要制作 U 盘引导。

推荐配置如下。

◆ CPU：1 GHz 及以上的 32 位或 64 位双/或多核处理器。Windows 7 包括 32 位及 64 位两种版本，如果希望安装 64 位版本，则需要支持 64 位运算的 CPU 的支持。

◆ 内存：1 GB（32 位）/2 GB（64 位），最低允许 1 GB。

◆ 硬盘：20 GB 以上可用空间，不要低于 16 GB。

◆ 显卡：有 WDDM 1.0 驱动的支持 DirectX 10 以上级别的独立显卡。

◆ 其他设备：DVD R/RW 驱动器或者 U 盘等其他存储介质。

（3）Windows 7 系统的新特性

1）更加简单。Windows 7 使搜索和使用信息更加简单，包括本地计算机、网络和互联网搜索功能，直观的用户体验将更加高级，还会整合自动化应用程序提交和交叉程序数据透明性。

2）更加安全。Windows 7 包括改进的安全和功能合法性，将数据保护和管理扩展到外围设备。改进基于角色的计算方案和用户账户管理，在数据保护和坚固协作的固有冲突之间搭建沟通桥梁，同时也会开启企业级的数据保护和权限许可。

3）更好的连接。Windows 7 进一步增强了移动工作能力，无论何时、何地，任何设备都能访问数据和应用程序，开启坚固的特别协作体验，扩展无线连接、管理和安全功能。

4）更低的成本。Windows 7 帮助企业优化桌面基础设施，具有无缝操作系统、应用程序和数据移植功能，并简化 PC 供应和升级，进一步朝完整的应用程序更新和补丁方面努力。

还包括改进的硬件和软件虚拟化体验，并将扩展 PC 自身的 Windows 帮助和 IT 专业问题解决方案诊断。

## 1.1.2 桌面和窗口

### 1. 桌面和窗口

（1）桌面

启动 Windows 7 系统后首先看到的主屏幕就是桌面，Windows 7 系统的桌面元素主要包括图标和任务栏。桌面上的图标是软件的标识，存放了用户经常使用的应用程序图标和文件夹图标，也可以根据需要添加各种快捷方式图标。双击该图标就会快速启动应用程序或打开文件。

快捷方式是 Windows 提供的一种快速启动程序、打开文件或文件夹的方法，是应用程序的快速链接，快捷方式的扩展名为 *.lnk。快捷方式一般存放在桌面上、"开始"菜单中和任务栏的"快速启动"中。

桌面图标的排序方式有 4 种：按名称、大小、项目类型、修改日期，在桌面空白处右击，在弹出的快捷菜单中选择"排序方式"，在级联菜单中选择相应命令即可。

应用程序在运行时，程序窗口会占据桌面。如何快速切换到计算机桌面，常用的方法如下。

- ◆ 方法 1：〈Windows 徽标 + D〉组合键。
- ◆ 方法 2：在任务栏空白处右击，在快捷菜单中选择"显示桌面"，或者出现右键菜单时按〈S〉键。
- ◆ 方法 3：单击任务栏最右侧的小方块，如图 1-2 所示。

图 1-2　"显示桌面"按钮

（2）窗口的组成

Windows 7 系统的窗口与 Windows XP 相比变化比较大，其组成元素如下。

- 地址栏：用于切换到不同的文件夹。
- 搜索框：输入字符，搜索文件夹或查找文件。
- 工具栏：根据文件夹或文件类型，显示相关的功能按钮。
- 导航窗格：显示计算机资源的树形结构。
- 库窗格：只有选中"库"文件夹时才会出现。
- 文件列表窗格：显示当前文件夹的内容。
- 细节窗格：显示当前文件的属性等信息。
- 预览窗格：显示选中文件的部分内容。

Windows 7 系统的窗口组成如图 1-3 所示。

> ✎ 提示：窗口的组成元素还包括菜单栏和状态栏，用户可以单击"组织"→"布局"，在打开的级联菜单中勾选"菜单栏"，在菜单栏中的"查看"选项卡中，可以勾选"状态栏"将其打开。

### 2. "开始"菜单

"开始"按钮位于任务栏的最左侧，是计算机程序、文件夹和系统设置的主要工具，通过"开始"菜单可以完成启动程序，打开常用的文件夹，搜索文件、文件夹和程序，调整计算机设置，获取帮助信息，关闭计算机，注销 Windows 或切换用户等工作。

图 1-3　Windows 7 的窗口组成

（1）"开始"菜单的组成

"开始"菜单由左窗格、搜索框和右窗格3部分组成。左窗格显示计算机的程序列表，左窗格底部是搜索框，右窗格提供对常用文件夹、文件、设置和功能的访问，如图1-4所示。

（2）在"开始"菜单中添加快捷方式

用户安装了新的软件，并在桌面上创建了该软件的快捷方式，可以在"开始"菜单中添加该软件的快捷启动方式。操作方法：在桌面中该软件的快捷方式上右击，选择"附到「开始」菜单"命令即可。

（3）"任务栏和「开始」菜单属性"对话框

在"开始"菜单右侧空白处右击，弹出快捷菜单，单击"属性"命令，即可打开"任务栏和「开始」菜单属性"对话框，如图1-5所示。单击"自定义"按钮，打开"自定义「开始」菜单"对话框，用户可以根据自己的工作习惯对"开始"菜单进行个性化设置。

图 1-4　"开始"菜单

图 1-5　"任务栏和「开始」菜单属性"对话框

**3. 任务栏**

任务栏位于屏幕底部，由"开始"菜单、快速启动栏、任务按钮、通知区域 4 个部分组成，用户可以根据需要，对任务栏的大小、位置和属性进行设置。

（1）在任务栏上锁定或解锁任务按钮

使用应用程序的简便方法，通常是在桌面上创建该程序的快捷方式，也可以将常用的应用程序按钮锁定在任务栏上。方法是在该程序的快捷方式上右击，在弹出的快捷菜单中选择"锁定到任务栏"即可。

在 Windows 系统中安装某些应用程序后，该程序按钮就会出现在任务栏上，如果任务栏中的任务按钮太多，用户可以解除锁定。方法是在任务栏中的任务按钮上右击，在弹出的快捷菜单中选择"将此程序从任务栏解锁"命令，如图 1-6 所示。

（2）任务按钮的操作

Windows 系统中，每运行一个应用程序或打开一个文件，该应用程序的图标或文件名称就会出现在任务栏上。用户可以随时单击某个任务按钮，在不同的任务之间进行切换，任务栏中的任务按钮也可以任意拖动，调整顺序。

图 1-6　解锁任务按钮

（3）通知区域

Windows 7 系统中，在任务栏的通知区域会显示某些图标，告之用户当前系统、外围设备或程序的运行情况。如果执行了插入 U 盘、连接手机等操作，通知区域会自动弹出提示气泡，告之用户可以采取什么行动。

通知区域的图标分为系统图标和自定义的程序图标，"时钟""音量""网络""电源"和"通知中心"是系统图标，用户可以根据需要打开或关闭。对于其他的通知图标，用户可以通过"自定义"命令进行设置，如图 1-7 所示。单击"自定义"命令，打开"通知区域图标"窗口，如图 1-8 所示，对某个通知图标设置"显示图标和通知""隐藏图标和通知"或"仅显示通知"。

图 1-7　通知区域的"自定义"

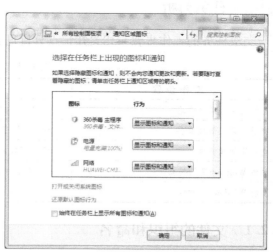

图 1-8　设置在任务栏显示图标和通知

#### 4. 个性化桌面

桌面是用户和计算机进行交流的界面，Windows 7 系统的桌面有更加漂亮的画面、更加个性化的设置和更为强大的管理功能。

主题是桌面背景图片、窗口颜色和声音的组合，Windows 7 系统提供了多个主题供用户选择，也允许用户自定义个性化的主题。Windows 7 提供了强大的自定义显示属性功能，用户可以根据自己的喜好和需求，对系统的显示属性进行个性化设置。

在"个性化"窗口中，用户可以更改桌面图标、鼠标指针和账户图片，如图 1-9 所示。

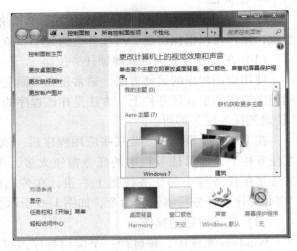

图 1-9　个性化窗口

# 任务 1.2　管理文件资源

 任务描述

Windows 操作系统最重要的功能就是文件管理和用户管理。对于用户而言，如何高效管理文件，提高工作效率是非常重要的。

现在，就交给你一项任务：

学校组织学生参加职业技能大赛，建立了一个兴趣小组，配备了个人计算机，2 个同学一组使用一台计算机。为方便使用，需要设置两个账户，每个账户各自管理自己的文件夹和文件。请帮助他们完成这项任务。

 任务分析

完成任务的工作步骤与相关知识点分析见表 1-3。

表 1-3　任务分析

| 工 作 步 骤 | 相关知识点 |
| --- | --- |
| 了解文件组织和命名 | 文件和文件夹概念及命名 |
| 使用计算机管理文件 | "计算机"窗口的使用 |
| 使用库管理文件 | "库"窗口的使用 |
| 熟悉 Windows 7 的搜索 | 搜索文件的不同方法 |
| 了解 Windows 7 的索引 | 索引的使用 |

## 1.2.1　文件的组织和命名

#### 1. 文件和文件夹

在计算机中，文件夹和文件都存储在计算机的磁盘中。文件是指存储在存储介质上的相关信息的集合，文件夹是系统组织和管理文件的一种形式，为方便查找、维护和存储文件而设置的，是一组文件的集合。文件夹包含子文件夹和文件，可以将文件分门别类地进行存放。

**2. 文件和文件夹的命名**

文件名由主文件名及扩展名所组成，主文件名与扩展名之间用一个圆点"."隔开，其语法格式为：

主文件名[. 扩展名]

在 Windows 7 操作系统中对文件进行命名时，最多可以使用 255 个字符，其中包含磁盘（驱动器）和完整路径信息，组成文件名的字符可以是汉字、英文字母、数字以及空格等，允许使用多个分隔符同时不区分大小写，但是不允许使用下列 9 个字符（英文状态下）：

? \ * | < > : / "

组成文件夹名的字符可以是汉字、英文字母、数字以及空格等，不区分大小写，但是不能使用上述文字中提到的 9 个字符。

扩展名也称为类型名，它表示文件的类型，例如：扩展名". exe"表示可执行类型文件，扩展名". sys"表示系统文件或设备驱动程序文件，扩展名". txt"表示文本文件。扩展名是可以修改的，比如 PHP、HTML 等程序文件可以使用记事本编写，然后修改其扩展名，进行调试。

## 1.2.2 管理文件和文件夹

操作系统的重要任务之一就是管理计算机系统中的各种资源。在 Windows 7 系统中，系统资源包括磁盘（驱动器）、文件夹、文件以及其他系统资源，管理系统资源的主要工具是"计算机"和"库"。

**1. 使用计算机**

（1）打开"计算机"窗口

"计算机"窗口就是用户熟悉的"资源管理器"，是 Windows 系统提供的资源管理工具，可以用来查看本地计算机的所有资源，提供了树形的文件系统结构，可以更清楚、更直观地认识计算机中的文件和文件夹。

打开"计算机"窗口的方法如下：

◆ 在"开始"菜单的右窗格中，选择"计算机"命令；
◆ 同时按键盘的〈Windows 徽标 + E〉组合键；
◆ 双击桌面上的"计算机"快捷方式图标；
◆ 右击桌面上的"计算机"快捷方式图标，弹出快捷菜单，选择"打开"命令。

相比 Windows XP 系统来说，Windows 7 系统在资源管理器的界面方面，功能设计得更为周到，页面功能布局也较多，设有菜单栏、地址栏、细节窗格、预览窗格、导航窗格、文件列表窗格等；内容则更丰富，如收藏夹、库、家庭组等。"计算机"窗口如图 1-10 所示。

用户在"计算机"窗口中查看和切换文件夹时，在地址栏中就会显示出该文件（夹）的详细路径，根据目录级别依次显示，中间还有向右的小箭头。当用户单击其中某个小箭头

图 1-10 "计算机"窗口

时，该箭头会变为向下三角，显示该目录下所有文件夹名称。单击其中任一文件夹，即可快速切换至该文件夹访问页面，非常方便用户快速切换目录。

在导航窗格的"收藏夹"栏中，增加了"最近访问的位置"，方便用户快速查看最近访问的位置目录。这也是类似于菜单栏中"最近使用的项目"的功能，不过"最近访问的位置"只显示位置和目录。

（2）查看文件夹和文件的显示形式

"计算机"窗口分为左右两部分，在左侧窗格的列表区，将计算机资源分为收藏夹、库、家庭组、计算机和网络五大类，方便用户更好地组织、管理及应用计算机资源。

在"计算机"窗口的右侧窗格中，计算机中的磁盘、文件夹、文件等系统资源可以选择不同的显示方式，主要包括超大图标、大图标、中等图标、小图标、列表、详细信息、平铺和内容等多种显示形式。

选择显示方式的操作如下。

方法1：在"计算机"窗口中，单击"更改您的视图"按钮可以改变显示形式，再次单击就会随之更改，如图1-11所示；或者单击该按钮旁的下三角按钮，打开列表从中选择，也可以拖动左侧的滑块进行选择，如图1-12所示。

图 1-11 "计算机"窗口中"更改您的视图"按钮

方法2：在"计算机"窗口右侧的文件列表窗格中，右击空白处，在弹出的快捷菜单中单击"查看"，在打开的级联菜单中进行选择，如图1-13所示。

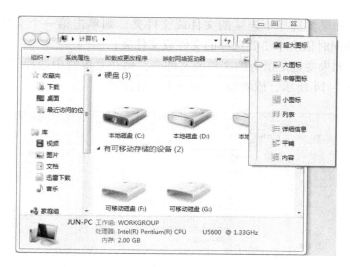

图 1-12 "计算机"窗口的显示方式

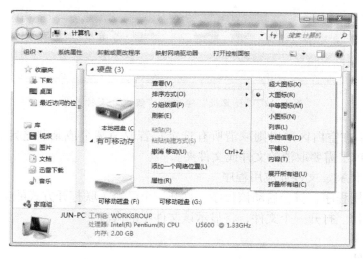

图 1-13 "计算机"窗口的快捷菜单查看方式

（3）展开和折叠文件夹

"计算机"窗口的导航窗格中，树形显示所有的计算机资源列表。

在文件夹左方有"▷"标记的，表示该文件夹有尚未展开的下级文件夹，单击该标记即可将其展开（此时变为"◢"），在右侧窗格中就显示出当前文件夹所包含的文件和下一级文件夹。没有标记的表示没有下一级文件夹。单击文件夹左侧的"▷"标记，可以展开文件夹，单击"◢"标记可以折叠文件夹。

（4）选择文件夹和文件

◆ 单个选择：如果要选定一个文件或文件夹只需要单击该对象；

◆ 连续选择：如果要选择多个连续的文件或文件夹，则单击第一个文件或文件夹，按住〈Shift〉键的同时，单击要选择的最后一个文件或文件夹；也可以使用拖动鼠标的方法，按住鼠标左键拖动出一个区域，框住需要选定的文件或文件夹；

◆ 间隔选择：如果要选择不连续的文件或文件夹，则单击第一个文件或文件夹，按住〈Ctrl〉键的同时依次单击要选择的文件或文件夹；

◆ 全部选择：如果要选定所有的文件或文件夹，则在菜单栏中选择"组织"→"全选"命令，如图 1-14 所示，或者按〈Ctrl + A〉组合键。

图 1-14 "计算机"窗口的"组织"下拉菜单

◆ 取消选定：在空白区单击则取消所有选定；若取消某个或某些选定，可按住〈Ctrl〉键不放，单击需要取消的文件或文件夹。

（5）打开文件夹、文件或应用程序

打开一个应用程序，将会启动该程序。打开一个已经关联打开方式的文档，将启动关联程序并打开该文档。打开一个文件，将显示该文件中的内容。

常用方法如下：

◆ 双击该文件。

◆ 选中该文件，按〈Enter〉键。

◆ 选中该文件，单击菜单栏中的"打开"命令。

◆ 右击该文件，在弹出的快捷菜单中选择"打开"命令。

（6）新建文件夹和文件

新建文件夹的常用方法如下：

◆ 单击菜单栏中的"新建文件夹"命令；

◆ 在文件列表窗格中空白处右击，弹出快捷菜单，选择"新建"→"文件夹"命令，如图 1-15 所示。

（7）文件夹和文件的常用操作

1）使用菜单或快捷键完成重命名、复制、移动、删除等操作。

◆ 选中该文件，单击"组织"命令，在打开的下拉菜单中进行选择；

图 1-15 "计算机"窗口中新建文件夹的快捷菜单

◆ 右击该文件,在弹出的快捷菜单中选择相应
   命令,如图 1-16 所示;
◆ 使用快捷键,复制〈Ctrl + C〉、粘贴〈Ctrl
   + V〉、剪切〈Ctrl + X〉、删除〈Ctrl + D〉;
2)使用鼠标完成重命名操作。

单击该文件,再次单击,出现带有原文件名和
插入点的文本框,在文本框中输入新的名字,按
〈Enter〉键。

3)使用鼠标完成复制和移动操作。

◆ 选中文件或文件夹,按住〈Shift〉键将文件
   或文件夹拖动到目标文件夹,如在同一驱动
   器中操作,则不用按〈Shift〉键;

◆ 选中文件或文件夹,按住〈Ctrl〉键将文件
   或文件夹拖动到目标文件夹,如在不同驱动
   器间操作,则不用按〈Ctrl〉键。

图 1-16 "计算机"窗口中文件的快捷菜单

4)使用键盘完成删除操作。

选中文件,单击〈Delete〉键。删除后的文件或文件夹,系统会将其放入回收站。回收
站是硬盘上的特定存储区,用来暂存被删除的文件(夹),是保护信息安全的一项措施。根
据需要,用户可以在回收站中将删除的文件进行恢复操作。

(8)查看文件夹和文件的属性

文件夹和文件的属性分为只读、隐藏和存档 3 种类型,通常文件夹和文件都具备存档属
性,用户可以浏览、更改和删除,具备只读属性的文件夹和文件不允许更改和删除,具备隐
藏属性的文件夹和文件,在"计算机"窗口中是不显示的。

设置文件夹属性的操作步骤如下。

1)在文件夹图标上右击,在快捷菜单中选择"属性"命令,打开其属性对话框,如

图 1–17 所示。

2）在属性对话框的"常规"选项卡中，用户可以修改为"只读"或"隐藏"，或者单击"高级"按钮，打开"高级属性"对话框，设置"存档和索引属性"和"压缩或加密属性"，如图 1–18 所示。

 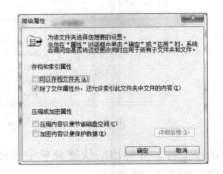

图 1–17　文件夹属性对话框　　　　图 1–18　文件夹的"高级属性"对话框

3）在属性对话框的"自定义"选项卡中，用户可以设置文件夹模板、文件夹和文件图标。

> **提示**：设置文件夹属性的步骤如上所述，注意：不同类型的文件夹，其对应的属性对话框略有不同。勾选"高级属性"对话框中的"加密内容以便保护数据"复选框，可以加密文件，使用其他用户账户登录计算机就无法浏览该文件。

**2. 使用"库"**

在 Windows 7 系统中新增了"库"的概念，是 Windows 7 操作系统借鉴 Ubuntu 操作系统而推出的一个有效的文件管理模式。引入库的概念并非传统意义上的用来存放用户文件的文件夹，它还具备了方便用户在计算机中快速查找到所需文件的作用。

库可以收集不同文件夹中的内容。用户可以将不同位置的文件夹包含到同一个库中，然后以一个集合的形式查看和排列这些文件夹中的文件。例如，如果在外部硬盘驱动器上保存了一些图片，则可以在图片库中包含该硬盘驱动器中的文件夹，然后在该硬盘驱动器连接到计算机时，可随时在图片库中访问该文件夹中的文件。

用户建立一个"库"，就是把文件（夹）收纳到库中，并不是将文件真正复制到"库"这个位置，而是在"库"这个功能中"登记"了这些文件（夹）的位置，由 Windows 进行管理。收纳到库中的内容除了它们自占用的磁盘空间之外，几乎不会再额外占用磁盘空间，并且删除库及其内容时，并不会影响到真实的文件。

（1）启动库

在 Windows 7 系统中，"库"的启动方式如下。

方法 1：单击"开始"按钮，单击右侧的"文档""音乐"或"图片"命令。

方法 2：进入"计算机"窗口，单击左侧导航窗格中的"库"。

（2）创建库

Windows 7 有 4 个默认库——视频、图片、文档和音乐，用户可以进行重命名、删除、复制或共享等操作，还可以在库中新建文件夹。除了这些默认库，用户也可以根据自己的需求，创建自己的自定义库，操作方法如下。

方法 1：选中"库"，在"库"窗格中单击菜单栏的"新建库"，如图 1-19 所示，即可创建一个新库。

方法 2：选中"库"，在"库"图标上右击打开快捷菜单，或者在右侧"库"窗格中的空白处右击打开快捷菜单，选择"新建"→"库"命令。

方法 3：选中需要创建库的文件夹，右击，在弹出的快捷菜单中选择"包含到库中"→"创建新库"命令，如图 1-20 所示。

图 1-19 "计算机"窗口的新建库操作

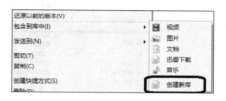

图 1-20 文件夹的"创建新库"快捷菜单

（3）管理库

"库"就是将用户需要的文件夹和文件方式都链接到一个库中进行管理，用户不需要知道文件或者文件夹的具体存储位置。库中的对象是各种文件夹与文件的一个快照，库中并不真正存储文件，只是提供了一种更加快捷的管理方式。

创建了自定义库，用户就可以把需要的文件夹或文件加入到库中，操作方法如下。

1）单击"教学文件"选项，如图 1-21 所示，单击"包括一个文件夹"，打开"将文件夹包括在'教学文件'中"对话框，如图 1-22 所示。选中需要添加的文件夹，单击"包括文件夹"按钮，完成添加。

图 1-21 在库中添加文件

2）继续添加其他文件夹。在"计算机"窗口的"库"窗格中，单击"1 个位置"超链接按钮，打开"教学文件库位置"对话框，如图 1-23 所示。单击"添加"按钮，在打开的对话框中进行选择。

图 1-22 "将文件夹包括在'教学文件'中"对话框

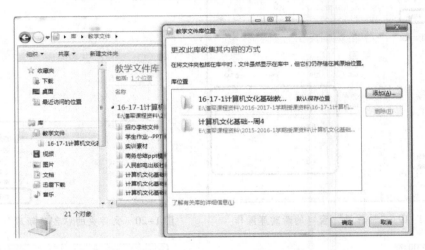

图 1-23 "教学文件库位置"对话框

3）重复步骤 2，可以向库中添加多个文件夹。

> **提示**：若要将文件复制、移动或保存到库，必须先在库中包含一个文件夹，以便让库知道存储文件的位置。此文件夹将自动成为该库的"默认保存位置"。

（4）优化库

计算机本地磁盘、外部硬盘驱动器、USB 闪存驱动器、网络文件夹等都可以包含到库中，但是库中只能包含文件夹，不能包含计算机上的其他项目，一个库最多可以包括 50 个文件夹。

每个库都可以针对特定文件类型（如音乐或图片）进行优化，针对某个特定文件类型优化库，将更改排列该库中的文件可以使用的选项。操作步骤如下。

1）右击"教学文件"库，选择"属性"命令，打开"教学文件属性"对话框，如图 1-24 所示。

2）在"优化此库"下拉列表中，用户可以选择音乐、文档、图片或视频等文件类型。

3）如果需要调整保存位置，单击"设置保存位置"按钮；如果需要添加某个文件

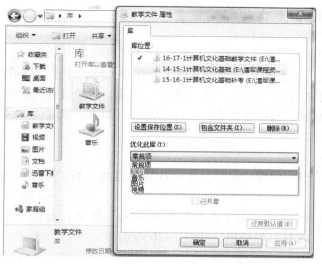

图 1-24 "教学文件属性"对话框

夹，单击"包含文件夹"按钮；如果不需要某个文件夹，选中该文件夹后，单击"删除"按钮。

4）单击"确定"按钮。

### 1.2.3 搜索和索引

Windows 7 系统对搜索功能进行了改进，几乎可以在系统的任何一个角落发现搜索的身影。不仅在"开始"菜单中可以进行快速搜索，系统对于硬盘文件搜索还推出了索引功能，使得用户查找计算机中的文件资源变得特别简单。

**1. 搜索**

（1）"开始"菜单，快捷搜索

在 Windows 7 系统的"开始"菜单中设计了一个搜索框，可用来查找存储在计算机上的文件资源。

操作方法：在搜索框中输入关键词（例如 PHP），搜索结果会即时显示在搜索框上方的"开始"菜单中，并且按照项目种类分门别类地以列表显示。如图 1-25 所示。

搜索结果还可根据输入关键词的变化而随之更新，例如将关键词改成文件时，搜索结果会即刻改变。当搜索结果数量超过"开始"菜单的空间时，可以单击"查看更多结果"，即可在资源管理器中看到更多的搜索结果以及搜索到的对象数量。

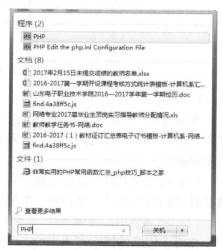

图 1-25 "开始"菜单的搜索框

（2）"计算机"窗口，保存搜索和再次搜索

日常使用中，用户经常会多次查找同一类内容，Windows 系统中可以把搜索结果保存为一个特殊的搜索结果文件夹，与普通的文件夹相比，搜索结果文件夹默认设置为隐藏格式，但其内容是动态的，即其中所含的文件和文件夹将会随着文件系统的变化而自动添加或删

除，以实时匹配搜索项。操作步骤如下。

　　1）在搜索框中输入"mp3"。

　　2）单击菜单栏中的"保存搜索"按钮，打开"另存为"对话框。

　　3）在"另存为"对话框中，确定文件名及保存类型，单击"保存"按钮。

　　在 Windows 7 系统中还设计了"再次搜索"功能，即经过首次搜索后，如果搜索结果太多，可以进行再次搜索，选择系统提示的搜索范围，如库、家庭组、网络、文件内容等，也可以自定义搜索范围。

　　操作方法如下：

　◆ 在搜索框中单击，出现"添加搜索筛选器"选项，有"修改日期"和"大小"两个选项。

　◆ 在搜索结果底部的"在以下内容中再次搜索"区域，选择"库、家庭组、自定义、Internet、文件内容"等选项，如图 1-26 所示。

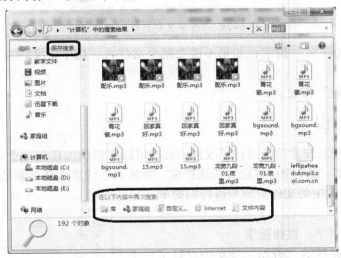

图 1-26　"计算机"窗口中保存搜索结果和再次搜索

### 2. 索引

　　Windows 7 搜索可以由用户自定义要建立索引的内容，包括基于文件、基于目录、基于磁盘乃至基于某种格式的文件。搜索是动态实时更新的，不用担心因文件位置的变动而造成搜索出错。

　　搜索就是在索引目录的基础上实现的，Windows 7 会在系统空闲时，建立磁盘上所有文件和目录的索引关系，维护出一个索引表，当要查找信息时直接从索引中查询即可。

　　（1）添加索引，搜索更快

　　相对于传统的搜索方式来说，Windows 7 系统中的索引式搜索，仅对被加入到索引选项中的文件进行搜索，大大缩小搜索范围，加快搜索的速度。在 Windows 7 的"计算机"窗口中搜索时会出现提示栏，提醒用户"添加到索引"。在提示栏中右击打开快捷菜单，单击"添加到索引"命令，如图 1-27 所示。此时会提示用户确认对此位置进行索引，如图 1-28 所示。

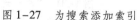

图 1-27　为搜索添加索引

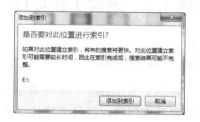

图 1-28　对位置进行索引的提示框

（2）修改索引位置

Windows 7 在安装完成后会逐步创建特定文件、文件夹和其他目标的索引，例如"开始"菜单项目和 Outlook 邮件等。这些索引数据将存放到"C：\ ProgramData \ Microsoft \ Search"文件夹中，体积约为原文件的 10%。如果要修改索引位置，可以在"索引选项"对话框中进行设置。

操作步骤如下：

1）打开"控制面板"窗口，在搜索框中输入"索引"，单击"索引选项"命令，如图 1-29 所示。

2）在"索引选项"对话框中，单击"高级"按钮，如图 1-30 所示，打开"高级选项"对话框。

图 1-29　"控制面板"窗口

图 1-30　"索引选项"对话框

3）在"高级选项"对话框里，如图 1-31 所示，包括"索引设置"和"文件类型"两个选项卡。在"索引设置"的"索引位置"区域的"当前位置"文本框中显示出默认文件夹。单击"选择新位置"按钮，用户可以创建自己的索引文件夹位置。

## 任务 1.3  定制工作环境

 任务描述

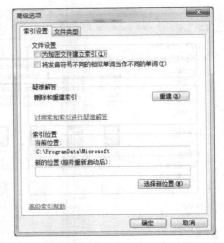

图 1-31  "高级选项"对话框的
"索引设置"选项卡

安装了 Windows 7 操作系统的计算机，用户可以自定义系统环境，进行个性化设置。

现在，就交给你一项任务：

学校组织学生参加职业技能大赛，建立了一个兴趣小组，2 个同学一组使用一台计算机。为方便使用，设置两个账户，每个账户各自管理自己的文件，定制个性化的工作环境。请帮助他们完成这项任务。

 任务分析

完成任务的工作步骤与相关知识点分析见表 1-4。

表 1-4  任务分析

| 工 作 步 骤 | 相关知识点 |
| --- | --- |
| 了解用户及用户管理 | 用户的概念及管理 |
| 使用控制面板设置环境 | "控制面板"窗口的使用 |
| 设置任务栏 | "任务栏"的使用与设置 |
| 设置"开始"菜单 | "开始"菜单的使用与设置 |
| 设置输入法 | 输入法的安装与设置 |

### 1.3.1  用户管理

Windows 7 操作系统提供对多用户的支持，在一个系统中可以添加多个用户账户，不同的用户在登录同一台计算机时拥有不同的权限，即对计算机软、硬件不相同的操作权限，方便用户的使用和管理。

#### 1. Windows 7 系统的账户

Windows 7 系统有 3 种类型的账户，每种类型为用户提供不同的计算机控制级别。

◆ 管理员账户：拥有对全系统的控制权，能改变系统设置，可以安装和删除程序，能访问计算机上所有的文件。除此之外，它还拥有控制其他用户的权限。Windows 7 中至少要有一个计算机管理员账户。在只有一个计算机管理员账户的情况下，该账户不能将自己改成受限制账户。

◆ 标准用户账户：是受到一定限制的账户，在系统中可以创建多个此类账户，也可以改变其账户类型。该账户可以访问已经安装在计算机上的程序，可以设置自己账户的图片、密码等，但无权更改计算机大多数的设置。

◆ 来宾账户：主要针对需要临时使用计算机的用户。来宾账户仅有最低的权限，没有密码，无法对系统做任何修改，只能查看计算机中的资料。

**2. 定制用户账户**

（1）使用"控制面板"创建用户账户

Windows 7 系统可以为每个使用计算机的人设置一个用户账户，可以拥有个性化的体验。例如，每个人都可以设置其自己的桌面背景和屏幕保护程序，还可以使用用户账户确定用户可以访问的程序和文件以及可以对计算机进行的更改，每个人都可以使用用户名和密码访问其用户账户。

创建用户账户的操作步骤如下。

1）单击"开始"菜单→"控制面板"，打开"控制面板"窗口，选择"用户账户"，打开"用户账户"窗口，如图 1-32 所示。

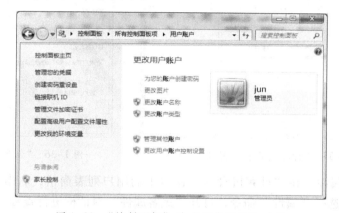

图 1-32 "控制面板"的"用户账户"功能

2）单击"管理其他账户"命令，打开"管理账户"窗口，如图 1-33 所示。选择"创建一个新账户"选项，进入"创建新账户"窗口，如图 1-34 所示。

图 1-33 "管理账户"窗口

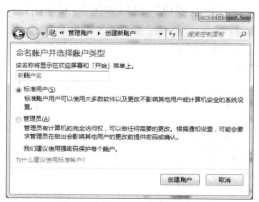

图 1-34 "创建新账户"窗口

3）在文本框中输入用户账户的名称，类型选择"标准用户"，然后单击"创建账户"按钮。如果系统提示用户输入管理员密码或进行确认，则输入该密码或提供确认。

（2）使用"计算机管理"窗口创建账户

在"计算机管理"窗口中，用户也可以完成创建用户账户的工作，操作步骤如下。

1）在桌面"计算机"图标上右击，打开快捷菜单，选择"管理"命令，打开"计算机管理"窗口，如图1-35所示。

2）单击"系统工具"→"本地用户和组"→"用户"按钮，在列表窗格中显示出所有的用户名称。

3）右击"用户"按钮，在弹出的快捷菜单中选择"新用户"命令，打开"新用户"对话框，如图1-36所示，分别在"用户名""全名""描述"的文本框中输入，然后输入密码和确认密码，单击"创建"按钮。

图1-35  "计算机管理"窗口　　　　　　　　图1-36  "新用户"对话框

4）查看账户属性。在"计算机管理"窗口中的用户列表窗格，右击"黑客"账户，在弹出的快捷菜单中选择"属性"命令，打开"黑客属性"对话框进行查看，如图1-37所示。

**3. 管理用户账户**

创建了用户账户，用户可以根据需要进行个性化设置。在"更改账户"窗口中，用户可以更改账户名称和图片、创建密码、设置家长控制等，也可以删除用户账户，或者管理其他账户。"更改账户"窗口如图1-38所示。

图1-37  "黑客属性"对话框　　　　　　　　图1-38  "更改账户"窗口

### 1.3.2　设置系统环境

#### 1. 使用控制面板

Windows 系统中，"控制面板"是配置系统环境的工具，方便用户查看和设置系统状态。

（1）打开"控制面板"

方法 1：打开"开始"菜单，在右窗格中选择"控制面板"命令；

方法 2：右击桌面上"计算机"图标，弹出的快捷菜单中选择"控制面板"命令。

（2）"控制面板"窗口的查看方式

Windows 7 的控制面板窗口有多种查看方式显示功能菜单，单击控制面板右上角"查看方式"旁边的小箭头，从中选择即可，如图 1-39 所示。

图 1-39　"控制面板"窗口

- ◆ 类别：默认形式是"类别"，分为系统和安全、用户账户和家庭安全、网络和 Internet、外观和个性化、硬件和声音、时钟语言和区域、程序、轻松访问 8 种类别，每个类别中显示了该类别的具体功能选项。
- ◆ 大图标和小图标：以列表方式显示功能选项，每一个选项可以用来调用一项功能，只要单击某个选项，就可以打开一个对应窗口进行相关设置。

（3）"控制面板"窗口的搜索功能

Windows 7 系统的控制面板窗口中，所有的功能按照类别做了分类显示，方便用户快速查看功能选项。同时也提供了搜索功能，在控制面板右上角的搜索框中输入关键词，按〈Enter〉键即可看到控制面板功能中相应的搜索结果。

（4）控制面板的地址栏导航

利用控制面板中的地址栏导航可以快速切换到相应的分类选项，或者指定需要打开的程序。单击地址栏每类选项右侧向右的箭头，即可显示该类别下所有程序列表，从中单击需要的程序即可快速打开相应程序。

#### 2. 管理任务栏

（1）锁定与解锁任务栏

在任务栏的空白处右击，弹出快捷菜单，如图 1-40 所示。默认"锁定任务栏"是选中状态，任务栏处于锁定状态，此时，任务栏的大小和位置都不能调整。取消勾选，就可以解锁任务栏。

任务栏解锁后，按住鼠标左键拖动任务栏可以将其移动到屏幕的左侧、右侧或顶部。

（2）隐藏或显示任务栏

如果用户希望全屏显示浏览的内容，可以将任务栏隐藏起来。在"控制面板"窗口中，选择"任务栏和「开始」菜单"选项，打开"任务栏和「开始」菜单属性"对话框，如图1-41所示，勾选"自动隐藏任务栏"复选框。

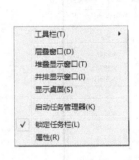

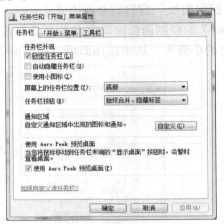

图1-40　任务栏的快捷菜单　　　　图1-41　"任务栏和「开始」菜单属性"对话框

（3）设置任务栏的通知区域

默认情况下，任务栏的通知区域位于任务栏的右侧，主要包括时钟、音量、网络、操作中心及部分程序图标。用户可以更改图标和通知的显示方式，也可以将其关闭。

单击"自定义"按钮，如图1-42所示，打开"通知区域图标"窗口，根据需要进行设置。

图1-42　任务栏通知区域

**3. 设置个性化的"开始"菜单**

"开始"菜单中的"跳转列表"是Windows 7的新增功能，用于列出最近使用的程序、网站、文件或文件夹等项目的列表，用户可以对其进行快速访问。

在"任务栏和「开始」菜单属性"对话框中，如图1-43所示，选择"「开始」菜单"标签，单击"自定义"按钮，打开"自定义「开始」菜单"对话框，如图1-44所示，用户可以调整最近打开过的程序数目，或者是在跳转菜单中最近使用过的项目数量。

**4. 设置输入法属性**

如果计算机中安装了多个输入法，用户每次打开一个应用程序时，都需要对输入法进行切换，十分麻烦。用户可以根据自己的使用习惯，设置输入法属性。例如将搜狗拼音输入法设置为默认输入语言，启动Word应用程序后会自动打开搜狗拼音输入法，以方便用户使用。

操作步骤如下。

1）在"控制面板"中选择"区域和语言"选项，打开"区域和语言"对话框，如图1-45所示，切换到"键盘和语言"选项卡，单击"更改键盘"按钮，打开"文本服务和输入语言"对话框，如图1-46所示。

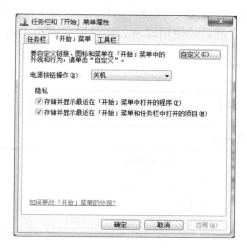

图1-43 "任务栏和「开始」菜单属性"对话框

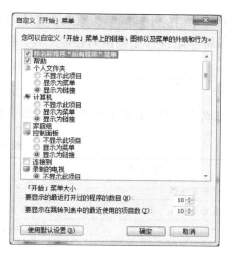

图1-44 "自定义「开始」菜单"对话框

图1-45 "区域和语言"对话框

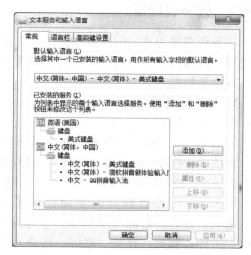

图1-46 "文本服务和输入语言"对话框

2）在"常规"选项卡的"默认输入语言"区域，将某种输入法设置为默认输入语言，用户在启动计算机或打开文字处理软件时，系统将自动选择默认的输入法，不必每次都要进行输入法的切换。

## 任务1.4 实用工具

 任务描述

Windows 7 操作系统中提供了很多实用工具，例如计算器、截图工具、便签、放大镜等，还有小巧实用的桌面小工具，使用户的工作更加轻松、便捷。

现在就交给你一项任务：

兴趣小组的小陈同学，原来一直使用 Windows XP 系统，现在开始使用 Windows 7。请帮助他了解"附件"中提供的各种工具，熟悉任务管理器的使用以及如何设置桌面小工具。

 任务分析

完成任务的工作步骤与相关知识点分析见表1–5。

表1–5　任务分析

| 工 作 步 骤 | 相关知识点 |
| --- | --- |
| 熟悉任务管理器 | "任务管理器"窗口的使用 |
| 了解桌面小工具 | 桌面小工具窗口的添加和使用 |
| 熟悉"附件"文件夹 | "开始"菜单中的"附件"文件夹 |

## 1.4.1　任务管理器

任务管理器为 Windows 系统提供有关计算机性能的信息，显示计算机中所有运行的程序和进程的详细信息，从这里用户可以查看到当前系统的进程数、CPU 使用比率、更改的内存、容量等数据。

**1. 启动任务管理器**

操作方法如下。

方法1：按〈Ctrl + Alt + Delete〉组合键，弹出启动界面，选择"启动任务管理器"；

方法2：右击任务栏的空白处，在弹出的快捷菜单中选择"启动任务管理器"命令；

方法3：按〈Ctrl + Shift + Esc〉组合键可以直接启动。

Windows 任务管理器的界面提供了文件、选项、查看、帮助等菜单项，分为应用程序、进程、服务、性能、联网、用户6个标签页，窗口底部是状态栏，如图1–47所示。默认设置下系统每隔两秒钟对数据进行1次自动更新。

"任务管理器"窗口的组成如下：

1）"应用程序"选项卡。

显示当前所有正在运行的应用程序，例如 QQ、MSN Messenger 等最小化至通知区域的应用程序不会显示出来。在这里可以单击"结束任务"按钮直接关闭某个应用程序。

如果需要同时结束多个任务，可以按住〈Ctrl〉键的同时进行选择；单击"新任务"

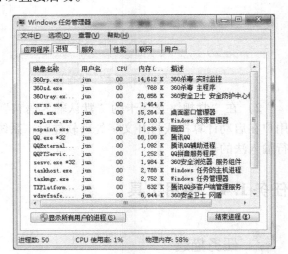

图1–47　"Windows 任务管理器"窗口

按钮可以直接打开相应的程序、文件夹、文档或 Internet 资源，如果不知道程序的名称，可以单击"浏览"按钮进行搜索。

2）"进程"选项卡。

显示出当前所有正在运行的进程，包括应用程序、后台服务等，那些隐藏在系统底层深处运行的病毒程序或木马程序都可以在这里找到。用户找到需要结束的进程名，然后执行右键菜单中的"结束进程"命令，就可以强行终止，不过这种方式将丢失未保存的数据，而且如果结束的是系统服务，则系统的某些功能可能无法正常使用。

Windows 的任务管理器只能显示系统中当前进行的进程，而 Process Explorer 可以树状方式显示出各个进程之间的关系，即某一进程启动了哪些其他的进程，还可以显示某个进程所调用的文件或文件夹。如果某个进程是 Windows 服务，则可以查看该进程所注册的所有服务。

3）"联网"选项卡。

显示出本地计算机所连接的网络通信量的指示，用户在使用多个网络连接时，可以在这里比较每个连接的通信量，当然只有安装网卡后才会显示该选项。

4）"用户"选项卡。

显示出当前已登录和连接到本机的用户数、标识、活动状态、客户端名等，用户可以单击"注销"按钮重新登录，或者通过"断开"按钮连接与本机的连接，如果是局域网用户，还可以向其他用户发送消息。

**2. 使用任务管理器**

（1）结束消耗资源的程序

有时启动的程序没有响应，或者计算机的处理速度变慢，用户就可以使用任务管理器的"进程"选项卡，查看运行的程序有无异常，把占用大量系统资源的程序关闭。

在"Windows 任务管理器"窗口中，切换到"进程"选项卡，会显示当前运行的进程及其相关信息，如果某个进程占用过多的 CPU 或内存，选中该进程，单击"结束进程"按钮即可。

该操作可能会导致数据丢失，所以只有在应用程序出现没有响应的状态，或者计算机突然变得非常慢，无法执行任何操作时，再强制结束进程。

（2）有无法删除的文件

删除文件夹或文件时，有时会遇到无法删除的情况，这是因为文件或文件夹正在被某个程序使用，此时使用任务管理器就可以解决，操作步骤如下。

1）在"Windows 任务管理器"窗口中，切换到"性能"选项卡，如图 1-48 所示。

2）单击"资源监视器"按钮，打开"资源监视器"窗口，如图 1-49 所示。

3）切换到"CPU"选项卡，在图中的"搜索句柄"框中输入无法删除的文件名或文件夹名，开始查找正在使用的程序。

4）右击查找到的程序，在弹出的快捷菜单中选择"结束进程"命令。

5）删除文件或文件夹。

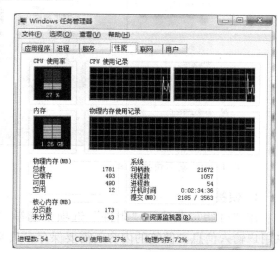

图 1-48 "性能"选项卡

27

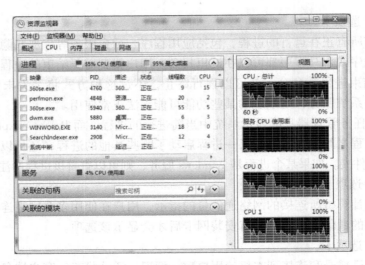

图 1-49 "资源监视器" 窗口

## 1.4.2 常用工具

### 1. 桌面小工具

Windows 7 系统提供了桌面小工具,用户可以根据需要将其随意放置到桌面的任意地方。具体操作:在桌面空白处右击,弹出桌面快捷菜单,如图 1-50 所示,选择"小工具"命令,打开"桌面小工具"窗口,如图 1-51 所示,选中添加到桌面上的小工具图标,拖曳到桌面任意地方即可。

图 1-50 桌面快捷菜单          图 1-51 "桌面小工具" 窗口

### 2. 便签

在"开始"菜单的"附件"选项中选择"便签"命令,桌面上会出现一张空白便签,供用户输入信息。便签的内容不需要保存,只要不删除便签,即使关机后再开机,仍然会显示在桌面上。

### 3. 放大镜

Windows 7 中的放大镜功能可以对桌面上的任何区域进行放大,并且跟随鼠标移动而移动，犹如放大镜就拿在手中一样，使用起来很方便。例如，用户可以定义一个比例和坐标，让放大镜跟踪键盘焦点；按〈Tab〉键可以移动对话框，并能自动缩放等。

操作方法如下。

1）打开放大镜：按〈Windows 徽标 + +〉组合键，打开"放大镜"窗口，如图 1-52 所示。Windows 7 放大镜打开后，在不使用的情况下，一般在桌面上以"放大镜"图标显示。

图 1-52　"放大镜"窗口

2）切换放大镜的视图：按〈Ctrl + Alt + L〉组合键切换到"镜头"视图，桌面上只会有一小块区域被放大且跟随鼠标指针而动，就像真正使用放大镜一样，指向哪里就能放大显示哪里。

3）退出放大镜：按〈Windows 徽标 + Esc〉组合键。

**4. 截图工具**

利用截图工具可以将屏幕或程序窗口的操作画面进行抓取，保存为图片，既可以对图片标示说明文字，又保存或共享图像。

操作步骤如下。

1）在"开始"菜单的"附件"选项中选择"截图工具"命令，打开"截图工具"窗口，如图 1-53 所示，单击"新建"命令，或者打开下拉列表进行选择。

2）按住鼠标左键，用十字形指针拖曳截取需要的图片内容，弹出"截图工具"的编辑窗口，如图 1-54 所示。

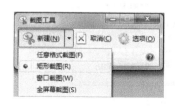

图 1-53　"截图工具"窗口

图 1-54　"截图工具"编辑窗口

3）在"截图工具"编辑窗口中，用户可以使用荧光笔、画笔等工具进行标示、添加说明等。

4）单击"保存截图"按钮，弹出"另存为"对话框，完成保存，可以保存为 HTML、PNG、GIF 或 JPEG 格式。

**5. 画图**

使用画图可以绘制、调色和编辑图片，还可以在图片中添加文本或形状。Windows 7 系统中，使用"画图"编辑的图片保存时，文件格式默认为".png"。PNG（Portable Network Graphic Format）是可移植网络图形格式。

> ✎ 提示：Windows 7 系统中，单击键盘的〈PrintScreen〉键，可以复制整个屏幕到剪贴板，使用〈Alt + PrintScreen〉组合键可以复制当前活动窗口到剪贴板。

**6. 计算器**

Windows 7 系统改进了计算器的功能，扩大了应用范围，使用更加方便。查看方式有标准型、科学型、程序员、统计信息 4 种，每一种查看方式的界面都不一样，相对应的工具按钮也不同。"计算器"窗口如图 1-55 所示。

**7. 轻松访问**

选择"开始"→"所有程序"→"附件"→"轻松访问"命令，显示"Windows 语音识别""放大镜""讲述人""屏幕键盘""轻松访问中心"等应用程序列表，在计算机出现某些故障而无法正常使用的时候，它们可以帮助用户轻松操作。

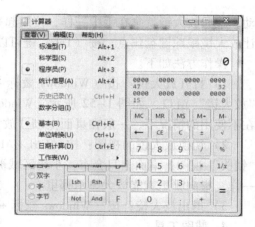

图 1-55　"计算器"窗口

单击"轻松访问中心"命令，打开"轻松访问中心"窗口，进入"使计算机更易于使用"区域，如图 1-56 所示。例如，对于有视力障碍的用户，可以"启动讲述人"或"启动放大镜"；如果键盘或鼠标坏了，可以"启动屏幕键盘"等。

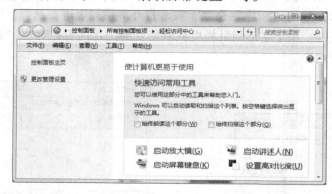

图 1-56　"轻松访问中心"窗口

知识链接

如何显示文件的扩展名？

在"计算机"窗口中如果没有显示出文件的扩展名，可以执行以下操作：打开"控制面板"窗口，单击"文件夹选项"按钮，打开"文件夹选项"对话框，选择"查看"标签，如图 1-57 所示，找到"隐藏已知文件类型的扩展名"复选框，取消勾选即可。

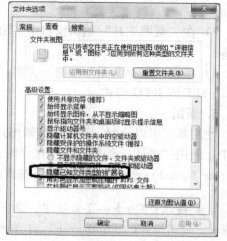

图 1-57　"文件夹选项"对话框的
"查看"选项卡

## 如何取得 Windows 7 系统的管理员权限？

Windows 7 系统的默认账户虽然是管理员账户，但在很大程度上对于一部分系统关键文件的访问和修改权限还是没有的。Windows 7 系统的很多操作都需要操作权限，如果没有管理员权限时操作，就会出现警示。比如在删除某一个文件时，就会提示"您的权限不足，请点击继续来获得权限。"

获取 Windows 7 操作系统下的管理员权限的方法有很多。以 Windows 7 旗舰版操作系统为例说明获取管理员权限的方法。

方法 1：以管理员账户登录，在桌面的"计算机"图标上右击，在快捷菜单中选择"管理"命令，打开"计算机管理"窗口；在左侧的控制台树中依次展开"计算机管理（本地）→系统工具→本地用户和组→用户"；双击中间窗格中的名称为"Administrator"的账户，打开"Administrator 属性"对话框，在"常规"选项卡下取消"账户已禁用"复选框的勾选，单击"确定"按钮就可以开启 Administrator（管理员）账户。

注：以后打开任何程序都会默认以管理员的身份运行。

方法 2：设置程序。选择任意一个程序，在图标上右击，在快捷菜单中选择"属性"命令，打开其属性对话框；切换到"兼容性"选项卡，在"特权等级"栏下勾选"以管理员身份运行此程序"复选框，单击"确定"按钮。

方法 3：设置快捷方式。选择任意一个快捷方式，在图标上右击，在快捷菜单中选择"属性"命令，打开其属性对话框；切换到"快捷方式"选项卡，单击"高级"按钮；在"高级属性"对话框中，勾选"用管理员身份运行"复选框。单击"确定"按钮。

注：快捷方式的管理员设置也可按照第 2 种方法。

 能力训练

### 1. 管理文件夹和文件

1）新建一个文件夹，重命名为"项目 1—Windows 7 系统操作"。

2）打开"素材"文件夹，执行"全选"操作，将全部内容复制并粘贴到"项目 1—Windows 7 系统操作"文件夹中。

3）重命名文件夹：将该文件夹中的所有文件夹统一命名，格式为"J16004XX 姓名"。

4）新建文件夹，并移动文件：有部分同学提交单独文件，给该同学新建一个文件夹，将他的文件移动进去。

完成后的效果如图 1–58 所示。

### 2. 创建和管理库

要求：创建个人的"音乐"库和"图片"库。

### 3. 创建新用户账户

要求：

1）在计算机中创建个人的用户账户，账户类型为"标准用户"，创建密码，设置账户名称和头像图片。

2）将创建过程的每一个步骤，利用截图工具完成截图，保存为 JPEG 格式文件。

图 1-58　样本

## 知识测试

**一、选择题**

1. Windows 7 有多种版本，其中（　　）包含所有版本的全部功能。

A. 专业版　　　B. 旗舰版　　　C. 家庭普通版　　　D. 家庭专业版

2. 操作系统是用户和计算机系统的接口，下列不属于操作系统的是（　　）。

A. Windows 7　　B. DOS　　C. ASP. NET　　D. UNIX

3. 若要选定多个不连续的文件，先选中第一个文件，按住（　　）键依次单击其他文件。

A. Shift　　　B. Ctrl　　　C. Alt　　　D. Tab

4. 在 Windows 7 系统的桌面上，启动后的应用程序名称或打开的文件名称都显示在（　　）。

A. 地址栏　　　B. 工具栏　　　C. 状态栏　　　D. 任务栏

5. Windows 7 系统中，使用"创建快捷方式"创建的图标（　　）。

A. 可以是程序、文件夹或文件　　B. 只能是可执行程序

C. 只能是文件夹　　　　　　　　D. 只能是程序文件和文档文件

6. 在 Windows 7 系统中，以下打开"计算机"窗口的方法中错误的是（　　）。

A. 在"开始"菜单的右窗格中，选择"计算机"命令

B. 双击桌面上的"计算机"快捷方式图标

C. 同时按下键盘的〈Windows 徽标 + O〉组合键

D. 右击桌面上的"计算机"快捷方式图标，弹出快捷菜单，选择"打开"命令

7. 在 Windows 7 系统中创建用户账户后，用户可以进行个性化设置。下列描述中错误的是（　　）。

A. 可以更改账户类型　　　　　B. 不能删除账户

C. 可以更改密码　　　　　　　D. 可以禁用账户

8. 任务栏的通知区域包括系统图标和自定义的程序图标，下列（　　）不是系统图标。

A. Windows 任务管理器　　　　B. 音量

C. 时钟　　　　　　　　　　　D. 网络

9. 在 Windows 7 中，下列打开文件夹、文件或应用程序的方法中错误的是（　　）。

A. 单击该文件

B. 选中该文件，单击菜单栏中的"打开"命令

C. 选中该文件，按〈Enter〉键

D. 右击该文件，在弹出的快捷菜单中单击"打开"命令

10. Windows 7 系统中的"计算器"有 4 种查看方式，下列选项错误的是（　　）。

A. 标准型　　　B. 科学型　　　C. 编程型　　　D. 统计信息

11. 在 Windows 7 系统中，关于打开"Windows 任务管理器"的方法中错误的是（　　）。

A. 按〈Ctrl + Alt + Delete〉组合键弹出启动界面，选择"启动任务管理器"

B. 右击任务栏的空白处，在弹出的快捷菜单中选择"启动任务管理器"

C. 按〈Ctrl + Shift + Esc〉组合键可以直接启动

D. 展开"开始"菜单→"附件"→"任务管理器"

12. Windows 7 系统有 3 种类型的账户，每种类型为用户提供不同的计算机控制级别，下列选项中错误的类型是（　　）。

A. 管理员账户　　B. 用户账户　　C. 标准账户　　　D. 来宾账户

13. Windows 系统的文件名由主文件名及扩展名所组成，下列关于扩展名的描述中错误的是（　　）。

A. 文本文件的扩展名是 .txt　　B. 扩展名可以删除

C. 扩展名表示文件的类型　　　D. 扩展名可以隐藏

14. 使用"库"管理文件夹和文件非常方便，下列描述中错误的是（　　）。

A. 系统有 4 个默认库：视频、图片、文档和音乐，不能删除

B. 用户可以自己创建库，也可以删除库

C. 库中只能包含文件夹，不能包含计算机上的其他项目

D. 一个库最多可以包括 50 个文件夹

15. Windows 7 系统对搜索功能进行了改进，下列描述中错误的是（　　）。

A. 在"开始"菜单中可以进行快速搜索

B. 可以把搜索结果保存为一个特殊的搜索结果文件夹

C. 可以在搜索结果的基础上进行"再次搜索"

D. 搜素框的搜索筛选器有"文件类型"和"大小"两个选项

二、判断题

1. 在 Windows 7 系统中使用"库"组件，如同网页收藏夹一样，文件在库中的位置只是一个链接。　　　　　　　　　　　　　　　　　　　　　　　　　　　　（　　）

2. Windows 7 系统中提供了手写数学公式的功能。 （　　）

3. 利用〈Ctrl + Z〉快捷键可以实现剪切功能。 （　　）

4. 计算机中的文件不论在任何位置都不能取相同的名字，即不能重名。 （　　）

5. 在任务栏上显示的应用程序图标或文件名称，可以任意调整位置。 （　　）

6. 文件夹和文件的属性有只读、隐藏和存档 3 种类型，用户可以根据需要进行设置。
（　　）

7. 任务栏通知区域中显示的图标是固定的，不能增加或删除。 （　　）

8. Windows 7 的"开始"菜单有一个搜索框，用来查找存储在计算机上的文件资源。
（　　）

9. 用户在"计算机"窗口中完成搜索后，搜索结果不能保存。 （　　）

10. Windows 7 系统有 3 种类型的账户，新建一个用户账户，必须设置为来宾账户。
（　　）

# 项目 2　Office 2013 操作基础

 任务描述

在日常工作和学习中，用户使用的办公设备会有所不同，比如台式机、笔记本电脑、PAD 等。这些不同的设备会给用户带来一个问题：计算机安装了不同版本的操作系统，可能是 Windows 7、Windows 8 或 Windows 10，Office 组件的版本也不同，可能是 2007 版、2010 版或 2013 版。

现在，就交给你一项任务：

学院的实验室设备更新，新进了一批台式计算机，安装的操作系统是 Windows 7，Office 组件是 2010 版。为了让学生更好地适应不同的办公环境，决定把 Office 组件的版本升级为 2013 版。学生们已经基本掌握了 Office 2007 版或 2010 版的基本操作，现在需要帮助学生了解 Office 不同版本间的差异，熟悉 Office 2013 版的新功能，了解 Office 2013 版的基本操作。

 任务分析

完成任务的工作步骤与相关知识点分析见表 2-1。

表 2-1　任务分析

| 工 作 步 骤 | 相关知识点 |
| --- | --- |
| 了解新功能 | 使用 Office 的"帮助"文件和联机帮助 |
| 了解版本差异 | 使用搜索引擎，上网查资料 |
| 熟悉新界面 | 查看程序窗口的工作界面 |
| 掌握基本操作 | "文件"选项卡 |

 任务实施

1）利用"帮助"按钮，查看 Office 2013 的帮助文件。
2）使用搜索引擎，上网查找相关资料。
3）利用 Office 2013 的一个应用程序，查看工作界面。
4）练习 Office 2013 应用程序的基本操作。

## 任务 2.1 　了解 Office 2013 的全新功能

2013 年，Office 套装软件 2013 版本发布，相对于 2007 版和 2010 版，在操作风格上保持一致，但在功能上倾向于向更好地支持当前流行的平板电脑和各种触摸设备的方向发展，同时在协同办公方面更加方便。

Office 2013 的 Word、Excel、PowerPoint 三大组件，在基于计算机操作上的功能也有所增强。例如 Word 新增阅读模式，使用户可以有最优的阅读和编辑体验；Excel 新增切片器作为过滤数据透视表的交互方法，可以更准确地获取数据信息；PowerPoint 引进新的图表引擎工具，方便用户在保留源图表格式的情况下进行图表导入。这些新功能的加入，无疑使 office 2013 版的操作更加方便，真正成为当前网络环境下的办公利器。

Office 2013 只支持 Windows 7 及以上版本的 Windows 系统。
Office 2013 的组件如图 2-1 所示。

图 2-1　Office 2013 的组件

### 1. SkyDrive 云端功能

Office 2013 与微软 SkyDrive 网盘服务紧密结合，随处可以看到 SkyDrive 或者 Windows Live 账号。用户在进行文档编辑时，可以将文档放置在基于网络的 SkyDrive 或 SharePoint 中，从而真正实现随时随地访问、编辑以及共享。OneDrive 窗口如图 2-2 所示。

图 2-2　OneDrive 窗口

**2. 社交功能**

Office 2013 集合了社交功能，用户可以通过邮箱链接邀请同事或好友共同编辑文档。只要输入好友的邮箱链接，然后选择交给好友的权限（可编辑或只读），就可以将邀请链接发送给好友。

Word、Excel、PowerPoint 等都是以文本、数据为主的软件，Office 用户可以通过电子邮件、社交网络、即时消息共享这些文件内容，共享对象可通过 SkyDrive 即时访问这些信息，真正实现按需办公、轻松共享。

**3. 触摸模式**

Office 2013 可以使用触摸方式进行阅读，一方面，这是针对平板电脑优化的阅读方式，以触摸模式查看文档，感觉就像是在翻阅一本电子杂志，极其方便。另一方面，现在的显示屏越来越大，但是各种应用软件的工具按钮没有变化，而触摸模式的出现，帮助用户解决了这一问题。

在 Office 2013 中，所有组件都有一个针对触摸屏设备的触摸模式，在快速访问工具栏中添加"触摸/鼠标模式"命令即可激活触摸模式。在触摸模式下，Ribbon 图标和导航之间增加了一些触控模式之间的导航元素和丝带图标，也增加了一些额外内容。

**4. 图像搜索功能**

用户可以直接在 Office 2013 应用程序中通过在线资源搜索和导入图像，例如 Bing（必应）的图片、视频搜索结果，SkyDrive 网盘内的图片或视频，或者是直接粘贴视频的 HTML 代码。

"必应搜图功能"比之前的联机图片插入更方便，用户可以在这一工具中直接使用必应图片搜索进行查找。使用方法是，在任意 Office 组件 PowerPoint、Outlook、Word、Excel、InfoPath、OneNote、Publisher 和 Visio 中，单击窗口上方的"插入"→"联机图片"，在必应搜索框中输入想要搜索的内容，然后按〈Enter〉键进行搜索即可。

在搜索结果中选择想要的图片，然后单击"插入"按钮完成。如果需要了解图片信息，直接将光标移动到图片上即可显示图片分辨率和来源等信息。在图片搜索结果过滤中，用户可以选择有确定版权的图片，也可以选择所有结果。

**5. 更多的在线模板**

Office 2013 引入了极其强大的 Office 应用商店，用户在"插入"选项卡中可以找到"Office 应用程序"命令，如图 2-3 所示。单击"Office 应用程序"下拉按钮，选择"查看全部"命令，打开"Office 应用程序"对话框，在 Office 应用商店里查找更多的 Office 应用程序，其中有很多小插件都是免费的，前提是用户具备 Microsoft 账户。

图 2-3　"Office 应用程序"命令

## 任务 2.2　熟悉 Office 2013 的全新界面

**1. 全新的界面风格**

Office 2013 在风格上与其他版本保持一定的统一，在功能和操作上也向着更好支持平板电脑以及触摸设备的方向发展。从 Office 2007 版本开始，Office 摒弃了传统的菜单栏和工具栏模式，使用了选项卡和组的工作界面模式。这是一种"面向结果"的用户界面，操作界面简洁，用户操作直观、方便。

Office 2013 采用了全新的界面设计风格，具备 Metro 界面，简洁的界面和触摸模式也更加适合平板电脑，使其在平板电脑上浏览文档如同在 PC 上一样方便。Office 各组件的图标也有了新外观，如图 2-4 所示。

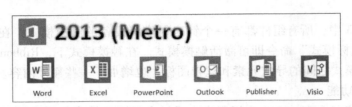

图 2-4　Office 2013 各组件的图标

Office 2013 用户界面经过了重新设计，非常简洁，窗口周围的边框也被取消，突出中间的内容，只提供了白色、浅灰色、深灰色 3 种主题颜色。PowerPoint 2013 的主界面采用橙色＋白色作为主色调；Word 2013 的主界面采用蓝色＋白色作为主色调；Excel 2013 的主界面采用绿色＋白色作为主色调，感觉比较清新。

**2. 功能区和选项卡标签**

（1）Office 2013 的功能区

在 Office 2013 中，每个选项卡都有自己的功能区，在功能区中按不同的功能将命令按钮进行分组，最常用的命令按钮放置在用户最容易看到的位置，使操作更加方便。这种二维布局模式使用户能够快速找到需要的操作命令，各种工作任务的完成变得轻松、快速和高效。

用户在调整窗口的大小时，功能区的区域大小可以自动调整，以适应窗口的大小。有时为了获得更大的可视空间，用户可以将功能区折叠起来，操作方法如下。

方法 1：使用功能区中的快捷菜单。

在功能区的任意一个按钮区域中右击，选择快捷菜单中的"折叠功能区"命令，则程序窗口中只显示选项卡标签。功能区折叠后，单击任意一个选项卡标签，功能区将重新展开。

功能区折叠后，如果需要重新显示组，要先展开功能区，然后在功能区的任意位置右击，取消快捷菜单中"折叠功能区"命令的勾选即可。

方法 2：使用功能区中的命令按钮。

Office 2013 为了能够快速实现组的最小化，提供了一个"折叠功能区"按钮，如图 2-5 所示，单击该按钮就可以快速将功能区折叠。需要重新显示功能区时，单击某个选项卡标签，在打开的选项卡中单击右下角的“固定功能区”按钮，如图 2-6 所示，就可以将隐藏的功能区展开。

**提示：**为了使用户能够更快掌握功能区中各个按钮的功能，Office 2013 提供了屏幕提示功能。当鼠标放置于某个按钮上时，系统会弹出提示框，显示与该按钮有关的按钮名称、快捷键、功能介绍等操作信息。

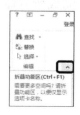

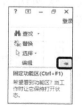

图 2-5 “折叠功能区”按钮

图 2-6 “固定功能区”按钮

方法 3：使用标题栏中的命令按钮。

标题栏右侧有个“功能区显示选项”按钮，如图 2-7 所示，单击该按钮，在打开的菜单中选择“自动隐藏功能区”命令，也可以隐藏功能区。

功能区隐藏后，如果需要再次展开，可以单击程序窗口的顶部，就可以重新显示；取消功能区的隐藏，只要单击“显示选项卡和命令”命令即可。

图 2-7 “功能区显示选项”列表

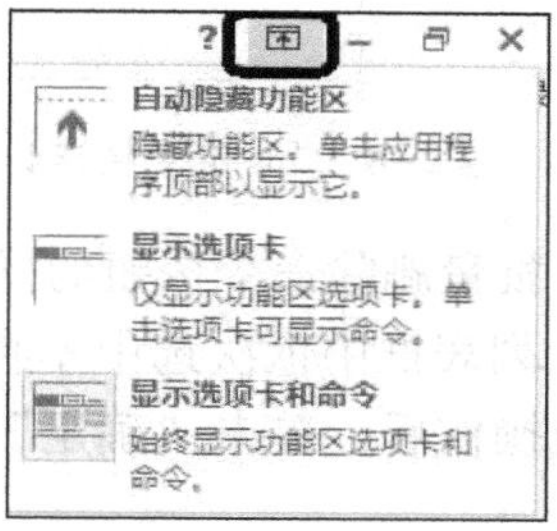

（2） Office 2013 的选项卡

Office 2013 的功能区设置了面向任务的选项卡，选项卡中集成各种命令按钮，这些命令根据完成任务的不同分为各个任务组。

在功能区中，选项卡不是固定不变的，有的选项卡在需要针对某一类具体对象进行操作时，才会临时弹出。例如，在 Word 文档中选择了一个表格，功能区中就会出现“设计”和“布局”两个选项卡；在 Excel 工作表中选择了一个图表后，功能区中就会出现“设计”和“格式”两个选项卡。

**3. 快速访问工具栏**

Office 2013 的快速访问工具栏包含一组独立的命令按钮，使用这些按钮，用户能够快速执行某些常用操作。快速访问工具栏作为一个命令按钮的容器，具有高度的可定制性，用户可以根据自己的工作需要，随时增加或删除命令按钮，方便用户的操作。

Office 2013 的快速访问工具栏位于主界面的左上角，允许用户调整快速访问工具栏的位置，可以将其放置在功能区的上方，也可以放置在功能区的下方。

以 Word 操作为例，介绍如何在快速访问工具栏中增删命令按钮。

（1） 增加或删除单个命令按钮

方法 1：单击“自定义快速访问工具栏”按钮，如图 2-8 所示，在下拉列表中，勾选需要添加的命令按钮即可将其添加到快速访问工具栏中。如果要在快速访问工具栏中删除某个命令按钮，取消命令按钮的勾选即可。

方法2：在功能区中，单击某个标签打开该选项卡，在需要添加的命令按钮上右击，如图2-9所示，选择快捷菜单中的"添加到快速访问工具栏"命令即可。

（2）批量增加或删除命令按钮

在快速访问工具栏中批量增加命令按钮，方法是单击"自定义快速访问工具栏"按钮，在下拉列表中选择"其他命令"，打开"Word选项"对话框（此处以Word组件为例），如图2-10所示。在"从下列位置选择命令"列表框中选择需要添加的命令，单击"添加"按钮，将其添加到"自定义快速访问工具栏"列表框中，完成所有命令按钮的添加操作后，单击"确定"按钮即可。

图2-8　"自定义快速访问工具栏"下拉列表　　　　图2-9　功能区的快捷菜单

批量删除命令按钮的操作也在"Word选项"对话框中完成。在"自定义快速访问工具栏"列表框中依次选中不再需要的命令按钮，并单击"删除"按钮将其从列表框中删除。完成操作后，单击"确定"按钮即可。

> ✎ 提示：在"自定义快速访问工具栏"的列表框中，除了"用于所有文档（默认）"选项外，在下拉列表中会列出当前所有打开的文档。用户可以选择相应的选项，确定自定义的快速访问工具栏是应用于所有文档还是只应用于某个指定文档。

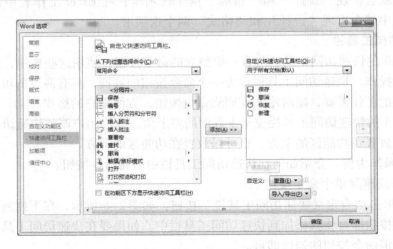

图2-10　"Word选项"对话框

#### 4. 任务窗格

Office 2013 应用程序的工作界面中窗口的组成更加灵活。例如 Word 文档窗口，默认显示编辑区域，用户可以根据需要打开左侧的导航窗格，或者启动任务窗格后将自动在右侧显示。Word 2013、PowerPoint 2013 等组件将多种格式设置的操作，由"任务窗格"替代先前版本的对话框来进行，使界面更友好，用户的操作更加直观、便捷。

例如在 Word 文档中，选中某个形状后完成形状格式的设置，不同版本的操作区别如下。

- 2010 版：弹出快捷菜单选择"设置形状格式"命令，打开"设置形状格式"对话框，如图 2-11 所示。
- 2013 版：弹出快捷菜单选择"设置形状格式"命令，在窗口右侧打开"设置形状格式"任务窗格，如图 2-12 所示。

图 2-11　"设置形状格式"对话框

图 2-12　"设置形状格式"任务窗格

#### 5. 状态栏

Office 2013 应用程序窗口底部的状态栏也有很大的变化。例如 Word 程序窗口，状态栏的左侧显示当前插入点的位置、字数统计等，状态栏的右侧包含视图图标和显示比例的缩放工具，用户无须再使用相关命令去查看或设置。

在 Office 不同的应用程序窗口中，用户可以根据自己的需要，对状态栏的显示内容进行自定义。方法是在状态栏中右击，弹出"自定义状态栏"菜单，如图 2-13 所示，用户可根据实际需要，选择进行设置的选项。

图 2-13　"自定义状态栏"菜单

## 任务 2.3　Office 2013 的常用操作

Office 2013 应用程序包括很多组件，如 Word 2013、Excel 2013、PowerPoint 2013、Outlook 2013、Publisher 2013、Access 2013 等，它们的窗口界面有很多相同之处，基本操作也非常类似。

### 2.3.1 启动与退出 Office 2013

在 Windows 操作系统中，Office 应用程序的操作方法是通用的。用户可以通过多种方式快速启动和退出 Office 应用程序。

**1. 启动 Office 应用程序**

方法 1：使用"开始"菜单中的 Office 应用程序列表。

方法 2：使用桌面的快捷方式。

创建快捷方式的方法是在桌面空白处右击，选择快捷菜单中的"新建"→"快捷方式"命令，打开"创建快捷方式"向导，该向导帮助用户创建本地或网络程序、文件、文件夹、计算机或 Internet 地址的快捷方式。

> 💡 **提示**：快速创建桌面快捷方式：打开"开始"菜单中的"所有程序"命令，找到"Microsoft Office 2013"，将相应命令按钮拖放到桌面；或者在"计算机"窗口中找到 Office 组件的程序文件夹，在文件名上右击，选择快捷菜单中的"发送到"→"桌面快捷方式"命令。

方法 3：使用桌面快捷菜单中的"新建"命令。

在桌面的空白处右击，或者在"计算机"窗口中列表框区域的空白处右击，打开快捷菜单，选择"新建"命令打开级联菜单，如图 2-14 所示，选择创建新建文档的应用程序名称。

方法 4：打开已经创建的 Office 文档，启动相应的 Office 应用程序。

方法 5："开始"菜单中找到 Office 的应用程序图标，启动"最近"列表中的文件。

**2. 退出 Office 应用程序**

方法 1：应用程序窗口中的"文件"选项卡的"关闭"命令。

方法 2：单击应用程序窗口右上角的"关闭"按钮。

方法 3：按〈Alt + F4〉组合键。

**3. 终止 Office 应用程序的启动**

Office 2013 提供了新功能，在应用程序启动时会显示一个启动画面，如图 2-15 所示，用户可以干预 Office 应用程序的启动过程。

图 2-14　桌面空白处右击打开的快捷菜单

图 2-15　Office 应用程序的启动画面

◆ 如果用户打开一个错误文件，希望立即终止启动，可以直接单击启动画面中的"关闭"按钮，终止文件的启动。

◆ 用户也可以单击"最小化"按钮，启动画面消失。但是程序会正常启动，启动后的程序窗口最小化显示在任务栏中。

## 2.3.2 常用 Office 文档的操作

Office 2013 与 2010 版相比，除了 Logo 图标不同，界面最大的变化就是"文件"选项卡的显示方式。使用"文件"选项卡，用户能够获得与文件有关的操作选项，如图 2-16 所示。

"文件"选项卡类似于一个多级菜单的分级结构，分为左、中、右 3 个区域：

◆ 左侧区域为命令选项区，该区域列出了与文档有关的操作命令选项。

◆ 在左侧区域选择某个命令后，中间区域将显示该命令选项的可用命令按钮。

◆ 在中间区域选择某个命令后，右侧区域将显示其下级命令按钮或操作选项。同时，右侧区域也可以显示与文档有关的信息，如文档属性信息、打印预览或预览模板文档内容等。

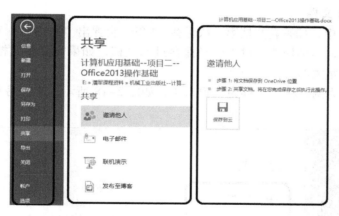

图 2-16 "文件"选项卡窗口

### 1. 创建 Office 文档

方法 1：桌面空白处右击，在快捷菜单中选择"新建"命令，打开级联菜单，选择需要创建的应用程序名称，单击后启动该程序，新建一个以默认文件名命令的文件。

方法 2："计算机"窗口的列表框空白处右击，在快捷菜单中选择"新建"命令，打开级联菜单，选择需要创建的应用程序名称，单击后启动该程序，新建一个以默认文件名命令的文件。

方法 3：启动应用程序，在菜单栏的"文件"选项卡中选择"新建"命令，打开"新建"窗口，利用提供的内置模板创建文档。

方法 4：利用已经创建的文件。在应用程序窗口中，单击快速访问工具栏中的"新建"按钮，在新窗口中直接创建一个新文档。

方法 5：在"开始"菜单中找到 Office 组件，直接双击启动，自动创建一个新文档。

方法 6：在打开的应用程序窗口中，单击"Ctrl + N"组合键。

**2. 打开 Office 文档**

打开 Office 文档的常用方法如下。

方法 1：在桌面或"计算机"窗口中，双击该 Office 文档的文件名。

方法 2：选择"文件"选项卡的"打开"选项，在窗口右侧区域的"最近使用的文档列表"中快速打开最近使用过的文档。

方法 3：以副本方式打开文档与"根据模板新建文档"有很多相似之处，用户可以有效地利用现存文档，提高创建同类文档的效率，同时对现存重要文档进行保护。

方法 4：以只读方式打开文档，只用于阅读浏览，不能修改，以避免误操作。

方法 5：在受保护视图中查看文档，用户不能直接编辑但允许用户在该视图模式下进入编辑状态。例如在邮箱中下载的附件或在网页中下载的文件，会自动在"受保护的视图"中打开，如果确认没有问题，单击"启用编辑"按钮即可，如图 2-17 所示。

图 2-17 "受保护的视图"提示信息

**3. 保存 Office 文档**

在 Office 2013 中，如果新文档第一次保存，Office 会弹出"另存为"对话框，和先前版本的操作方法一致，不再赘述。对于已经保存过的文档，如果需要将文档"另存为"指定文件时，变化是非常大的。

以 Word 2013 为例，在"另存为"窗口中，如图 2-18 所示，文件另存为的地点有以下3 个选择。

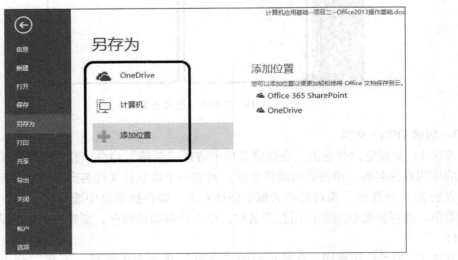

图 2-18 "文件"选项卡的"另存为"窗口

- ◆ OneDrive：使用 OneDrive，用户可以从任何位置访问自己的文件并与任何人共享。
- ◆ 计算机：单击右侧的"浏览"按钮，打开"另存为"对话框，和以前的操作相同。
- ◆ 添加位置：包括"Office 365 SharePoint"和"OneDrive"，即云存储，需要登录微软账号（如 MSN 账号），然后将文件联机保存，即可随时随地查看文件。

**4. 更改文件类型**

Office 2013 版的"文件"选项卡与 2010 版相比变化比较大，修改了"保存并发送"命令，将其中的功能分开，新增了"导出""账户"和"共享"选项。2010 版的"文件"选项卡如图 2-19 所示，而 2013 版的"文件"选项卡如图 2-20 所示，在"导出"窗口中有"更改文件类型"命令，列表中显示了可以更改的各种类型，在保存 Office 文档的时候，这个功能使用户有了更多的选择。

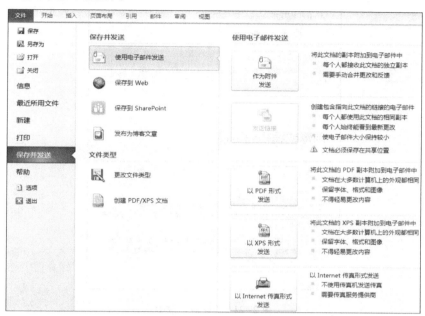

图 2-19　2010 版"文件"选项卡

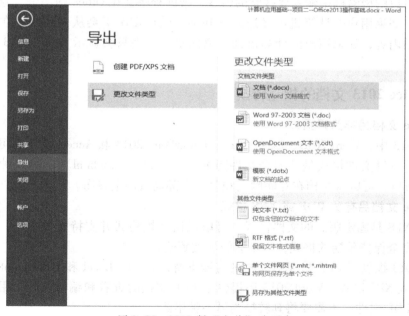

图 2-20　2013 版"文件"选项卡

### 2.3.3　Office 2013 的帮助

启动 Office 2013 帮助的方法，一是启动 Office 2013 的应用程序，按〈F1〉键，二是单击应用程序窗口右上角的"?"按钮，三是应用程序对话框右上角的"?"按钮，都可以打开帮助文档窗口，如图 2-21 所示。

图 2-21　"帮助"窗口

在帮助窗口的搜索框中输入要搜索的内容，帮助程序会在 Office 网站进行查找。当启动帮助文件时，如果用户的计算机已经连入互联网，默认情况下会从 Microsoft 在线支持中搜索相关的帮助内容；如果用户的计算机处于离线状态，则只会显示 Office 2013 内置的帮助文件。

### 2.3.4　Office 2013 文档的相互转换

**1. Office 文档另存为网页**

Office 2013 中，Word 2013、Excel 2013、PowerPoint 2013 和 Access2013 都可以将文档的另存为网页，一种文件格式是"单个文件网页（＊.mht，＊.mhtml）"，另一种是网页（＊.htm，＊.html），可以将文档在互联网上和单位内部局域网上发布。

**2. Office 文档另存为 PDF 或 XPS 格式**

PDF 和 XPS 是固定版式的文档格式，可以保留文档格式并支持文件共享，在查看或打印时，可以完全保持预期的格式，且不会轻易被更改。

Office 2013 提供了 PDF 和 XPS 文档的直接支持，Word、Excel 和 PowerPoint 文档都可以另存为 PDF 或 XPS 格式。Word 2013 还提供了 PDF 文档的查看和编辑功能，用户可以直接打开和编辑 PDF 文件，不需要将其转换为另一种格式。

## Office 2013 的文件扩展名为何多了一个 "x"？

Office 2013 延续了 2007 版本以来的新文档格式，扩展名都以 "x" 结束。这种文档保存技术实际上是 XML 技术和文件压缩 ZIP 技术的结合，使用了 XML 格式保存文件，将文档内容与其二进制（2003 版及以前的版本）定义分开。该格式的文档短小且可靠，能同时与信息系统和外部数据源深入集成，文档的内容能够用于自动数据采集和其他用途。同时，能够方便实现 Office 以外的其他进程搜索和修改，如基于服务器的数据处理。

使用这种方式能够有效减小 Office 文档的大小，便于文档的传播，同时使得 Office 文档由封闭转向开放，与其他应用程序的通信更加方便，增强了文档的可靠性、安全性和易用性。

这种新的文件格式是经过压缩和分段的文件格式，例如将某个 Word 文档的扩展名由 ".docx" 更改为 ".zip"，使用 Windows 资源管理器或常见的文档压缩工具软件可以查看到这种基于 XML 格式文档的内部结构。

## 什么是 "受保护的视图"？

来自 Internet 和其他可能不安全位置的文件，可能会包含病毒、蠕虫或各种恶意软件，为了保护用户，这些文件会在 "受保护的视图" 中打开。通过使用 "受保护的视图"，用户可以读取文件并检查其内容，同时降低可能发生的风险。"受保护的视图" 为只读模式，在该模式下，多数编辑功能已被禁用。

文件在 "受保护的视图" 中打开，其原因有以下几种：

◆ 该文件是从某个 Internet 位置中打开的。
◆ 文件的接收方式为 Outlook 2010 附件，而且用户的计算机策略已将发送者定义为不安全。
◆ 文件从不安全位置打开，例如 "Internet 临时文件" 文件夹。
◆ 文件验证失败。
◆ 出现了受损文件，例如存储该文件的磁盘可能已损坏或受损；创建或编辑该文件所用的程序存在问题；由于 Internet 的连接问题导致将文件复制到计算机上时发生意外错误。

如果必须读取该文件而不必对其进行编辑，可以保持在 "受保护的视图" 中。

如果确信该文件来自可信来源，并且需要编辑或保存该文件，则退出 "受保护的视图"。在 "消息栏" 上出现 "启用编辑" 按钮，单击该按钮即可退出 "受保护的视图"，该文件会变成受信任文档。如果没有出现 "启用编辑" 按钮，按照下列操作退出 "受保护的视图"：

1) 单击 "文件" 选项卡，此时将显示 "Backstage 视图"。
2) 单击 "仍然编辑" 按钮，此时，表示在此模式下启用编辑会存在更多风险，建议用户慎重处理，并确定文件来源可靠且已知。

 能力训练

**1. 创建 Office 2013 应用程序的快捷方式**

在桌面上分别创建 Word 2013、Excel 2013、PowerPoint 2013 的快捷方式。

**2. 创建 Office 2013 应用程序的文档**

要求：

1）打开"计算机"窗口，新建一个学生文件夹，重命名为"学生学号 + 学生姓名"。在该文件夹中，利用快捷菜单分别创建 Word 2013、Excel 2013、PowerPoint 2013 的文档。

2）分别启动 Word 2013、Excel 2013、PowerPoint 2013，利用"文件"菜单中的"新建"命令，创建空白文档并保存。

3）分别启动 Word 2013、Excel 2013、PowerPoint 2013，利用"文件"菜单中的"新建"命令，任意选择一个模板创建文档并保存。

**3. 熟悉 Office 2013 文档的基本操作**

要求：

1）将素材文件夹中的文件，复制到学生文件夹中。

2）任意打开一个 Word 文档，另存为"网页"格式。

3）任意打开一个 Excel 工作簿，另存为"Excel 97 – 2003 工作簿"格式。

4）任意打开一个 PowerPoint 演示文稿，另存为"PDF"格式。

**4. 熟悉 Office 2013 的帮助**

分别启动 Word 2013、Excel 2013、PowerPoint 2013，启动"帮助"，在"帮助"窗口中输入需要查找的关键字，学习搜索到的帮助内容，并将其复制到空白文档中，保存后按要求重命名。

## 知识测试

**一、选择题**

1. 下列（    ）不是 Office 2013 的新功能。

A. SkyDrive 云端          B. 触摸模式          C. 图像搜索          D. 屏幕截图

2. 下列关于功能区的描述，错误的是（    ）。

A. 用户可以自定义功能区中的命令按钮

B. 功能区可以折叠

C. 功能区可以移动到状态栏下方

D. 用户在功能区中可以新建选项卡

3. 打开 Office 文档的方法有多种，下列选项错误的是（    ）。

A. 以副本方式打开文档

B. 以只读方式打开文档

C. 以共享方式打开文档

D. 在"最近使用的文档"列表中打开文档

4. Office 文档可以保存为多种格式的文件，下列（    ）是错误的。

A. EXE          B. PDF          C. XPS          D. TXT

5. 启动 Office 2013 的帮助,下列描述错误的是 (　　　)。

A. 单击〈F1〉键　　　　　　　　　　B. 可以从网络中搜索到帮助内容

C. 单击右上角的 "?" 按钮　　　　　　D. 只能使用内置的帮助文件

6. 下列关于保存 Office 文档的描述中错误的是 (　　　)。

A. 新文档第一次保存,Office 会弹出 "另存为" 对话框

B. 使用〈Ctrl + C〉组合键可以直接保存已命名文档

C. 用户可以自定义自动保存时间间隔

D. 保存文档时可以选择不同的文件类型

## 二、判断题

1. Office 2013 文档的文件格式与 2003 版是一样的。(　　　)

2. Office 2013 提供了 SkyDrive 云端功能。(　　　)

3. 快速访问工具栏固定于标题栏的左上角,不能改变其位置。(　　　)

4. Office 2013 文档的 "另存为" 操作,只能在 "另存为" 对话框中完成。(　　　)

5. Office 2013 文档可以保存为 HTML 格式的网页。(　　　)

6. Office 2013 对多种格式设置的操作使用任务窗格替换了 2010 版中的对话框。(　　　)

7. 使用〈Alt + F1〉快捷键可以退出 Office 应用程序。(　　　)

8. Office 应用程序窗口中,组是不能隐藏的。(　　　)

9. Office 应用程序启动时,可以在启动窗口中单击 "关闭" 按钮终止启动。(　　　)

10. Office 应用程序窗口中,选项卡的内容是固定不变的。(　　　)

# 项目 3  使用 Word 2013 进行文字处理

## 任务 3.1  普通文档的写作与编辑

 任务描述

文字处理是日常生活和工作中的常见任务，例如：在校生需要完成实验报告、实习项目报告、毕业论文等，不同的工作岗位需要完成计划书、策划书、总结报告、建设方案等，所以，文档的写作与编辑是个人的一项基本职业能力。

Word 2013 是一款文字处理软件，主要用于创建和编辑各种类型的文档，适用于家庭、桌面办公和各种专业排版领域。

现在，就交给你一项任务：

学校组织校园文化节，小华是学院学生会的一名干部，团委的老师要求小华写一份通知，根据校园文化节的活动内容，安排本学院的具体相关活动，以学院文件的形式下发到各班级。

 任务分析

完成任务的工作步骤与相关知识点分析见表 3-1。

表 3-1  任务分析

| 工 作 步 骤 | 相关知识点 |
|---|---|
| 创建和保存 | "文件"选项卡的"新建""保存"命令 |
| 输入文本 | "视图"选项卡的视图、显示、显示比例等组 |
| 输入符号 | "插入"选项卡的文本、符号等组 |
| 段落排版 | "开始"选项卡的剪贴板,段落的选择、移动、删除等操作 |
| 设置格式 | "开始"选项卡的字体、段落等组 |
| 设置页面 | "页面布局"选项卡的页面设置组 |
| 打印输出 | "文件"选项卡的"打印"命令 |

 任务实施

文件名:校园文化节活动通知.docx。

格式要求:

1)文档标题:字体为黑体、三号字、加粗,段前、段后 0.5 行,居中,字符间距加宽 1 磅。

2)文档正文:字体为宋体、小四号字,左对齐,1.25 倍行距,首行缩进 2 字符。

3)落款单位和日期:字体为宋体,小四号字,1.5 倍行距,右对齐。

4)页面设置:A4 纸型,上、下、右边距为 2 cm,左边距 2.5 cm。

### 3.1.1  创建 Word 文档

#### 1. 创建一个 Word 文档

1)使用"文件"选项卡中的"新建"命令,打开"新建"窗口,如图 3-1 所示。在"新建"窗口中选择"空白文档"选项,即可创建一个新的 Word 文档。新建文档的默认名称是"文档1""文档2"等,显示在标题栏中。

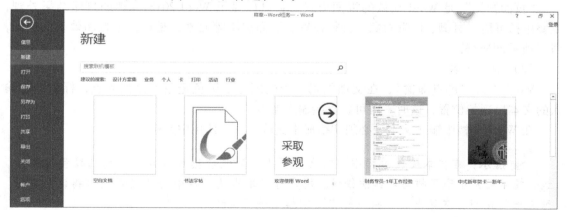

图 3-1  "新建"窗口

2)在"新建"窗口中,Word 2013 提供了多种模板,使用默认的"空白文档"模板。

3)在快速访问工具栏中可以添加"新建"按钮,方便用户继续创建新文档,如图 3-2 所示。

图 3-2　在"快速访问工具栏"中添加"新建"按钮

4）创建完成后，对新文档进行保存。使用"文件"选项卡中的"保存"命令，或者单击快速访问工具栏中的"保存"按钮，弹出"另存为"窗格，选择新文档的保存位置。

在"另存为"窗格中列出了最近访问的文件夹，如果没有找到需要的文件夹，单击"浏览"按钮，打开"另存为"对话框。

① 查找相应的文件夹——"E:/团委/活动通知"。

② 输入正确的文件名——"校园文化节活动通知"。

③ 选择合适的文件类型——"Word 文档"。

**2. 输入文字和符号**

（1）页面视图

Word 2013 提供了多种视图模式供用户选择，包括"阅读版式视图""页面视图""Web 版式视图""大纲视图"和"草稿视图"5 种视图模式。用户根据制作文档的不同类型，在"视图"选项卡中选择相应的视图模式，也可以在状态栏右下方单击视图选择按钮来选择合适的视图模式。

"页面视图"是 Word 默认的视图模式，它可以显示 Word 2013 文档的打印结果外观，主要包括页眉、页脚、图形对象、分栏设置、页面边距等元素，是最接近打印效果的视图，即"所见即所得"。

（2）输入文本

Word 支持"即点即输"，在文档编辑区中的闪烁的黑色竖条就是插入点，标识即将输入的文本出现的位置，这时，就可以直接输入文本了。

在 Word 文档中输入文本，必须切换成中文输入法，使用中文标点。

> 提示：在文本输入过程中，在文字下方有时候会出现红色、蓝色或绿色的波浪线，提示用户出现了拼写或语法错误。用户可以单击状态栏中的"发现校对错误，单击可更正"按钮，在弹出的"拼写检查"窗格中进行修改。

（3）符号的输入

用户可以使用下列方法插入符号。

方法 1：单击"插入"→"符号"组的"符号"下拉按钮，显示出当前使用过的符号列表，直接选择即可，如图 3-3 所示；或者直接单击"符号"命令，打开"符号"对话框，如图 3-4 所示。

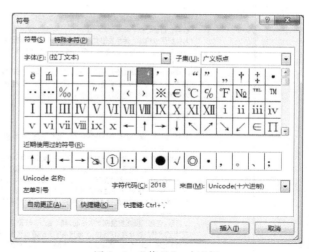

图 3-3 "插入"选项卡的"符号"按钮　　　　图 3-4 "符号"对话框

方法 2：使用输入法中的软键盘。例如搜狗拼音输入法，在输入法图标上单击，选择"特殊符号"命令，如图 3-5 所示，打开"搜狗拼音输入法快捷输入"窗口，如图 3-6 所示，用户可以选择数字序号、特殊字符等不同的选项。注意：不同的输入法，界面不同。

> ✎ 提示：例如输入①。使用搜狗拼音输入法，直接输入"yi"，在提示框中就会出现①，直接选择"5"就可以了。

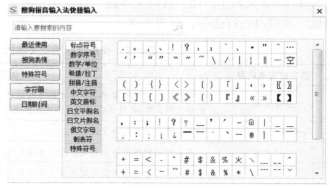

图 3-5 输入法的软键盘　　　　　　图 3-6 搜狗拼音输入法

输入完毕的文本样本如图 3-7 所示。

## 3.1.2 段落的编辑操作

### 1. 段落的概念

Word 文档的基本编辑单位是段落。在插入点输入了文本内容后按〈Enter〉键换行，就开始了一个新的段落。Word 文档中"段落"与"段落"之间分隔是由段落标记"↵"标识的。

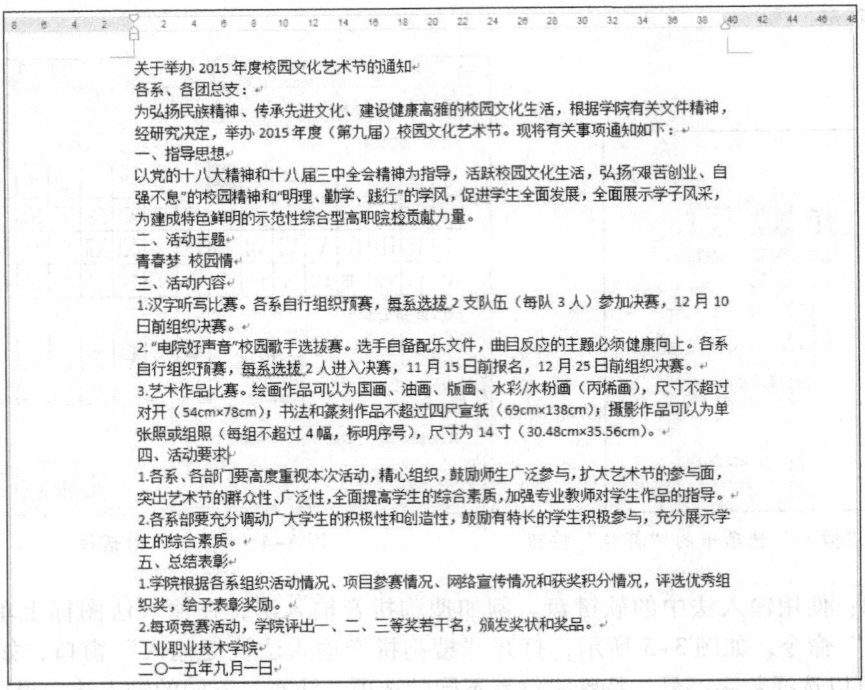

关于举办 2015 年度校园文化艺术节的通知
各系、各团总支：
为弘扬民族精神、传承先进文化、建设健康高雅的校园文化生活，根据学院有关文件精神，经研究决定，举办 2015 年度（第九届）校园文化艺术节。现将有关事项通知如下：
一、指导思想
以党的十八大精神和十八届三中全会精神为指导，活跃校园文化生活，弘扬"艰苦创业、自强不息"的校园精神和"明理、勤学、践行"的学风，促进学生全面发展，全面展示学子风采，为建成特色鲜明的示范性综合型高职院校贡献力量。
二、活动主题
青春梦 校园情
三、活动内容
1.汉字听写比赛。各系自行组织预赛，每系选拔 2 支队伍（每队 3 人）参加决赛，12 月 10 日前组织决赛。
2."电院好声音"校园歌手选拔赛。选手自备配乐文件，曲目反应的主题必须健康向上。各系自行组织预赛，每系选拔 2 人进入决赛，11 月 15 日前报名，12 月 25 日前组织决赛。
3.艺术作品比赛。绘画作品可以为国画、油画、版画、水彩/水粉画（丙烯画），尺寸不超过对开（54cm×78cm）；书法和篆刻作品不超过四尺宣纸（69cm×138cm）；摄影作品可以为单张照或组照（每组不超过 4 幅，标明序号），尺寸为 14 寸（30.48cm×35.56cm）。
四、活动要求
1.各系、各部门要高度重视本次活动，精心组织，鼓励师生广泛参与，扩大艺术节的参与面，突出艺术节的群众性、广泛性，全面提高学生的综合素质，加强专业教师对学生作品的指导。
2.各系部要充分调动广大学生的积极性和创造性，鼓励有特长的学生积极参与，充分展示学生的综合素质。
五、总结表彰
1.学院根据各系组织活动情况、项目参赛情况、网络宣传情况和获奖积分情况，评选优秀组织奖，给予表彰奖励。
2.每项竞赛活动，学院评出一、二、三等奖若干名，颁发奖状和奖品。
工业职业技术学院
二○一五年九月一日

图 3-7　文本样本

#### 2. 段落的编辑

（1）选择操作

在 Word 文档中，用户在对文本进行编辑操作时，必须先选定该文本。常用的方法是使用鼠标和键盘进行选择，见表 3-2。

表 3-2　使用鼠标选定文本的常用方法

| 选定的文本内容 | 操 作 方 法 |
| --- | --- |
| 任意文本 | 移动鼠标指针到需要选定文本的开始位置，按住鼠标左键，拖动鼠标直至末尾位置，松开鼠标左键，Word 以反白方式显示选定的文本内容 |
| 一个单词或词组 | 双击英文单词或中文词组 |
| 一行文本 | 将鼠标指针移至左侧选定区域，单击鼠标左键 |
| 多行文本 | 将鼠标指针移至左侧选定区域，从首行开始向上或向下拖动鼠标选取 |
| 一个段落 | 将鼠标指针移至左侧选定区域，双击鼠标左键，或者在该段落的任意位置上三击鼠标左键 |
| 跨页文本 | 先单击所选内容的开始位置，移动鼠标至末尾位置，按住〈Shift〉键单击所选内容的末尾 |
| 整个文档 | 方法 1：将鼠标指针移至左侧选定区域，三击鼠标左键。<br>方法 2：将鼠标指针移至左侧选定区域，按住〈Ctrl〉键单击鼠标左键。<br>方法 3：使用快捷键〈Ctrl + A〉。<br>方法 4：使用"开始"选项卡中"编辑"组中的"选择"下拉菜单中"全选"命令 |

如果要取消文本的选择，在编辑区域任意位置单击即可。如果要调整选定区域，可以按住〈Shift〉键并移动鼠标选择新的终点，或者使用〈Shift〉键结合方向键〈Home/End/PageUp/PageDown/↑/↓/←/→〉即可扩展或收缩选定区域。

（2）复制和移动操作

在输入文本的过程中，经常需要对文本内容进行复制和移动操作。单击"开始"→"剪贴板"组中的"粘贴"命令，或者打开其下拉列表，根据需要选择保留源格式、合并格式或只保留文本等选项，如图3-8所示，或者使用快捷键。复制和移动操作的常用方法见表3-3。

表3-3　复制和移动操作的常用方法

| 操作方法 | 复　制 | 移　动 |
| --- | --- | --- |
| "剪贴板"组 | 单击"复制"按钮，移动到目标位置，单击"粘贴"按钮 | 单击"剪切"按钮，移动到目标位置，单击"粘贴"按钮 |
| 快捷键 | 按〈Ctrl + C〉组合键，移动到目标位置，按〈Ctrl + V〉组合键 | 按〈Ctrl + X〉组合键，移动到目标位置，按〈Ctrl + V〉组合键 |
| 鼠标 | 选定文本，按住鼠标左键，同时按下〈Ctrl〉键，移动到目标位置，先释放鼠标左键，再松开〈Ctrl〉键 | 选定文本，按住鼠标左键，移动到目标位置，释放鼠标左键 |
| 快捷菜单 | 选定文本，按住鼠标右键拖动到目标位置，松开鼠标右键，在弹出的快捷菜单中选择"复制到此位置"命令 | 选定文本，按住鼠标右键拖动到目标位置，松开鼠标右键，在弹出的快捷菜单中选择"移动到此位置"命令 |

使用剪贴板的存储功能，用户可以在不同位置快速进行多次复制操作。在"剪贴板"组中，单击"对话框启动器"按钮，打开"剪贴板"任务窗格，如图3-9所示，进行粘贴或删除操作。

图3-8　"粘贴"按钮　　　图3-9　使用"剪贴板"窗格进行粘贴

所有在"剪贴板"任务窗格中的内容都可以反复使用。单击"全部粘贴"按钮，可以将列表中的所有项目按先复制再粘贴的原则，首尾相连粘贴到目标位置。如果列表内容太多或者不再需要了，可以单击"全部清除"按钮进行清除。

（3）删除操作

如果输入的文本有错误，用户可以使用下列方法进行删除操作：

◆ 利用〈Backspace〉键可以删除插入点左边的一个字符。

◆ 利用〈Delete〉键可以删除插入点右边的一个字符。

◆ 选定待删除的文本或文本区域，按〈Delete〉键。

◆ 选定待删除的文本或文本区域，单击"开始"选项卡的"剪切"按钮。

（4）撤销恢复操作

在文本的输入和编辑操作中，难免会出现错误操作，用户可以使用快速访问工具栏中的"撤销"按钮或"恢复"按钮，撤销前一次操作或恢复撤销的操作。

（5）定位操作

Word 提供了"即点即输"的功能，即插入点（一条闪动的竖线）的位置在哪里，就在插入点后面开始输入。编辑多个页面的 Word 文档时，定位操作非常关键。常用的方法如下。

方法 1：在需要输入的位置上直接单击。

方法 2：移动鼠标、水平滚动条或垂直滚动条，将需要编辑的位置移入到编辑窗口，单击鼠标确定位置。

方法 3：利用"查找和替换"对话框"定位"标签页。单击"开始"→"编辑"→"查找"下拉列表，选择"转到"命令，打开"查找和替换"对话框中的"定位"标签页，如图 3-10 所示。在"定位"标签页中，包括"页、节、表格、标题、…"等多种定位目标供用户选择。对于长文档，可以实现快速定位。

图 3-10    "查找和替换"对话框的"定位"标签页

方法 4：利用快捷键完成定位操作，见表 3-4。

表 3-4    移动快捷键及功能

| 快 捷 键 | 功 能 | 快 捷 键 | 功 能 |
| --- | --- | --- | --- |
| Home | 光标移至行首 | PageDown | 光标下移一屏 |
| End | 光标移至行尾 | Ctrl + Home | 光标移至文档首部 |
| PageUp | 光标上移一屏 | Ctrl + End | 光标移至文档末尾 |

## 3.1.3    格式设置

### 1. 设置文本格式

（1）设置文本的字体和字号

在 Word 2013 中，汉字的默认格式是宋体、五号，英文的默认格式是 Times New Roman、五号。在"开始"选项卡的"字体"组里，打开"字体"或"字号"的下拉列表，进行选择或者直接输入所需的格式，即可快速设置文本的字体和字号。

> ✎ 提示：Word 提供了两种字号系统，中文字号从初号到八号，数字越大，文本越小；阿拉伯数字字号以磅为单位，数字越大，文本越大。

（2）设置文本的字形

在 Word 中，字形是指文本的显示效果，如加粗、倾斜、下画线、删除线、上标和下标等。用户使用"开始"选项卡"字体"组的命令按钮也可以打开"字体"对话框进行设置，如图 3-11 所示。

在"字体"对话框的"高级"标签页中，用户可以设置字符间距，如图 3-12 所示。字符间距是指文本中两个相邻字符间的距离，默认格式是"标准"。

图 3-11　"字体"对话框的"字体"标签页　　图 3-12　"字体"对话框的"高级"标签页

◆ "缩放"：选择适当的比例，即可在保持文本高度不变的情况下设置横向伸缩的百分比。

◆ "间距"：选择"加宽"或"紧缩"，在"磅值"微调框中输入或直接按键调整数据。

◆ "位置"：选择"提升"或"降低"，在"磅值"微调框中输入或直接按键调整数据。

（3）美化文本

1）设置字体颜色。使用"开始"选项卡的"字体"组中的"字体颜色"按钮，从下拉列表选择需要的字体颜色，如图 3-13 所示。如果没有合适的颜色，可以在下拉列表中选择"其他颜色"命令，打开颜色对话框，自行设定文本颜色。

2）设置文本效果。文本效果包括设置文本的轮廓、阴影、映像、发光等。单击"开始"→"字体"组的"文本效果和版式"下拉按钮打开下拉列表，如图 3-14 所示。

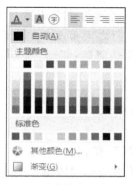

图 3-13　"字体颜色"列表

图 3-14　"文本效果和版式"列表

**2. 设置段落格式**

用户在设置段落格式时，需要先定位插入点，再进行段落的格式设置，所有的段落格式设置对插入点之后的段落到新输入的段落有效，直到出现新的格式设置为止。也就是说，单击〈Enter〉键产生一个段落标记，这个段落标记携带着前一个段落的所有格式设置。需要对一个段落设置格式时，先将插入点移动到本段落中，否则就需要先选定需要设置的全部段落。

方法1：使用"开始"选项卡"段落"组的各个命令按钮，设置段落的对齐方式、缩进方式、行距和段落间距等，如图3-15所示。

缩进是指调整文本与页面边界之间的距离，缩进方式包括以下4种类型：
- ◆ 首行缩进是指将段落的第一行向右进行段落缩进，其余行不进行段落缩进。
- ◆ 悬挂缩进是指将某个段落首行不缩进，其余各行缩进。
- ◆ 左缩进是指将某个段落整体向右进行缩进。
- ◆ 右缩进是指将某个段落整体向左进行缩进。

用户可以使用水平标尺上的缩进滑块，精确调整段落缩进。使用水平标尺，首先要保证水平标尺处于打开状态，如果没有显示水平标尺，需要选中"视图"→"显示"组中的"标尺"复选框。在水平标尺上有4个滑块，分别对应首行缩进、悬挂缩进、左缩进和右缩进，如图3-15所示。

图3-15 "开始"选项卡的"段落"组和水平标尺

通过拖动标尺上的缩进滑块，可以快速调整相应的缩进量。如果需要精确调整缩进量，可以先按住〈Alt〉键，再拖动相应的缩进滑块即可。

行距是指从一行文字的底部到另一行文字底部的间距，常用的行距包括：单倍行距、1.5倍行距、2倍行距、最小值、固定值和多倍行距，Word 2013中增加了1.15、2.5、3.0等选项，其中多倍行距可以设置大于1的数字，例如1.25。如果某行中包含大文本字符、图形或公式，Word会自动增加该行的间距。

> 💡 **提示**：Word文档中，行距决定段落中各行文字之间的垂直距离，段落间距决定段落上方或下方的间距量。Office 2003版的默认间距：行之间为1.0，段落间无空白行；Office 2010版及以后的版本中，大多数快速样式集的默认间距：行之间为1.15，段落间有一个空白行。

方法2：使用"段落"对话框进行设置，如图3-16所示。
打开"段落"对话框的方法如下：
1）单击"开始"→"段落"组中的"对话框启动器"按钮。
2）选中并右击需要设置的段落，在打开的快捷菜单中选择"段落"命令。

图 3-16 "段落"对话框

### 3.1.4 文档的打印输出

**1. 设置页面布局**

Word 默认的纸张大小是 A4，纸张方向是纵向，页边距的上、下边距是 2.54 cm，左、右边距是 3.17 cm。

1）设置纸张大小。Word 文档常用的纸型是 A4 或 B5、B4 或 A3，还有信纸、信封、稿纸、法律专用纸等各种纸型。不同型号的打印机，可以选择的最大纸张有所不同。

2）设置纸张方向。纸张方向有纵向和横向两种，主要区别在于长边是水平方向还是垂直方向。用户需要根据文档打印的要求，选择纸张方向。例如制作普通文档，要选择纵向；制作通知书、奖状、证书、标签等文档，则多选择横向。

3）设置页边距。打开"页边距"下拉列表，如图 3-17 所示，从常用的边距格式中进行选择，或者单击"自定义边距"，在弹出的"页面设置"对话框中进行设置，如图 3-18所示。

**2. 打印文档**

（1）预览文档

为保证打印输出的准确性，在正式打印前，需要进行打印预览，在"打印"窗口中检查整体的排版布局是否存在问题，确认无误后再进行打印输出。打开"打印"窗口的方法如下。

方法1：单击快速访问工具栏中的"打印预览和打印"按钮。

方法2：单击"文件"选项卡中的"打印"命令。

"文件"选项卡的"打印"窗口如图 3-19 所示。

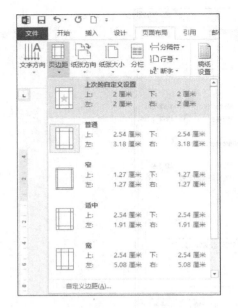

图 3-17 "页边距"下拉列表

图 3-18 "页面设置"对话框

图 3-19 "打印"窗口的打印预览区域

（2）打印文档

用户在对打印预览的效果确定无误后，根据打印输出的具体要求，在"打印"窗口中进行设置，设置打印机、打印份数、打印方向、单面/双面、打印页码范围等。

在"打印机"下拉列表中，显示计算机中已经安装的默认打印机名称。如果安装了多个打印机，需要打开下拉列表进行选择；如果需要设置打印机的属性，可以单击"打印机属性"按钮，打开"打印机属性"对话框进行设置；如果计算机中没有安装打印机，是无法使用打印选项的。

 **任务小结**

任务样本如图 3-20 所示。

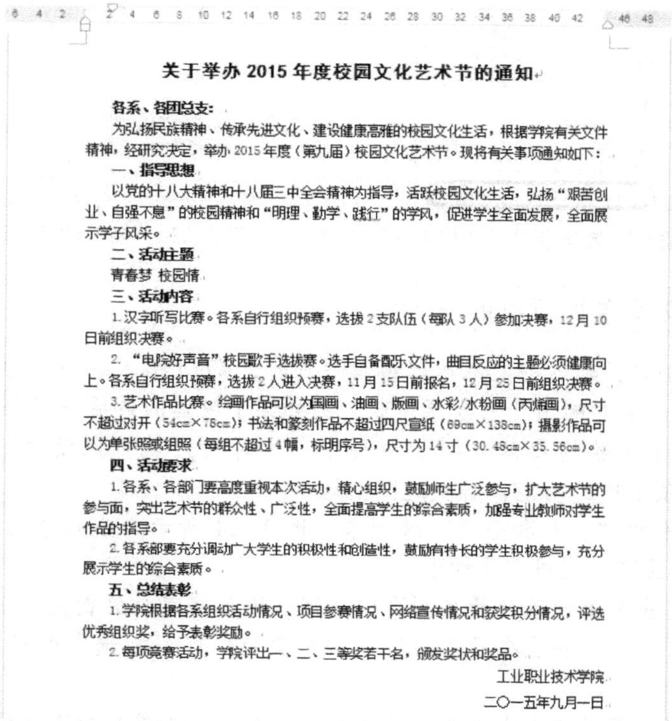

**关于举办 2015 年度校园文化艺术节的通知**

　　各系、各团总支：
　　为弘扬民族精神、传承先进文化、建设健康高雅的校园文化生活，根据学院有关文件精神，经研究决定，举办 2015 年度（第九届）校园文化艺术节。现将有关事项通知如下：
　　　一、指导思想
　　以党的十八大精神和十八届三中全会精神为指导，活跃校园文化生活，弘扬"艰苦创业、自强不息"的校园精神和"明理、勤学、践行"的学风，促进学生全面发展，全面展示学子风采。
　　　二、活动主题
　　青春梦 校园情
　　　三、活动内容
　　1. 汉字听写比赛。各系自行组织预赛，选拔 2 支队伍（每队 3 人）参加决赛，12 月 10 日前组织决赛。
　　2. "电院好声音"校园歌手选拔赛。选手自备配乐文件，曲目反应的主题必须健康向上。各系自行组织预赛，选拔 2 人进入决赛，11 月 15 日前报名，12 月 25 日前组织决赛。
　　3. 艺术作品比赛。绘画作品可以为国画、油画、版画、水彩/水粉画（丙烯画），尺寸不超过对开（54cm×78cm）；书法和篆刻作品不超过四尺宣纸（69cm×138cm）；摄影作品可以为单张照或组图（每组不超过 4 幅，标明序号），尺寸为 14 寸（30.48cm×35.56cm）。
　　　四、活动要求
　　1. 各系、各部门要高度重视本次活动，精心组织，鼓励师生广泛参与，扩大艺术节的参与面，突出艺术节的群众性、广泛性，全面提高学生的综合素质，加强专业教师对学生作品的指导。
　　2. 各系部要充分调动广大学生的积极性和创造性，鼓励有特长的学生积极参与，充分展示学生的综合素质。
　　　五、总结表彰
　　1. 学院根据各系组织活动情况、项目参赛情况、网络宣传情况和获奖积分情况，评选优秀组织奖，给予表彰奖励。
　　2. 每项竞赛活动，学院评出一、二、三等奖若干名，颁发奖状和奖品。

　　　　　　　　　　　　　　　　　　　　　　　　　工业职业技术学院
　　　　　　　　　　　　　　　　　　　　　　　　　二〇一五年九月一日

图 3-20 "校园文化节活动通知"样本

**知识链接**

┌─────────────────────┐
│ 如何快速输入重复的文本？ │
└─────────────────────┘

　　使用 Word 提供的文档部件库可以创建、存储和查找可重用的内容片段，包括自动图文集、文档属性（如标题和作者）以及域。例如自动图文集，单击"自动图文集"以访问自动图文集库，通过选择要重复使用的文本，单击"自动图文集"，然后单击"将所选内容保存到自动图文集库"，就可以将重复使用的文本保存到自动图文集库。

　　用户需要在多个文档中重复使用同一段文本，可以将本段文本保存到 Word 2013 的文档部件中，需要再次输入的时候，从保存的库中直接调用即可。操作过程如下：

　　1）选中需要保存的内容，单击"插入"→"文本"组的"文档部件"命令，在下拉列表中选择"将所选内容保存到文档部件库"命令，如图 3-21 所示。

　　2）弹出"新建构建基块"对话框，如图 3-22 所示，在"名称"框中编辑选定文本的名称，单击"确定"按钮。

　　3）需要调用该内容时，只需单击"文档部件"按钮，在下拉列表中就会显示出保存内容的预览图，单击预览图就可以在插入点的位置复制该文本。或者在打开的列表中，选择在页眉或页脚插入，还是在节、文档的开始或末尾插入。如图 3-23 所示。

图 3-21  "插入"选项卡的"文档部件"按钮　　　图 3-22  "新建构建模块"对话框

### 如何控制段落在页面中的分行？

制作 Word 文档时，输入的文本内容填满一页时，Word 插入一个自动分页符并开始新的一页。自动分页有时会影响用户的段落排版，例如某个段落的最后一行分到了下一页，即出现了孤行，或者一个完整的段落分到了两页中。此时用户就可以使用"段落"对话框的"换行和分页"选项卡中的功能，解决这个问题。

"段落"对话框的"换行和分页"选项卡如图 3-24 所示，分为分页、格式设置例外项和文本框选项 3 个区域，使用方法如下。

① 孤行控制：当某个段落分开在两页中，则该段落将完全放置在下一页。

② 与下段同页：可以防止在段落之间出现分页符，即当前选中的段落与下一段落始终保持在同一页中。

③ 段中不分页：可以防止在一个段落的中间不分页，如果当前页不能完全放置该段落，则该段落将全部移至下一页。

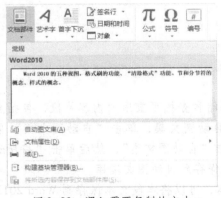

图 3-23  调入需要复制的文本　　　　　图 3-24  "换行和分页"选项卡

④ 段前分页：指在段落的前面插入分页符，适合分页前段落需要修改的情况。

　能力训练

**1. 制作"计算机应用技术专业介绍"**

1）打开素材文件夹中的"文档 2. docx"。

2）格式要求：

① 文档标题：字体为黑体、三号字、加粗，段前、段后 0.5 行，居中。

② 文档正文：字体为仿宋、小四号字，左对齐，1.5 倍行距，首行缩进 2 字符。

③ 落款单位和日期：字体为宋体，小四号字，2 倍行距，右对齐。

④ 页面设置：B5 纸型，上、下、左、右边距为 2 cm。

3）将文件重命名为"计算机应用技术专业介绍"。

**2. 制作"社团申请书"**

1）打开素材文件夹中的"文档 3. docx"。

2）格式要求

① 文档标题：黑体、三号字、加粗，段前、段后 0.5 行，居中，字符间距加宽 2 磅。

② 文档正文的小标题：宋体、四号字，加粗，左对齐，段后 0.5 行。

③ 文档正文：楷体、小四号字，左对齐，1.15 倍行距，首行缩进 2 字符。

④ 落款单位和日期：宋体，小四号字，1.5 倍行距，右对齐。

⑤ 页面设置：A4 纸型，上、下、右边距为 2 cm，左边距 2.5 cm。

3）将文件重命名为"社团申请书"。

**3. 制作"复方对乙酰氨基酚片（Ⅱ）说明书"**

1）打开素材文件中的"文档 4. docx"。

2）格式要求：

① 页面设置：A4 纸型，上、下、左、右边距为 2 cm，纵向。

② 标题：黑体，二号，段前 0.5 行，段后 0.5 行，1.5 倍行距，居中。

③ 小标题：宋体，四号，加粗，行距 1.5 倍，左缩进 2 字符。

④ 正文：宋体，小四号，行距 1.25 倍，左缩进 2 字符。

其中：$C_8H_9NO_2$、$WS_1-(X-013)-2001Z$ 设置下标。

⑤ 在"分子式……"行下面，插入图片"对乙酰氨基酚结构式. gif"。

⑥"生产企业"部分：左缩进 20 字符；小标题"生产企业"要求同上；"太极集团"：首行缩进 6 字符；正文要求同上。

3）将文件重命名为"复方对乙酰氨基酚片"。


# 任务 3.2　调查问卷的设计与制作

 任务描述

在日常工作中，人们经常会填写各种各样的表格，用表格的形式表现文字内容，从而使文档内容更加准备、清晰和有条理。使用 Word 2013 可以制作出不同种类和风格的表格。

现在，就交给你一项任务：

学校要求每个专业修订人才培养方案，需要做专业调研，其中工作量最大的是毕业生情况调研。辅导员老师要求根据专业调研的具体内容设计一份毕业生就业情况调查问卷，以邮件形式进行调研，并将收集到的调研问卷进行统计整理。

任务分析

完成任务的工作步骤与相关知识点分析见表3-5。

表3-5　任务分析

| 工作步骤 | 相关知识点 |
|---|---|
| 设置页面 | "页面布局"选项卡的"页面设置"组 |
| 插入表格 | "插入"选项卡的"表格"组 |
| 输入文本符号 | "输入法"的软键盘 |
| 编辑表格 | "布局"选项卡的"行和列""合并"、"对齐方式"组 |
| 文本定位 | "视图"选项卡"显示"组的标尺、网格线 |
| 美化表格 | "设计"选项卡的表格样式、边框等组 |
| 文档保护 | "审阅"选项卡的"保护"组 |

任务实施

文件名：毕业生调查问卷.docx。

格式要求：

1）表格标题：字体为黑体、四号字、加粗，段前、段后0.5行，居中，字符间距加宽1磅。

2）表格正文：字体为宋体、小四号字，水平居中，自适应行高和列宽。

3）表格框线：外框线为黑色双实线1.5磅，内框线为黑色单实线1磅。

4）页面设置：A4纸型，上、下、左、右边距为2 cm。

## 3.2.1　设计与制作表格

### 1. 设计表格

使用Word制作表格分为两种情况：规则表格和不规则表格。规则表格如学生点名册、公司考勤表等，但大部分的表格是不规则的，需要用户自己设计。

### 2. 制作规则表格

（1）插入表格

例如，计算机网络技术专业的学生要完成一周的"C语言程序课程设计"，需要设计一个7列×20行的规则表格作为学生点名册。

方法1：单击"插入"→"表格"组中的"表格"按钮，打开的下拉列表中"插入表格"区域存在一个8行10列的按钮区，在这个区域里拖动鼠标，选择需要的N列×M行，如图3-25所示，文档中就会出现具有相同行列数的表格。

方法2：单击"插入"→"表格"组中的"表格"按钮，打开下拉列表，选择"插入表格"命令，打开"插入表格"对话框，如图3-26所示，分别在"行数"和"列数"增量框中输入数值，在"'自动调整'操作"区域选择插入表格大小的调整方式。

"'自动调整'操作"区域有以下3个选项。

◆ 固定列宽：可以自动设置列宽，或者为所有列设置特定的列宽。

◆ 根据内容调整表格：此选项将创建非常窄的列，在添加内容时会扩展。

◆ 根据窗口调整表格：此选项将自动更改整个表格的宽度，以适合文档的大小。

使用方法 1 插入表格，最多只能创建 8 行 10 列的表格，如果要创建的表格行列较多时，应该使用方法 2，使用"插入表格"对话框，最多可以设置 63 列、32767 行。

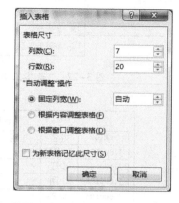

图 3-25 "插入表格"下拉菜单　　图 3-26 "插入表格"对话框

（2）调整表格

利用方法 1 制作的表格，最多只有 10 列 ×8 行。如果行和列的数目超出，就需要进行调整。首先将插入点移到表格中需要插入行或列的单元格中，执行下列操作之一。

① 插入行或列。

方法 1：单击"表格工具 | 布局"选项卡的"行和列"组的"在上方插入""在下方插入""在左侧插入""在右侧插入"命令。

方法 2：右击打开快捷菜单，选择"插入"级联菜单中的命令。

方法 3：将鼠标指针放置到行或列的框线顶端，出现"⊕"图标时，单击此图标可以插入一行或一列。

方法 4：插入多行，首先选中 X 行，再进行 N 次复制粘贴。

② 删除行或列。

方法 1：单击"表格工具 | 布局"选项卡的"行和列"组的"删除"命令，删除行、列、单元格或整个表格。

方法 2：选中需要删除的行或列，右击打开快捷菜单，选择"删除行"或"删除列"命令。

③ 删除表格。

方法 1：选中整个表格，右击后选择快捷菜单中的"删除表格"命令。

方法 2：将插入点移到表格中的任意单元格，单击表格工具中"表格工具 | 布局"选项卡的"删除"组，打开下拉菜单，选择"删除表格"命令，如图 3-27 所示。

制作完成的表格样本如图 3-28 所示。

> ✍ 提示：选中整个表格，按〈Delete〉键删除表格中的内容，但保留表格框架；按〈Backspace〉键，则表格中的内容和框架一起删除。如果需要保留表格内容，可以通过表格转换为文字来实现。

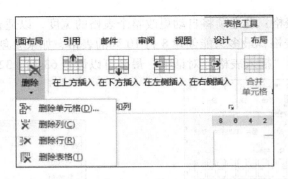

图 3-27  "表格工具│布局"选项卡的"删除"下拉菜单

| 计算机网络技术 1 班学生点名册 | | | | | | |
|---|---|---|---|---|---|---|
| 学号 | 姓名 | 星期一 | 星期二 | 星期三 | 星期四 | 星期五 |
| J1600101 | 小明 | | | | | |
| J1600102 | 小红 | | | | | |
| J1600103 | 小刚 | | | | | |
| J1600104 | 小波 | | | | | |
| J1600105 | 小丽 | | | | | |
| …… | | | | | | |
| J1600119 | 小勇 | | | | | |

图 3-28  "点名册"表格样本

### 3. 制作不规则表格

制作不规则表格，可以先插入一个规则表格，再进行合并单元格、拆分单元格、调整行高或列宽等操作，或者使用"绘制表格"工具，使用手动绘制表格的方式，直接制作不规则表格。

（1）调整表格

方法 1：利用"表格工具│布局"选项卡"合并"组中的命令按钮，如图 3-29 所示，完成合并单元格、拆分单元格和拆分表格的调整。

拆分表格是指将一个表格分为两个或更多个表格，操作方法：在需要拆分的行所在的单元格中单击，插入点显示在该单元格中，单击"拆分表格"按钮即可。

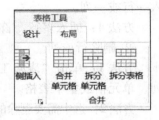

图 3-29  "表格工具│布局"
选项卡的"合并"组

方法 2：选中需要调整的单元格，利用右键快捷菜单命令。

◆ 合并单元格：快捷菜单中的"合并单元格"命令，直接完成选定单元格的合并。需要注意的是，如果需要合并的单元格中都有文本内容，合并后保留所有单元格中的内容。

◆ 拆分单元格：单击快捷菜单中的"拆分单元格"命令将弹出"拆分单元格"对话框，如图 3-30 所示。在对话框里，按照选定的单元格区域自动显示默认的拆分列或行的数字，用户可以根据需要自行修改。

◆ 删除单元格：单击快捷菜单中的"删除单元格"命令将弹出"删除单元格"对话框，

如图 3-31 所示。

图 3-30    "拆分单元格"对话框        图 3-31    "删除单元格"对话框

调整后的"学生点名册"样本如图 3-32 所示。

| 计算机网络技术 1 班学生点名册 | | | | | | | | | | | |
|---|---|---|---|---|---|---|---|---|---|---|---|
| 学号 | 姓名 | 星期一 | | 星期二 | | 星期三 | | 星期四 | | 星期五 | |
| | | 上午 | 下午 | 上午 | 下午 | 上午 | 下午 | 上午 | 下午 | 上午 | 下午 |
| J1600101 | 小明 | | | | | | | | | | |
| | | | | | | | | | | | |

图 3-32    调整后的"点名册"表格样本

（2）绘制表格

单击"开始"选项卡中"段落"组的"边框"下拉列表，选择"绘制表格"命令，鼠标指针变成铅笔形状，此时即可直接画表格。

> ✎ 提示：制作表格一般使用插入表格的方法比较快速简单，但是有的表格含有斜线或不规则线，就要使用"绘制表格"的方法。

**4. 制作"毕业生调查问卷"**

制作"毕业生调查问卷"的步骤如下。

1）单击"插入"选项卡"表格"组的"表格"按钮，插入一个 6×9 的表格。

2）单击"布局"选项卡"合并"组的"合并单元格"按钮，完成单元格的合并，输入文字内容。

制作完成的表格样本如图 3-33 所示。

## 3.2.2    编辑与美化表格

**1. 编辑表格**

（1）调整行高和列宽

方法 1：利用水平标尺中的"移动表格列"按钮。在表格中的任意单元格单击，水平标尺中就会出现与每一列对应的"移动表格列"按钮，如图 3-34 所示。单击选定需要调整列宽的相应列的"移动表格列"按钮，左右拖动即可。

方法 2：使用表格中的行或列边界线快速调整。将鼠标移动到需要调整列宽的表格框线上，按住鼠标左键出现双向箭头形状时，左右拖动即可。

2017年"xxxx"专业毕业生调查问卷

| 毕业生个人信息 | | | |
|---|---|---|---|
| 姓名 |  | 班级 |  |
| 性别 |  | 专业 |  |
| 籍贯 |  | 手机 |  |
| 年龄 |  | 毕业时间 |  |
| 第一次就业 |  | 单位性质 |  |
| 现就业单位 |  | 单位性质 |  |
| 就业情况调查 | | | |
| 您认为本专业的学生最需具备的知识 |  | | |
| 您认为本专业的学生最需具备的能力 |  | | |
| 您认为本专业的学生最需具备的素质 |  | | |
| 您认为本专业学生必需学习的课程 |  | | |
| 您认为本专业学生最需的职业证书 |  | | |
| 本专业可以从事什么岗位 |  | | |
| 从您的从业经历来看,本行业对从业人员的基本要求是什么 |  | | |
| 您认为本专业学生最需要解决的突出的知识缺陷 |  | | |
| 您对专业人才培养方案的建议(可另附纸) | (您的建议对我们很重要,谢谢您的合作!) | | |

图 3-33 "毕业生调查问卷"表格样本

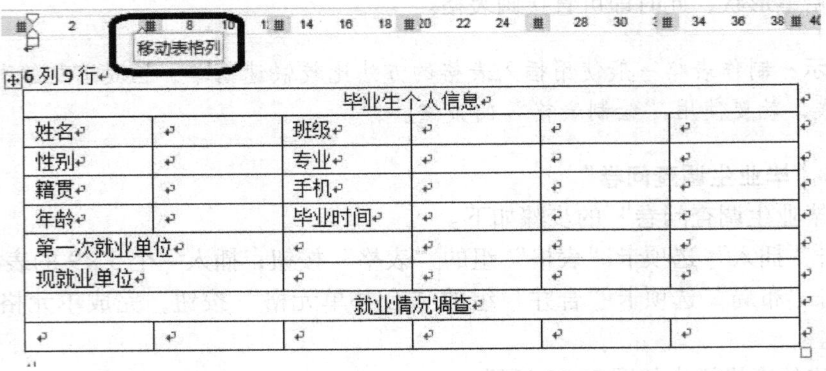

图 3-34 "移动表格列"按钮

> **提示：** 两种方法的区别在于：第 1 种方法拖动"移动表格列"按钮，不会影响其他单元格的列宽；而第 2 种方法，会同时改变相邻单元格的宽度。

方法 3：利用"表格属性"对话框。选中需要调整的行、列或整个表格，单击"表格工具|布局"选项卡"表"组的"属性"按钮，打开"表格属性"对话框，如图 3-35 所示。在"表格""行"或"列"标签页中的"尺寸"区域设置指定高度或指定宽度，度量单位可以选择厘米或百分比。

图 3-35 "表格属性"对话框的"行"标签页

> **提示：** 表格列宽的精确数值，除了在"表格属性"对话框中查看，也可以将鼠标放在表格中任意列框线上，同时按下鼠标左键和〈Alt〉键，在水平标尺上则会显示具体数值。

方法 4：利用"表格工具｜布局"选项卡的"单元格大小"组，如图 3-36 所示。

1）在"高度"和"宽度"区域可以精确设置行高和列宽。

2）在"自动调整"区域，可以根据内容或窗口自动调整，也可以直接固定列宽。

3）在"分布行"和"分布列"区域，可以先拖动最后一行的宽度或最后一列高度的表格线，再选定需要平均分布的所有行或所有列，可以平均分布行或列。

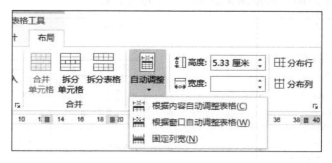

图 3-36 "单元格大小"组

（2）表格中文本的对齐方式和文字方向

文本在表格的单元格中有 9 种对齐方式，它们是水平方向对齐和垂直方向对齐的组合。在设置单元格内容的对齐方式时，一定要同时注意水平方向和垂直方向。操作方法是单击"表格工具｜布局"选项卡"对齐方式"组中的命令按钮，如图 3-37 所示。

本任务中，"毕业生个人信息"使用"表格工具｜布局"选项卡"对齐方式"组中的"水平居中"按钮进行设置，就是指水平方向和垂直方向都居中，而"姓名"和"班级"

69

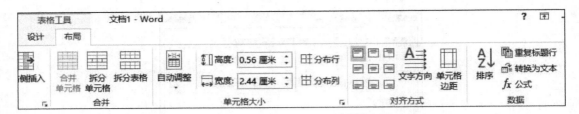

图 3-37 "表格工具｜布局"选项卡

使用"开始"选项卡"段落"组中的"居中"按钮进行设置，在单元格中只是设置了水平方向的居中。在设置对齐方式时，一定要注意两者的区别，如图 3-38 所示。

| 2017 年"XXXX"专业毕业生调查问卷 | | | |
|---|---|---|---|
| 毕业生个人信息 | | | |
| 姓名 | | 班级 | |
| 性别 | | 专业 | |

图 3-38 "居中"和"水平居中"对齐方式的区别

　　某些单元格中的文字，特别是合并单元格，有时要调整文字的排列方向。最简单的方法是，将单元格的宽度调整为一个汉字的宽度，这时因宽度的限制，强制文字自动换行。但是，这个方法往往会因为调整列宽或行高而随之改变。

　　最佳方法是使用"表格工具｜布局"选项卡的"对齐方式"组中的"文字方向"按钮，可以将文字排列方向由横向改为纵向。此时，中文标点符号也会随之改变方向。

　　"文字方向"只能设置横向和纵向两个方向，如果需要更多的选择，要使用"文字方向 - 表格单元格"对话框进行设置。操作方法是：选中该单元格，右击弹出快捷菜单，选中"文字方向"命令，如图 3-39 所示，打开"文字方向 - 表格单元格"对话框，如图 3-40 所示，单击不同的文字方向，根据预览框中的显示进行选择。

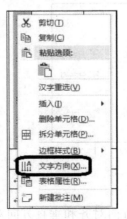

图 3-39 快捷菜单中
"文字方向"命令

图 3-40 "文字方向 - 表格
单元格"对话框

（3）表格的对齐方式与文字环绕

　　设置表格与文字的对齐方式和环绕方式，首先要选中整个表格，操作方法是将鼠标指针停留在表格上，直至出现表格移动按钮"✛"，然后单击表格移动按钮。

方法1：使用"开始"选项卡"段落"组的"对齐"按钮进行设置。

方法2：选中表格后，打开"表格工具│布局"选项卡，选择"表"组的"属性"按钮，打开"表格属性"对话框，如图3-41所示，在"表格"标签页设置表格与文字的对齐方式，或者表格与文字的环绕方式。

图3-41 "表格属性"对话框的"表格"标签页

"表格属性"对话框的使用说明如下。

◆ "表格"标签页：可以设置整个表格在页面中的对齐方式以及表格与文字环绕的方式。

◆ "行"标签页：勾选"允许跨页断行"复选框，可以防止表格中某行或单元格中的内容跨页；选中表格中的标题行，勾选"在各页顶端以行标题形式反复出现"复选框，可以在长表格的每一页都显示出标题行。

◆ "列"标签页：可以输入数值精确指定列的宽度。

◆ "单元格"标签页：可以设置单元格中的文本在单元格中的对齐方式。

◆ "可选文字"标签页：可以设置表格的标题和文字说明。

**2. 表格与文本间的相互转换**

在日常工作中，经常需要从网页中复制文本，而网页中最常用的布局方式就是表格。所以，将复制后的文本粘贴到 Word 文档中的时候，往往保留了页面布局的表格样式。在 Word 中，文本和表格可以相互转换。

（1）文本转换成表格

选定所有需要转换的文本，单击"插入"选项卡"表格"组的"表格"下拉菜单，选择"文本转换成表格"命令，如图 3-42 所示，打开"将文字转换成表格"对话框。在"将文字转换成表格"对话框中，根据文本分隔符的位置自动确认"列数"和"行数"，如果存在多种分隔符，需要在"文字分隔位置"区域选择正确的分隔符，还可以根据需要设置"自动调整操作"，如图 3-43 所示，设置完毕单击"确定"按钮即可。

图 3-42 "文本转换成表格"命令

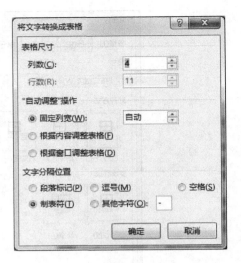

图 3-43 "将文字转换成表格"对话框

（2）表格转换成文本

将鼠标定位在表格的某个单元格中，单击"表格工具 | 布局"选项卡"数据"组的"转换为文本"按钮（见图 3-37），打开"表格转换成文本"对话框，如图 3-44 所示。在对话框中选择转换后文本后不同列的内容之间的"文字分隔符"，一般选择"段落标记"，根据需要确定是否勾选"转换嵌套表格"复选框。

**3. 美化表格**

（1）设置单元格边框和底纹

设置表格线条的粗细、颜色，或者调整线条的形状样式，使用"表格工具 | 设计"选项卡的"表格样式"组和"边框"组中的相应按钮就可以实现这些功能，如图 3-45 所示。

图 3-44 "表格转换成
文本"对话框

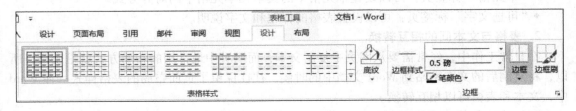

图 3-45 "表格工具 | 设计"选项卡

打开“边框”下拉列表，单击“边框和底纹”命令，打开“边框和底纹”对话框，如图 3-46 所示。“边框”标签页的使用方法如下：

◆ 选定需要设置的单元格、行、列或整个表格。
◆ 选择样式：包括实线、虚线、点化线、双线、三线等。
◆ 选择颜色：如果是打印稿，不需要此步骤，直接使用自动。
◆ 选择宽度：可设置线条宽度为 0.5 磅至 6.0 磅。
◆ “预览”区域：根据需要，可以单独选择上、下、左、右框线，内框线或全部框线，单击相应按钮即可在预览区域中显示。
◆ “应用于”区域：可以在文字、段落、单元格、表格等不同区域使用。

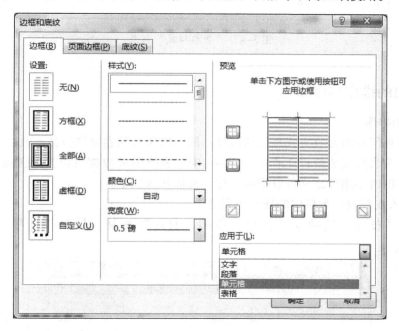

图 3-46 “边框和底纹”对话框

在“页面边框”标签页中，用户可以给 Word 文档设置“艺术型”的页面边框。根据需要，用户可以选择是应用于整篇文档还是部分页面。设置页面边框还可以使用“设计”→“页面背景”组中的“页面边框”命令，同样可以打开“边框和底纹”对话框。

设置表格中的底纹，在“边框和底纹”对话框中选择“底纹”标签，在“填充”区域中选择进行填充的颜色，在“图案”区域中选择横线、竖线、网格、棚架等样式，然后再选择颜色，右侧的预览框显示设置后的效果供用户查看确认。

（2）使用表格样式

表格制作完成后，用户可以使用“表格样式”对表格进行快速的美化修饰。Word 提供了多种预定义的格式、字体、颜色、边框等不同组合，分为普通表格、网格表、清单表 3 种类型供用户选择。

如果需要取消表格样式，选择"清除"命令即可。用户可以修改内置的表格样式，也可以根据实际需要新建表格样式。表格样式列表如图3-47所示。

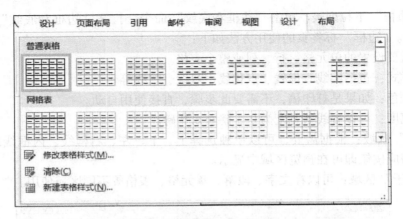

图 3-47 "表格样式"列表

### 3.2.3 表格的排序与计算

**1. 表格的排序**

毕业生调查问卷的回收方式是发送邮件，回收的所有问卷要进行数据收集和分析，因此还需要设计一个表格完成统计工作。在 Word 中，表格中的数据可以按照关键字进行排序，所以在回收数据时不用考虑文件登记的顺序。具体步骤如下。

1）将插入点放置在表格中的任意单元格中。

2）单击"布局"选项卡"数据"组的"排序"按钮，打开"排序"对话框，如图3-48所示。

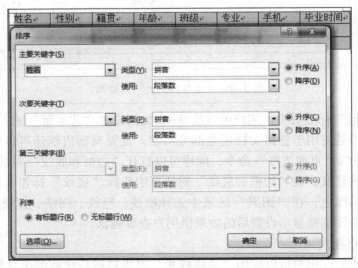

图 3-48 "排序"对话框

74

3）选择"主要关键字"，如果是汉字，可以选择"拼音"还是"笔画"顺序。其中，如果主要关键字相同，需要设置次要关键字；如果次要关键字也相同，再设置第三关键字。

4）选择"升序"或"降序"，单击"确定"按钮。

**2. 表格的计算**

在 Word 中，对表格中的数值提供了简单的计算功能，常用的有求和、求平均值等。单击"布局"选项卡"数据"组的"公式"按钮，打开"公式"对话框，输入相应的函数即可完成计算，如图 3-49 所示。例如公式"= sum（left）"表示对左侧连续单元格中的数值求和，"= sum（above）"表示对上方连续单元格中的数值求和。

图 3-49　"公式"对话框

Word 文档的表格只适合做少量的、简单的计算，大部分的计算操作应该使用 Excel 电子表格完成。

## 3.2.4　文档保护

在 Word 文档中设置文档保护可以防止或控制其他人对此文档进行更改。单击"文件"→"信息"的"保护文档"命令，打开下拉菜单，有 5 种类型可以供用户选择，如图 3-50 所示。

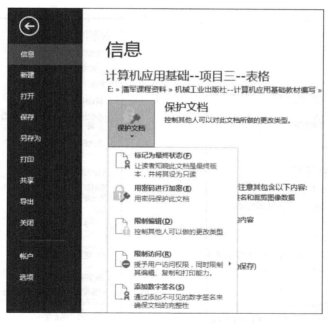

图 3-50　"文件"菜单的"信息"窗口

（1）标记为最终状态

将文档标记为最终状态，让浏览者知道本文档已是最终版本，并将文档设为只读，此时，命令和校对标记键入、编辑等被禁用或处于关闭状态，有助于防止审阅者或读者对文档进行意外更改。

将文档标记为最终状态时，Word会要求保存该文件。在下次打开该文档时，将在文档顶部看到黄色的"标记为最终状态"消息。如果单击"仍然编辑"，该文档将不再标记为最终状态。

（2）用密码进行加密

对于重要文件或机密文件，用户可以使用密码对文档进行保护。选择"用密码进行加密"命令，将打开"加密文档"对话框。在"密码"框中输入密码，出现提示时再次输入密码。

> **提示：** Microsoft不能取回用户丢失或忘记的密码，因此，务必将密码和相应文件名的列表，存放在安全的地方。

（3）限制编辑

限制编辑的作用主要是控制其他人可以对此文档更改的类型，包括格式设置限制、编辑限制和启动强制保护。

单击"审阅"选项卡"保护"组中的"限制编辑"命令，如图3-51所示，打开"限制编辑"窗格，如图3-52所示。用户根据此文档的实际需求，单击"设置"按钮打开"格式设置限制"对话框进行限制设置，或者勾选"仅允许在文档中进行此类型的编辑"复选框，进一步做具体的设置。

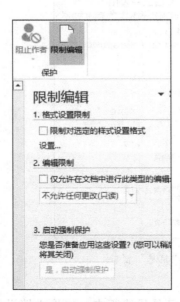

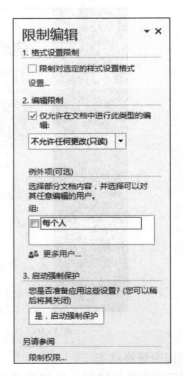

图3-51　"限制编辑"下拉列表　　　　图3-52　"限制编辑"任务窗格

76

 任务小结

任务样本如图 3-53 所示。

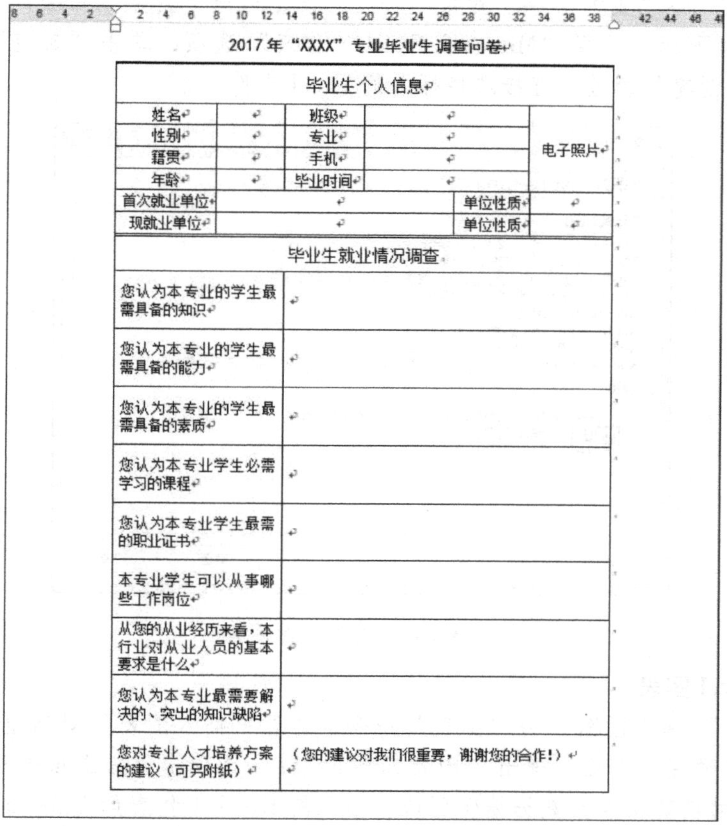

图 3-53 "毕业生调查问卷"样本

知识链接

> 如何在 Word 文档中插入 Excel 工作表或图表？

在 Word 文档中可以复制或插入 Excel 工作表，或者 Excel 图表。

**1. 复制 Excel 工作表**

用户可以将 Excel 工作表中的内容直接复制到 Word 文档中，在"粘贴"命令的下拉列表中显示多个粘贴选项，用户根据需求自行选择。

- ◆ 保留源格式：保留 Excel 的应用格式。
- ◆ 使用目标样式：匹配 Word 文档中表格的样式。
- ◆ 链接与保留源格式：保留源格式并链接到 Excel，可以保持自动更新。
- ◆ 链接与使用目标样式：链接表格而不是复制。

◆ 图片：复制的 Excel 表中的内容，以图片方式插入。

◆ 只保留文本：只复制文本，每列以分隔符分隔。

**2. 插入 Excel 工作表**

打开"插入"→"文本"→"对象"下拉列表，选择"对象"命令，打开"对象"对话框，如图 3-54 所示。选择"Microsoft Excel 工作表"选项，单击"确定"按钮；也可以切换到"由文件创建"标签，直接选择插入的 Excel 文件。

图 3-54 "对象"对话框

**3. 插入 Excel 图表**

单击"插入"→"插图"→"图表"命令，打开"插入图表"对话框，选择合适的图表类型，单击"确定"按钮。弹出"图表工具|设计"选项卡（该选项卡与 Excel 的选项卡一致），同时自动创建图表及数据编辑区域。插入的 Excel 工作表如图 3-55 所示。

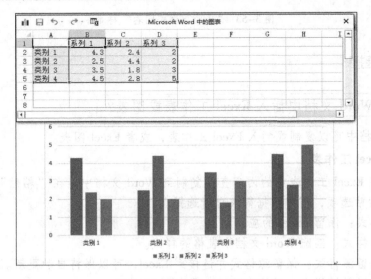

图 3-55 插入 Excel 工作表

能力训练

**1. 制作"毕业生调查问卷"**

1）新建 Word 文档。

2）文档格式要求：

① 表格标题用黑体、四号，居中。

② 表格文字：

"毕业生个人信息"部分用宋体、小四号，水平居中。

"毕业生就业情况调查"部分用宋体、小四号，中部两端对齐。

③ 外框线：边框样式用单实线 1，1/2 pt。

"毕业生就业情况调查"单元格的上框线用双实线，1/2 pt。

3）填写调查问卷时，大多数被调查者更喜欢做"选择题"，而不是"填空题"。所以，请根据本专业情况，自主更新表格内容，如图 3-56 所示。

| 您认为本专业学生必需学习的课程 | 网络设备配置与管理 | ✓ | 网络工程设计与实施 | |
| | 服务器配置与管理 | | 网络数据库 | |
| | 动态网站开发 | | 网络安全防护 | |
| 您认为本专业学生最需的职业证书 | □华三 H3CNE  □华为 HCNA  □红帽 RHCE | | | |

图 3-56 "毕业生调查问卷"更新样本

4）将文件重命名为"XXXX 专业毕业生调查问卷"。

**2. 制作"比赛回执和比赛报名表"**

1）新建 Word 文档，按照"参赛回执"和"参赛选手报名表"图片的要求，完成表格的制作。

2）格式要求：

① 页面设置为 A4 纸型，上、下、右边距为 2.5 cm。

② 表格标题用黑体、三号，居中。

③ 表格正文：

"参赛回执"用仿宋、小四号，水平居中。

"比赛报名表"用仿宋、五号，水平居中。

④ 在第 1 页表格的末尾插入"分页符"。

3）将文件重命名为"XXXX 参赛院校报名表格"。

**3. 制作"全国计算机等级考试济南市考点一览表"**

1）打开素材文件"文本转换为表格.docx"。

2）将文本转换为表格，操作步骤见"文本转换成表格"。

3）格式要求：

① 表格标题用黑体、二号，居中。

② 表格表头文字用宋体、四号、加粗，水平居中，底纹用蓝色，着色 5，淡色 40%。

③ 表格文字用宋体、小四号，水平居中，其中"考点名称"列设置中部两端对齐。

④ 下列学校所在行，标注绿色底纹（绿色，着色6，淡色40%）：山东女子学院、山东医学高等专科学校（济南）、山东交通学院（长清校区）、山东政法学院。

⑤ 文字"注：标绿色底纹的学校，本次未参加考试。"部分：合并单元格，输入文字，文字前面插入符号"□"，字体颜色为红色。

⑥ 在"山东财经大学舜耕校区"行拆分表格，复制表格标题和表格表头行。

4）将文件重命名为"全国计算机等级考试济南市考点一览表.docx"。

# 任务 3.3　制作图文混排文档

 任务描述

在日常工作中，除了计划、总结、策划书、申报书等各种常用文档，还需要制作邀请函、海报、电子报刊等图文混排的文档。用户不需要掌握专门的工具软件，使用 Word 2013 就可以制作出不同种类和风格的图文混排文档。

现在就交给你一项任务：

大学里有很多的学生社团，需要定期举办座谈、研讨、讲座等各种活动。学校要求结合"职业技能大赛"，各学生社团组织系列活动，让更多的学生能够积极参与。社团指导老师要求，根据"职业技能大赛"的比赛要求，组织一次"信息安全"知识讲座，请小明设计一份海报和介绍讲座内容的电子报刊，让同学们了解讲座内容和组织形式，保证活动的顺利进行。

 任务分析

完成任务的工作步骤与相关知识点分析见表 3-6。

表 3-6　任务分析

| 工 作 步 骤 | 相关知识点 |
| --- | --- |
| 排版布局 | "插入"选项卡的"插图"组 |
| 插入形状和对象 | "插入"选项卡的"插图"组 |
| 编辑形状和对象 | "绘图工具丨格式"选项卡的"插入形状"组 |
| 设计分栏 | "页面布局"选项卡的"页面设置"组 |
| 添加水印 | "设计"选项卡的"页面背景"组 |
| 设置页面颜色 | "设计"选项卡的"页面背景"组 |

 任务实施

文件名：社团活动海报.docx。

格式要求：

1）页面布局：A4 纸型，上、下、左、右的页边距为 1 cm，横向。

2）使用合适的形状完成版面布局。

3）选择合适的字体，完成内容的排版。

4）选择合适的图片作为背景。

### 3.3.1  排版布局

**1. 版面设计**

人们在观看海报时，通常是进行扫描浏览，捕捉对自己有用或者感兴趣的信息。因此，设计海报的版面需要将核心内容显示在关键位置，合理的布局才能让观看者快速捕捉到有效信息。

进行海报版面的设计，需要思考如下问题。

**问：海报需要张贴在室外或室内的墙壁上，是横向排版？还是竖向排版？**

答：学校的海报一般都张贴在室外的走廊，选择竖向排版。搜集素材时，就应该选择竖向图片做海报背景。

**问：根据海报的内容，设计什么样的主题和颜色？**

答：信息安全是比较前沿的话题，内容是严肃的，应该选择冷色系的颜色，根据讲座内容选择合适的图片素材。

**问：根据人们的浏览特点，海报内容如何排列先后顺序和位置？**

答：人们的浏览特点是从上到下，从左到右。所以，重要的内容应该优先进入到观看者的视线。活动标题在版面的中心或偏上的位置，活动内容和组织形式在版面的下半部分居中。左上角放置 Logo，右下角放置时间、落款等内容。

**问：使用什么样的版面设计展示海报的内容？**

答：图形与文本的结合应该是层叠有序的。海报的整体形状是长方形，可以使用矩形、圆形、三角形、菱形等形状放置海报内容。不同的形状代表的意义不同，如矩形代表着正式、规则，圆形带代表着柔和、团结，三角形代表着力量、权威、牢固等，菱形代表着平衡、协调、公平。

**2. 设置页面布局**

手工制作海报的第一步就是裁剪合适的纸张，用铅笔画出尺寸不同的区域。在使用 Word 制作图文混排的文档时，首先要做的也是设置页面布局，这样才能插入尺寸合适的各种形状。

选择"页面布局"选项卡的"页面设置"组，设置纸张方向为"纵向"，页边距为"自定义边距"，上、下、左、右为 1 cm。

**3. 插入形状**

Word 2013 提供了多种不同类型的形状，插入形状的步骤如下：

1）选择"插入"→"插图"组，打开"形状"下拉列表，选择需要插入的形状。

2）鼠标指针变为黑色十字形状，在编辑区域拖动鼠标绘制形状。

> ✎ 提示：2013 版提供了多种形状，包括线条、矩形、基本形状、公式、箭头总汇、流程图、星与旗帜、标注等不同类型，各种形状的绘制方法是一样的。

3）根据版面设计，分别插入云形、圆角矩形、竖卷形和矩形，将形状到移动适当位置。版面设计效果如图 3-57 所示。

图 3-57　版面设计效果

## 3.3.2　编辑并美化形状

在 Word 文档中插入文本框、艺术字或形状后，系统自动打开"绘图工具｜格式"选项卡，如图 3-58 所示，通过形状样式、排列、大小等组中的命令按钮，完成形状的格式设置及美化。

图 3-58　"绘图工具｜格式"选项卡

### 1. 编辑形状

（1）调整形状大小

方法 1：选中形状，出现 8 个尺寸控点。选中相应的尺寸控点拖向或拖离中心，可以增加或缩小形状大小。如果要保持比例及中心位置不变，在拖动尺寸控点的同时，按住〈Ctrl〉键和〈Shift〉键。

方法 2：精确设置形状尺寸。选择"格式"选项卡的"大小"组，在"高度"和"宽度"的文本框中输入具体数值。

（2）调整形状方向

对于不同的形状，除了可以调整大小，大部分形状还可以调整方向。注意，不同的形状有自己的方向设置。

操作方法如下：选中"云形"形状，如图 3-59 所示，拖动环状箭头可以旋转不同的角度；选中"圆角矩形"形状，如图 3-60 所示，拖动黄色控点可以改变圆角的弧度。

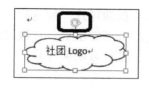

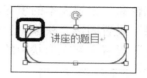

图 3-59 "云形" 形状　　　　　　　　图 3-60 "圆角矩形" 形状

（3）形状的组合

使用形状布局版面时，可以单个使用，也可以组合使用，以彰显个性化的排版效果。

先插入需要进行组合的形状，调整好形状的大小和位置。选中第一个形状，按住〈Shift〉键不放，依次单击需要组合的形状，执行下列操作。

方法 1：打开 "绘图工具 | 格式" 选项卡 "排列" 组中的 "组合" 下拉列表，单击 "组合" 命令。

方法 2：右击打开快捷菜单，选择 "组合" 下拉列表，单击 "组合" 命令，如图 3-61 所示。

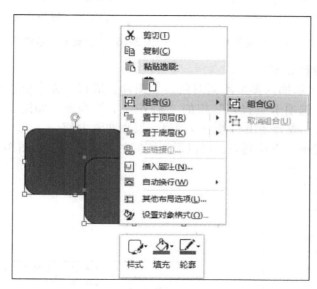

图 3-61　快捷菜单中的 "组合" 命令

（4）在形状中添加和编辑文字

在形状中可以添加文字，并对文字进行编辑，设置字形、字号、字体颜色等文本格式。添加文字的方法如下。

方法 1：选中形状，右击打开快捷菜单，如图 3-62 所示，选择 "添加文字" 命令，即可在形状中添加文字。如果已经输入了文本，该选项显示 "编辑文字"。

方法 2：双击形状进入编辑文字状态，在插入点后即可输入文字。

在形状中添加文字以后，用户可以设置文字的填充轮廓、文本效果、布局属性等格式。在如图 3-62 所示的快捷菜单中，选择 "设置形状格式" 命令，打开 "设置形状格式" 任务窗格，如图 3-63 所示。选中 "文本选项" 区域，分为 3 个选项卡：文本填充轮廓、文本效果、布局属性。

◆ "文本填充轮廓"设置文本的填充颜色和文本边框的样式、颜色等。

◆ "文本效果"设置阴影、映像、发光、柔化边缘、三维格式、三维旋转等。

◆ "布局属性"设置文字在形状中的文字方向、位置、自动换行等。

图 3-62　"形状"快捷菜单

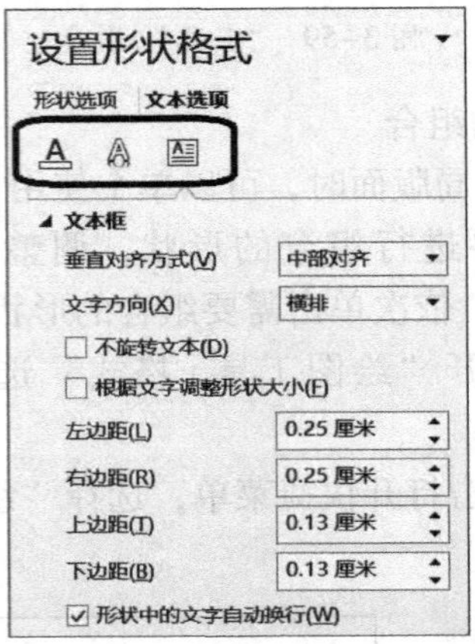

图 3-63　"设置形状格式"任务窗格

（5）形状的旋转和对齐

在 Word 文档中可以插入多个不同对象，如图片、形状、文本框、SmartArt 图形等，用户可以利用"格式"选项卡"排列"组的"对齐"下拉列表，如图 3-64 所示，设置不同对象之间的对齐方式。或者使用参考线或网格，操作非常方便。

同样，使用"旋转"下拉列表，可以设置不同的旋转方向，如图 3-65 所示。

图 3-64　"对齐"下拉列表

图 3-65　"绘图工具｜格式"选项卡中的"排列"组

**2. 美化形状**

用户可以对文本框或形状进行格式设置和美化，包括填充线条、效果、布局属性 3 个方面。填充是利用颜色、纹理或图片，对形状内部进行填充设置；线条是对形状的边框设置颜色、宽度、线型等。

方法 1：选中形状，右击打开快捷菜单，选择"设置形状格式"命令，在编辑区域右侧将打开"设置形状格式"窗格。

方法2：选中形状，单击"绘图工具|格式"选项卡的"形状样式"组，如图3-66所示，分别打开"形状填充""形状轮廓"或"形状效果"下拉按钮中的命令列表，根据实际需要完成设置。

图3-66 "绘图工具|格式"选项卡的"形状样式"组

### 3. 设置页面背景

用户可以使用单色、渐变色、图案或图片作为页面背景。方法是单击"设计"选项卡"页面背景"组的"页面颜色"下拉按钮，如图3-67所示。在下拉菜单中选择"填充效果"命令，打开"填充效果"对话框，分为渐变、纹理、图案、图片4个标签页，如图3-68所示。

在"渐变"标签页中可以选择单色、双色或预设，其中预设颜色是 Word 提供的预设渐变效果，还可以设置透明度、底纹样式等选项。在"图片"标签页，单击"选择图片"按钮可以选择本地计算机或网络中的图片。

为 Word 文档添加了纯色或填充效果后，只有在页面视图、Web 版式视图和阅读视图模式中才能显示出来。默认情况下，背景色和背景图片是不会被打印出来的。如果需要打印，操作方法是单击"文件"选项卡的"选项"命令，在"Word 选项"对话框中选择"显示"，在"打印选项"区域中勾选"打印背景色和图像"复选框。

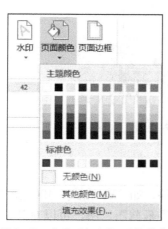

图3-67 "页面颜色"下拉菜单

图3-68 "填充效果"的"图片"标签页

Word 2013 版本提供了从网络中搜索图片的新功能，可以选择"必应图片搜索"。如果只是从计算机中查找图片，直接在提示框中选择"脱机工作"按钮，进入"插入图片"窗口，单击"来自文件"区域的"浏览"按钮。

**4. 活动海报的格式设置**

1)"云形"形状：形状样式为彩色轮廓，蓝色，强调颜色 1；形状轮廓为粗细 1.5 磅；插入图片（见素材文件夹）。

2）插入艺术字"十个关键词解读中国网络安全大事件"：艺术字样式为第 3 行第 3 个，文本填充为蓝色 ，着色 5，深色 25%，文本效果为转换，弯曲，波形 1。

3）"竖卷型"形状：文本为黑体、小四号，行距为 1.5 磅。

4）"矩形"形状：形状填充为无填充色，形状轮廓为无轮廓。

5）插入图片（图片做背景）：适当图片调整位置和大小，选中图片，设置"衬于文字下方"。

完成后的活动海报样本如图 3-69 所示。

图 3-69　活动海报样本

### 3.3.3　插入并美化图片

Word 2013 可以支持当前流行的所有格式的图像文件，如 BMP 格式、JPG 格式和 GIF 格式等。在 Word 文档中不仅可以插入图片，还可以插入屏幕截图，用户可以对其进行简单的编辑、样式和版式的设置。

**1. 浮动式对象和嵌入式对象**

在 Word 文档中，文本、图片和文本框等对象的叠放次序分为文本层、浮于文字上方、衬于文字下方 3 种。在文本层的文字或对象具有排他性，即同一位置只能有一个对象，要实现图片、形状等其他对象和文本的层叠，就要利用浮于文字上方和衬于文字下方的功能。

在 Word 文档中插入图片，默认情况下为嵌入式对象，即处于文本层，相当于普通字符出现在文档中，可以像处理文本一样设置图片的对齐方式等。如果需要在页面中任意拖动图片，需要先插入一个文本框，在文本框中插入图片，图片就可以作为浮动对象了。

在 Word 文档中插入的文本框、形状、艺术字等对象可以在页面上任意拖动来改变位置，不受插入点的约束，这些称为浮动式对象。

**2. 编辑图片**

在 Word 文档中插入图片后，系统自动打开"图片工具│格式"选项卡，如图 3-70 所示。用户可以通过调整、图片样式、排列、大小等组中的命令按钮，完成图片的简单编辑及美化。

图 3-70 "图片工具│格式"选项卡

（1）删除背景

使用"删除背景"功能可以去掉图片中不需要的部分，还可以根据需要标记出图片中要保留或删除的部分。

（2）调整图片

对于某些亮度不够或比较灰暗的图片，使用 Word 2013 可以对插入的此类图片进行简单的调整。

调整操作情况如下。

◆ 更正：包括"锐化/柔化""亮度/对比度"以及"图片更改选项"命令。

◆ 颜色：包括"颜色饱和度""色调""重新着色"及"其他变体""设置透明色""图片颜色选项"等命令。

◆ 艺术效果：包括艺术效果列表和艺术效果选项。

◆ 压缩图片：压缩图片减小图片尺寸，可以有效的减小文件大小。

◆ 更改图片：替换为其他图片，保留当前的图片格式设置和大小设置。

◆ 重设图片：放弃对图片所进行的全部格式更改设置。

（3）裁剪图片

Word 2013 版本的图片裁剪功能更强大，不仅可以实现常规的图形裁剪，也可以将图片裁剪成为不同的形状。操作方法如下。

◆ 常规裁剪：选中图片，在"图片工具│格式"选项卡中，单击"裁剪"按钮，图片周围会出现裁剪框，拖动裁剪框上的控制柄调整范围。确定后按〈Enter〉键，裁剪框外的图像将被删除。

◆ 形状裁剪：单击"裁剪"命令的下三角按钮，在下拉列表中选择"裁剪为形状"选项，在打开的列表中选择需要的形状。

### 3. 图片的艺术处理

Word 2013 可以对图片添加某些特殊效果，获得需要专业图像处理软件才能完成的效果，使得插入的图片更具有表现力。

用户可以设置图片的样式、边框、效果和版式，操作方法如下。

方法 1：选择"图片工具│格式"选项卡中的"图片样式"组，使用各个命令按钮的下拉列表进行选择和设置。

方法 2：选中图片并右击，在弹出的快捷菜单中选择"更改图片""设置图片格式"等命令。

### 4. 设置图片的版式和位置

所谓图片版式，是指插入文档中的图片与文字间的相对关系。在 Word 文档中，不论是嵌入式对象，还是浮动式对象，都可以设置图片与文本之间的版式和相对位置。

（1）图片的版式设置

操作步骤如下。

1）选中要进行设置的图片，单击"图片工具│格式"选项卡"排列"组中的"自动换行"下拉按钮，选择"浮于文字上方"命令。

2）再选中图片，右击打开快捷菜单，选择"自动换行"命令，打开级联菜单进行环绕位置的相应设置，如图 3-71 所示。

3）创建环绕效果后，可以选择"编辑环绕顶点"命令，改变文字环绕的效果。

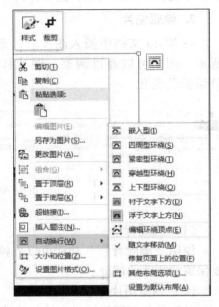

图 3-71 "自动换行"级联菜单

> 📎 **提示**：图片处于非嵌入式方式时，可以设置环绕方式。环绕方式指文字和图片的包围形式，包括嵌入型、四周型、上下型、紧密型、穿越型等。

（2）设置图片的位置

在"图片工具│格式"选项卡的"排列"组中，"位置"选项可以对图片在文档页面中的位置进行更为精确的设置。

操作方法如下：

打开"位置"按钮的下拉列表，如图 3-72 所示，选择"其他布局选项"命令，打开"布局"对话框，如图 3-73 所示。在"布局"对话框的"位置"标签页中，分别设置水平和垂直方向的对齐方式、绝对位置、相对位置以及其他选项等。

图 3-72　"位置"下拉列表

图 3-73　"布局"对话框

## 3.3.4　利用分栏进行排版

杂志、报纸和宣传册等出版物常常使用分栏效果，将页面中的内容分成多栏，使其更具有观赏性。

**1．创建分栏**

在文档中选择需要进行分栏的段落，单击"页面布局"→"页面设置"→"分栏"的下拉按钮，在下拉列表中选择分栏形式，如图 3-74 所示。

**2．设置分栏效果**

如果在分栏列表中没有合适的选项，可以单击下拉列表中的"更多分栏"命令，打开"分栏"对话框，如图 3-75 所示，对分栏的栏数、宽度及间距进行自定义设置。在文档中设置分栏可以应用于整篇文档，也可以应用在本节或插入点之后。关于"节"的概念在任务 3.4 中介绍。

图 3-74　"分栏"下拉菜单

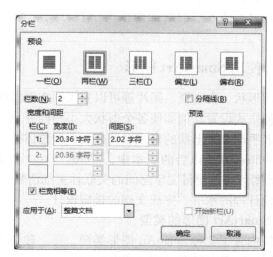

图 3-75　"分栏"对话框

（1）设置栏宽

方法1：使用水平标尺。在标尺上将鼠标指针放置到需要改变栏宽的栏的左边界或右边界，拖动鼠标进行调整。

方法2：在"分栏"对话框中的"宽度和间距"区域，设定"宽度"和"间距"的字符数。如果栏和栏之间要设置不同宽度，可以去掉"栏宽相等"复选框的勾选，就可以在"栏"区域的1、2……中分别输入不同的数值。

（2）添加分割线

在"分栏"对话框中，勾选"分割线"复选框。

（3）使分栏的行数均等

默认情况下，分栏后的内容会先将第1栏排满，再从第2栏开始，一直将所有选中的文档内容排完。这样一来，可能会出现栏中的行数不均等，最后一栏会因为没有足够的文本填满，影响页面的美观。

操作方法如下：

在分栏页面中单击鼠标，将插入点放置到分栏内容的末尾。单击"页面布局"→"页面设置"→"分隔符"的下拉按钮，如图3-76所示。在下拉列表中选择分节符区域的"连续"按钮，即可将每个栏中的行数变的大致相等。

关于分节符的内容，将在任务3.4中详细讲解。

（4）使用分栏符

完成分栏后，Word会从第1栏开始，依次向后排列选中的文档内容。如果希望某一段文字从下一栏的顶部开始出现，可以通过插入"分栏符"来实现。

操作方法是：将选中文字分为两栏，将插入点放置到希望另起一栏的位置，单击"页面布局"→"页面设置"→"分隔符"的下拉按钮，选择"分栏符"选项，如图3-76所示。此时，插入点前后的两段文字被分别放置在两个分栏中。

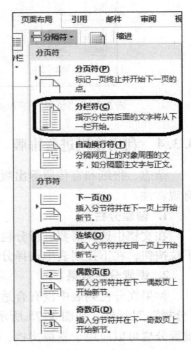

图3-76 "分隔符"按钮

### 3.3.5 使用 SmartArt 图形

使用形状、文本框、图片等可以完成图文混排的排版效果，但是用户需要花费大量时间进行各种格式设置，例如使各个形状大小相同并且适当对齐，或者使文字在形状里能正确显示，或者手动设置形状的格式以符合文档的总体样式等。

在 Office 2007 以后的版本中，Word、Excel 和 PowerPoint 都提供了 SmartArt 图形功能。SmartArt 图形可以使得文字之间的关联性更加清晰、生动，用户只需单击几下鼠标，就可以以专业设计师的水准，完成文档的排版设计。

**1. SmartArt 图形的类型**

系统内置了 7 种 SmartArt 图形类型，每一种类型中包括若干形状图示。

◆ 列表用于创建无序信息的图示。

- 流程用于创建工作过程中演示步骤图示。
- 循环用于创建持续循环的图示。
- 层次结构用于创建组织结构、关系的图示。
- 关系用于创建两组或更多组事物或信息之间关系的图示。
- 矩阵用于部分与整体关系的图示。
- 棱锥图用于创建各部分比例或者层次信息。

**2. SmartArt 图形的基本操作**

（1）插入 SmartArt 图形

单击"插入"→"插图"组的"SmartArt"按钮，打开"选择 SmartArt 图形"对话框，如图 3-77 所示。例如选择"列表"区域的"垂直图片重点列表"。

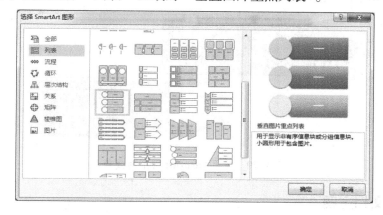

图 3-77  "选择 SmartArt 图形"对话框

（2）修改 SmartArt 图形

"垂直图片重点列表"形状默认有 3 个列表，用户可以根据需要进行修改。

1）输入文本：在文本框中双击直接输入文字；或者单击"推拉按钮"打开浮动窗格，在相应列表中输入文字。在浮动窗格中输入文字和在图形中输入文字两者是同步的。如图 3-78 所示。

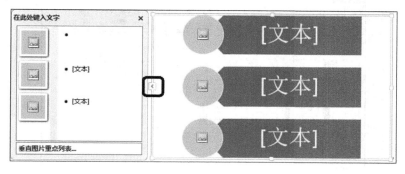

图 3-78  在 SmartArt 图形的文本框中输入文字

2）增加形状：在浮动窗格中的列表区域，单击〈Enter〉键即可增加。或者在"Smart-Art 图形工具|设计"选项卡的"创建图形"组中，单击"添加图形"选项，在弹出的下拉菜单中单击"在后面添加形状"，即可在图中自动加上一个文本框。

3）删除形状：选中某个列表，单击〈Delete〉键即可删除。

（3）调整 SmartArt 图形的位置

方法1：选中形状，直接拖动鼠标调整位置。

方法2：选中形状，按住〈Ctrl〉键的同时单击某个方向键，可以在对应方向上实现微调。

（4）设置 SmartArt 图形的格式

在"SmartArt 图形工具│设计"选项卡和"SmartArt 图形工具│格式"选项卡中，用户可以修改 SmartArt 图形的布局、更改颜色、更改 SmartArt 样式等，进行个性化的设置，使其看起来更加有吸引力。

使用 SmartArt 图形的效果如图 3-79 所示。

图 3-79　使用 SmartArt 图形的效果

### 3.3.6　设定文档主题

Office 2007 的版本以后，提供了许多预定义的文档主题。文档主题是一套格式设置选项，包括主题颜色、主题字体（包括标题和正文文本字体）和主题效果（包括线条和填充效果）。用户可以轻松地通过应用文档主题，使整个文档看起来更具有专业、现代的外观。

选择"设计"→"文档格式"选项卡的"主题"组，单击"主题"下拉按钮，在显示的列表中选择合适的主题，如图 3-80 所示。在主题的"样式集"中包含了 2003 版、2007

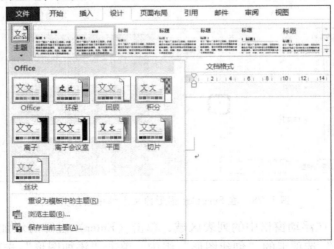

图 3-80　"设计"选项卡的"主题"列表

版、2010 版以及 2013 版的各种主题，提供给用户选择。

◆ 单击"浏览主题"命令按钮，可以在本地计算机中选择主题或主题文档。
◆ 单击"保存当前主题"命令按钮，可以将用户自定义的文档主题（如文档中设置了新的颜色、字体、线条或填充效果）保存到现有文档主题，以后方便将其应用于其他新文档。

### 3.3.7　添加水印

基于版权及安全考虑，很多 Word 文档中添加了水印，可以提醒自己或其他用户，例如这个文档是机密文件，或者需要紧急处理，或者提示只是草稿。水印是文档中放置在文本后面的文字或图片，打印此类文档时，水印也会打印出来。在 Word 2013 中，用户可以选择图片或文字作为水印，也可创建自定义水印，例如在 Word 文档中嵌入公司徽标用作水印。从 Word 2013 开始，图形水印还可以从 office.com 网上获取。

**1. 添加文字水印**

单击"设计"选项卡"页面背景"组的"水印"下拉按钮，在显示的水印库中有 3 种类型的水印可以选择：机密、紧急和免责声明。选择其中一个内置水印，Word 自动将水印应用到除指定封面页之外的每个页面。

用户需要设置自己的水印文字，可以选择"自定义水印"命令，如图 3-81 所示，打开"水印"对话框，单击选中"文字水印"单选按钮，输入文字，勾选"半透明"复选框，这样水印颜色浅，不至于覆盖文字内容影响阅读。

**2. 添加图片水印**

用户可以将图片、剪贴画或照片等设置为水印，操作步骤如下。

1）在"设计"选项卡"页面背景"组的"水印"下拉按钮中，选择"自定义水印"命令，打开"水印"对话框。

2）在"水印"对话框中，如图 3-82 所示。选择"图片水印"选项，单击"选择图片"按钮，选择所需图片，单击"应用"按钮。

图 3-81　"水印"下拉列表

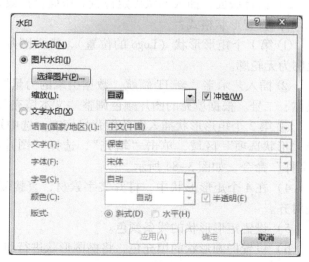

图 3-82　"水印"对话框

93

3）在"缩放"下拉列表中可以选择缩放比例，还可以勾选"冲蚀"复选框淡化图片，以免影响文本。

如果需要使用文档中的某些文字或者某个图片用作水印，可以选择"水印"下拉列表中的"将所选内容保存到水印库"，以后就可以作为水印使用了。

**3. 删除水印**

用户若需要删除水印，在"水印"下拉列表中选择"删除水印"命令即可。

## 3.3.8 制作电子报刊

**1. 第 1 种方案：使用文字效果、边框和底纹、分栏、直线、图片和水印**

操作步骤如下：

1）设置页面布局——A4，纵向，上、下、右边距为 2 cm，左边距为 2.5 cm。

2）打开素材文件，复制文字。

3）标题设置文字效果（自选），字号小一，居中。

4）第 1 段文字和最后一段文字设置宋体、小四号，首行缩进 2 字符、1.25 倍行距；添加边框设置为外侧框线、双线、1.5 磅，底纹设置为蓝色、着色 5、淡色 80%。

5）中间 10 个段落设置分栏（两栏，栏宽相等，栏间距 2 字符）、添加分隔线。

6）分栏中的文字，两个关键词设置首字下沉（下沉两行）、加粗，其他文字设置为楷体、五号，根据样本中的位置插入图片。

7）插入直线，设置样式为粗线、强调颜色 1，粗细为 3 磅，长度 17.5 cm。复制 3 次，移动到合适位置。

8）添加水印，设计→水印→自定义水印（制作图片水印，素材文件 Logo. jpg）。

完成的样本见任务小结。

**2. 第 2 种方案：使用形状和文本框**

操作步骤如下：

1）设置页面布局为 A4，纵向，上、下、左、右边距为 1 cm。

2）设计版面，插入形状确定位置. 版面设计效果如图 3-83 所示。

3）设置形状格式：

① 第 1 个矩形形状（Logo 的位置），插入图片（H3CLogo. jpg），设置形状格式，形状轮廓为无轮廓。

② 插入艺术字"新 IT 领航　数据引擎的力量"。艺术字样式为：第 2 行第 4 个，设置黑体、二号。根据填充的图片颜色调整"文本填充"，适当调整艺术字的位置。

③ 第 2 个矩形形状插入图片做背景填充。选中矩形，在"设置形状格式"窗格中，选择"形状选项"区域，单击"填充"，选择"图片或纹理填充"→"插入图片来自"→"文件"命令，如图 3-84 所示。

4）在 4 个矩形形状中，打开文字素材，直接复制粘贴，文本格式设置为宋体，五号，左对齐。

5）设置矩形形状的线条颜色。

6）设置椭圆形状的填充色，将椭圆形状进行组合。

完成的样本见任务小结。

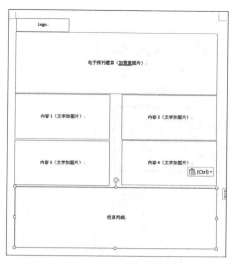

图 3-83　版面设计效果　　　　　　　图 3-84　"设置图片格式"任务窗格

### 3. 第 3 种方案：使用 SmartArt 图形

操作步骤如下：

1）设置页面方向为横向，页边距上、下、左、右为 1 cm。

2）插入文本框，在文本框中插入图片（H3CLogo. jpg），设置文本框边框为无线条色。

3）插入艺术字，设置艺术字的文本效果为波形 1。

4）插入文本框，在文本框中插入 SmartArt 图形，选择类型为"关系"列表中的"六边形群集"；在文本框中输入文本，在图片框中插入图片；更改颜色，调整大小和位置。

完成的样本见任务小结。

 任务小结

任务样本如图 3-85～图 3-87 所示。

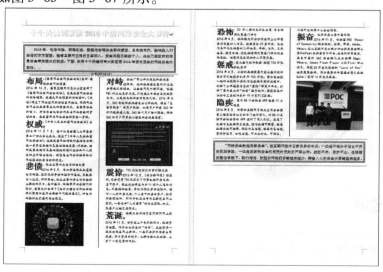

图 3-85　电子报刊方案 1 的样本

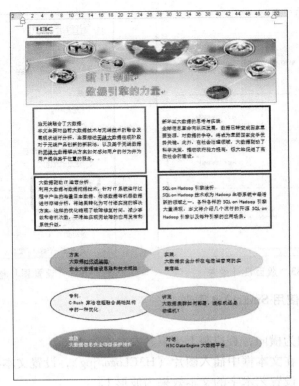

图 3-86　电子报刊方案 2 的样本

图 3-87　电子报刊方案 3 的样本

 知识链接

如何创建稿纸格式的文档？

Word 2007 及以后的版本为用户提供了创建稿纸格式文档的功能。使用"页面布局"选项卡"稿纸"组中的"稿纸设置"命令，能够制作方格式稿纸或行线稿纸样式的文档。操作步骤如下：

1）打开需要创建稿纸格式的文档。

2）单击"页面布局"→"稿纸"的"稿纸设置"按钮，打开"稿纸设置"对话框。

3）在"格式"下拉列表中选择"方格式稿纸"选项，在"网格颜色"下拉列表中选择稿纸网格演示，勾选"允许标点溢出边界"复选框，单击"确定"按钮。

在创建某些文档时，有时需要在文档中的某些页面创建稿纸格式，如语文试卷中的作文页面。方法是新建一个 Word 文档，打开"稿纸设置"对话框进行稿纸格式的设置，保存该文档。打开需要创建稿纸的文档，将插入点放置到需要插入稿纸的位置，在"插入"选项卡的"文本"组中单击"插入对象"按钮，在"对象"对话框中选择"由文件创建"选项卡，单击"浏览"按钮选择保存的稿纸文件，依次单击"确定"按钮关闭对话框。此时在插入点后将插入一页稿纸，如果需要多页稿纸，执行复制、粘贴操作即可。

## 如何保存 Word 文档中的图片？

如果 Word 文档里有大量的图片，有时需要另外保存为单独的文件。操作方法是：把该 Word 文档的扩展名改为 zip 或 rar，然后用 WinRAR、360 压缩等解压缩工具软件进行解压，如图 3-88 所示。

解压完成后，所有图片就作为单独的文件保存在"word\media"文件夹中，如图 3-89 所示；所有的图片文件使用默认的文件名进行了命名。同时，Word 文档中包含的所有媒体文件都会解压到这里，用户可以直接使用。

图 3-88　"解压文件"对话框　　　　图 3-89　"word\media"文件夹的文件列表

 能力训练

**1. 制作活动海报**

1）新建一个 Word 文档，按照"任务实施"的要求完成活动海报的制作。

2）将文件重命名为"凌云信息安全协会活动海报.docx"。

**2. 制作电子报刊**

1）参照电子报刊方案 1 的制作步骤，完成电子报刊的制作。要求如下：

① 打开素材文件夹的"实训 2—文字素材 . docx"，按照操作步骤完成制作。

② 将文件重命名为"电子报刊 1. docx"。

2）参照电子报刊方案 2 的制作步骤，完成电子报刊的制作。要求如下：

① 打开素材文件夹的"实训 3—文字素材 . docx"，自行选择形状并设置格式完成制作。

② 将文件重命名为"电子报刊 2. docx"。

3）参照电子报刊方案 3 的制作步骤，完成电子报刊的制作。要求如下：

① 打开素材文件夹的"实训 3—文字素材 . docx"，任选一个 SmartArt 图形完成制作。

② 将文件重命名为"电子报刊 3. docx"。

## 任务 3.4  毕业论文的编辑与制作

 任务描述

职场中不同的工作岗位，需要制作各种格式的 Word 文档，例如计划总结、策划书、会议安排等，有时候需要制作一些篇幅较长的文档，例如项目报告、标书、毕业论文等，这类文档的结构和书籍是类似的，一般包括封面、扉页、目录、章节等，而且要有不同的页眉和页脚，不同格式的页码，不同的排版方向等。

现在就交给你一项任务：

根据专业人才培养方案，学院在第 6 个学期组织毕业生完成毕业论文，毕业论文的选题由指导教师审核。为了统一格式要求，小陈需要设计一个模板并制作一个毕业论文的样本。

 任务分析

完成任务的工作步骤与相关知识点分析见表 3-7。

表 3-7  任务分析

| 工 作 步 骤 | 相关知识点 |
| --- | --- |
| 设计扉页 | 应用水平标尺和制表位完成版面布局 |
| 输入内容 | 应用输入法功能 |
| 插入分页符和分节符 | "插入"选项卡"页面"组<br>"页面布局"选项卡"页面设置"组 |
| 应用样式 | "开始"选项卡"样式"组 |
| 插入页眉和页码 | "插入"选项卡"页眉和页脚"组 |
| 生成目录 | "引用"选项卡"目录"组 |
| 设计封面 | "插入"选项卡"页面"组 |

 任务实施

文件名："教学管理系统动态网站的开发设计与实现"毕业论文 . docx。

格式要求：

1）扉页。

◆ 副标题：宋体，四号，居中对齐；

◆ 英文标题：Times New Roman，二号，居中对齐；

◆ 中文标题：宋体，二号，居中对齐，段前、段后1行；

◆ 其他文字：宋体、四号，加下画线，适当调整缩进。

2）摘要、ABSTRACT、目录、章名统一格式为黑体、小二号、段后2行，居中对齐。节名格式统一为宋体、加粗、四号，段前1行、段后1行，首行缩进2字符。

小节名格式统一为宋体、加粗、小四号，段前1行、段后1行，首行缩进2字符。

正文格式统一为宋体、小四号，1.5倍行距，首行缩进2字符。

3）页眉和页码。

扉页没有页眉和页码。

目录、摘要和ABSTRACT没有页眉，页码格式为罗马数字。

论文主体部分页码使用阿拉伯数字连续编号，以"章"为单位，每章另起一页。页眉包括两部分：一是"山东电子职业技术学院论文"，左对齐；二是章的标题，右对齐。

4）页边距：上为2.5厘米，下为2厘米，左为2.5厘米，右为2厘米，装订线为0厘米，页眉为2厘米，页脚为1.5厘米。

5）所有的图片设置居中对齐。

### 3.4.1 设计与制作扉页

**1. 导航窗格**

（1）打开导航窗格

如果编辑区域中没有导航窗格，单击"视图"选项卡，在"显示"组中选中"导航窗格"复选框，即可打开导航窗格，如图3-90所示。

（2）使用导航窗格

导航窗格使文档窗口分为左右两部分，左边显示文档的结构，右边显示与之对应的文档内容。用户在文档结构中选择即可快速切换到相应位置，避免用户使用滚动条翻页查找文档中的内容，实现快速定位。

在"搜索文档"文本框中输入要查找的文本、批注或图片，可以快速查找文档中的任何内容。查找的结果有标题、页面、结果3种显示方式。

**2. 制作论文扉页**

扉页中一般包括中文标题、英文标题、副标题、论文

图3-90 导航窗格

作者基本信息等，所有的内容占据一页纸，要调整好每一部分的位置，整个版面才好看。

论文作者的基本信息需要添加下画线，可以使用下列方法。

方法1：输入法英文状态下，按住〈Shift + _〉组合键就可以制作出下画线，缺点是不能完全右对齐。

方法2：插入形状"直线"。如果是打印纸质稿手工填写，可以使用这个方法。

方法3：输入空格或文字内容，添加下画线，缺点是不能完全右对齐。

方法4：使用制表位，可以完全实现右对齐。

制作步骤如下。

1）选中所有需要加下画线的文本，单击水平标尺上的"左缩进"按钮，拖动到10 cm的位置。

2）单击"开始"选项卡"段落"组的对话框启动器，打开"段落"对话框，单击左下角的"制表位"按钮，打开"制表位"对话框，如图3-91所示。其中，"制表位位置"是指不同对齐方式的最终位置，"36"代表右对齐到水平标尺上的36 cm。

添加制表位后在水平标尺中就可以看到"└"标记。如果要清除制表位，可以选中该制表位，按住鼠标左键拖动，使其离开水平标尺即可。

> ✍ **提示：**如果需要手动制作目录，也可以使用制表位方法。操作方法同上，对齐方式选右对齐，前导符选2或5。

制作完成的扉页样本，如图3-92所示，横线上的灰色箭头就是制表位标记。

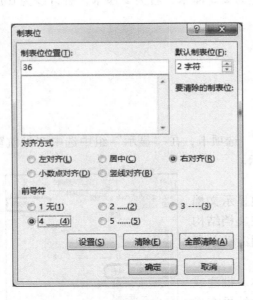

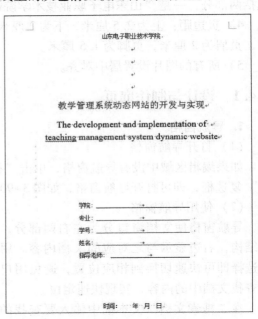

图3-91  "制表位"对话框                    图3-92  论文扉页样本

## 3.4.2  制作论文主体

### 1. 分页符和分节符

（1）分页符

编辑长文档时，对于不同的章节，一般需要设置"另起一页"，建议不要使用段落标记，而应使用分页符。使用分页符的优点在于，不论本章的内容增加或减少，都不会影响下一章的开始位置。

插入分页符的方法如下。

方法1：单击"插入"选项卡"页面"组的"分页"按钮。

方法 2：单击"页眉布局"选项卡"页面设置"组的"分隔符"按钮。

（2）分节符

"节"是文档格式化的基本单位（PowerPoint 中也有节的概念），不同的节可以设置不同的版面格式，例如不同的纸张方向、页边距、页码格式、页眉、分栏排版等。默认方式下，Word 将整个文档视为一"节"，所以对文档的页面设置是应用于整篇文档的。若要在一页之内或多页之间采用不同的版面布局，只需插入"分节符"将文档分成几"节"，然后根据需要设置每一"节"的格式即可。

分节符有以下 4 种类型。

◆ 下一页：新节从下一页开始，文档既分节又分页，在新页中建立新节。

◆ 连续：文档分节不分页，不在新页中建立新节。

◆ 偶数页：插入一个分节符，新节从下一个偶数页开始。

◆ 奇数页：插入一个分节符，新节从下一个奇数页开始。

"页眉布局"选项卡"页面设置"组的"分隔符"下拉列表如图 3-93 所示。

> ✎ **提示**：插入分节符后会显示出一个双虚线。分节符和分页符都是非打印字符，如果需要隐藏，可以选择"文件"菜单中的"选项"，打开"Word 选项"对话框，单击"显示"区域，去掉"显示所有格式标记"复选框的勾选。

根据论文结构，分别插入分页符和分节符，如图 3-94 所示。

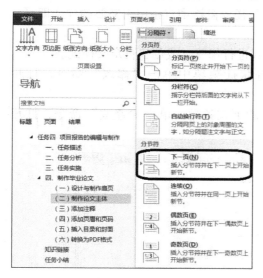

图 3-93　"分隔符"下拉列表

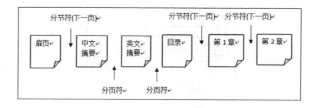

图 3-94　插入分页符和分节符的位置

## 2. 样式的使用

在 Word 文档中，如果需要多次使用同样的格式化设置，一般会使用格式刷，但是操作起来仍然不方便，更简洁方便的工具是"样式"。

Word 里的样式是指用有意义的名称保存的字符格式和段落格式的集合，目的是将这种排版格式重复应用于文档的其他部分。应用样式是设置文档格式的快捷方法，使用样式的优点如下：

◆ 快速同步同级标题的格式。

◆ 快速修改同级标题样式。修改某个样式，所有应用了该样式的文档内容都自动随之更新。

◆ 快速在文档中定位。应用了标题样式，在导航窗格中就会出现文档结构，方便快速定位。

◆ 方便生成文档目录。

（1）查看和应用样式

Word 提供了很多内置样式，如标题、正文、强调、引用、要点等，用户可以直接查看并使用，方法有以下两种。

方法1：单击"开始"选项卡"样式"组，在显示的样式列表区域直接选择即可，如图 3-95 所示。

图 3-95  "样式"组

方法2：单击"开始"选项卡"样式"组的对话框启动按钮，打开"样式"任务窗格，如图 3-96 所示。当鼠标指针停留在某个样式上，就会出现该样式的详细格式设置说明。使用时，需要先选定需要应用样式的文本，在"样式"任务窗格中直接单击需要的样式即可。

（2）修改样式

用户可以根据实际需要，对系统提供的内置样式进行修改，或创建自定义样式。

方法1：在"样式"组中某个样式上右击，在快捷菜单中单击"修改"命令，打开"修改样式"对话框，如图 3-97 所示。

方法2：打开"样式"任务窗格中某个样式旁的下拉菜单，单击"修改"命令，打开"修改样式"对话框。

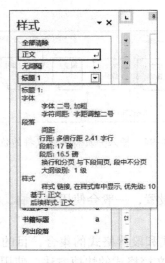

图 3-96  "样式"任务窗格

图 3-97  "修改样式"对话框

**3. 编辑论文主体**

编辑论文主题的操作步骤如下：

1）按照如图 3-94 所示的位置要求，分别插入分页符和分节符。

2）设置一级标题的格式。

一级标题包括中文摘要、ABSTRACT、目录和章名，操作步骤如下。

① 选中文本"中文摘要"，单击"开始"→"插入"→"样式"，在样式列表中单击"标题 1"按钮。

② 在样式列表的"标题 1"按钮上右击，在弹出的快捷菜单中选择"修改"命令，按照要求修改格式为黑体、小二号，段后 2 行，居中对齐。

③ 双击格式刷，依次复制文本"ABSTRACT"、文本"目录"和每一章的章名。

3）设置二级标题。

二级标题包括每一节的节名，操作步骤同上，在样式列表中要选择"标题 2"。修改格式为宋体、加粗、四号，段前 1 行、段后 1 行，首行缩进 2 字符。

4）设置三级标题。

三级标题包括每一节中的所有小节名，操作步骤同上，在样式列表中要选择"标题 3"。修改格式为宋体、加粗、小四号，段前 1 行、段后 1 行，首行缩进 2 字符。

5）设置正文。

正文包括除了标题以外的所有文字，在样式列表中选择"正文"。格式统一修改为宋体、小四号，1.5 倍行距，首行缩进 2 字符。

6）使用导航窗格调整论文主体。

在论文主体中应用了所有的样式，在导航窗格中就会出现所有标题的列表，像论文目录一样。利用导航窗格，可以按照需求对论文主体进行调整、修改等操作，如图 3-98 所示。操作方法如下。

◆ 查看论文标题：应用了样式后，在导航窗格中就会出现标题的列表。单击任意一个标题，在右侧的编辑区域中就会快速切换到相应位置。

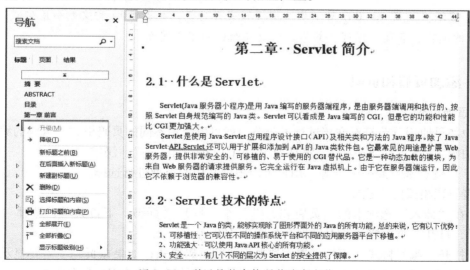

图 3-98　利用导航窗格调整论文主体

- 调整章节顺序：在导航窗格中，选中该标题直接拖动到调整后的位置即可。对于章、节或小节的标题可以通过"升级"或"降级"进行调整。
- 增加章节：使用快捷菜单中的"新标题之前""在后面插入新标题""新建副标题"等命令，可以根据需要增加新的章节。
- 删除章节：在该章节的标题上右击，在弹出的快捷菜单中选择"删除"命令，即可直接删除本章节的所有内容。

### 3.4.3 插入图片和注释

撰写毕业论文时，如果全篇只有文字叙述，格式单一、内容简单，如果使用图片、形状或表格表达文字内容，可以丰富论文的内容，形式新颖，增加阅读者的兴趣。图片、图形和形状的插入，前面的任务中已经学习过，这里重点讲解什么是注释，如何插入注释。

Word 文档中的注释包括题注、脚注和尾注、引文和书目等，普通文档中一般不会出现，在学术的、专业的和法律的文档中，必须添加这些注释。

- 题注：给图片、表格、图表、公式等项目添加的名称和编号。
- 脚注：标明资料来源、为文章补充注解，一般位于当前页面的底端。
- 尾注：对文本的补充说明，列出引文的出处等，在杂志或期刊的文章中一般位于文档的末尾，在书籍中一般位于每个章节的末尾。
- 引文和书目：创建文档时参考或引用的源的列表，源可以是一本书、一篇报告或一个网站，通常位于文档的末尾。

插入注释的操作可以使用"引用"选项卡中的命令按钮，如图 3-99 所示。

图 3-99 "引用"选项卡

> 提示：从 Word 2007 开始增加引文和书目功能，共提供 12 种文献引用样式，解决了文献的编辑、管理、保存、共享，以及文献的引用与更新。

### 3.4.4 添加页眉和页码

#### 1. 添加页码

用户如果使用分节符对文档进行了分节，就可以使用不同的页码格式。页码的编码格式有阿拉伯数字"1、2、3……"、罗马数字"Ⅰ、Ⅱ、Ⅲ……"、汉字"一、二、三……"、大写汉字"壹、贰、叁……"等，用户可以根据文档的类型进行选择。

设置页码格式的步骤如下。

1）在"插入"选项卡的"页眉和页脚"组，打开"页码"下拉菜单，选择"设置页码格式"，打开"页码格式"对话框，如图 3-100 所示。

2）打开"编号格式"下拉列表，选择需要的页码格式；如果在页码中需要显示章节名称，可以勾选"包含章节号"复选框，选择章节的起始样式和使用何种分隔符。

3）在"页码编号"区域，选定"起始页码"单选按钮，在文本框中显示出相应格式的数字，默认从"1"开始。如果起始数字不为"1"，用户可以自行输入。

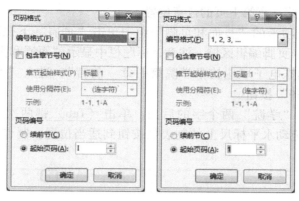

图3-100 "页码格式"对话框

插入页码的方法如下。

方法1：单击"插入"→"页眉和页脚"组中的"页码"下拉按钮，在下拉列表中选择插入页码的位置，一般选择"页面底端"或"当前位置"。

方法2：在页眉或页脚区域双击进入页眉和页脚编辑状态，打开"页眉和页脚工具｜设计"选项卡，在"页眉和页脚"组中选择"页码"命令。

**2. 添加页眉**

（1）设置扉页没有页眉和页码

操作步骤如下。

1）将插入点置入扉页的任意位置。

2）选择"插入"选项卡的"页面和页脚"组，单击"页眉"下拉菜单中的"编辑页眉"命令，进入页眉和页脚编辑区域，打开"页眉和页脚工具｜设计"选项卡，如图3-101所示。

图3-101 "页眉和页脚工具｜设计"选项卡

3）勾选"首页不同"复选框。

4）单击"关闭页眉和页脚"按钮。注意，一定要关闭，否则会始终留在页眉和页脚的编辑区域。

创建页眉和页脚时，Word自动在页眉和页脚区与正文区之间添加分割线，用户可以根据需要对横线的长度和样式进行修改。如果要删除这条横线，可以选中页眉文本，单击"开始"→"段落"中的"边框"下拉按钮，在打开的列表中选择"无框线"选项即可。

（2）设置每节中不同内容的页眉

操作步骤如下。

1）将插入点置于第一章第 1 页的任意位置。

2）在"插入"选项卡的"页面和页脚"组中单击"页眉"下拉菜单，选择"编辑页眉"命令，进入页眉和页脚编辑区域。注意，标题栏中显示"页眉和页脚工具"。

3）输入文字"山东电子职业技术学院第一章　前言"，进入"开始"选项卡的"段落"组，单击"左对齐"按钮。

4）将插入点置于"学院"两个字的后面，单击〈Tab〉键两次。如果"第一章　前言"仍不能右对齐，拖动水平标尺上的制表位按钮到适当位置。制作的第一章页眉效果如图 3-102 所示。

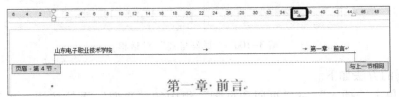

图 3-102　第一章页眉效果

5）在第二章第 1 页的页眉区域双击进入页眉和页脚编辑区域；

6）修改文字"第二章 Servlet 简介"，单击"链接到前一条页眉"按钮，取消"与上一节相同"。注意，这是非常重要的一步。制作的第二章页眉效果如图 3-103 所示。

7）重复步骤 5 和步骤 6，完成其他章节页眉的修改。

图 3-103　第二章页眉效果

8）单击"关闭页眉和页脚"按钮。

**3. 插入不同格式的页码和页眉**

操作步骤如下：

（1）设置扉页无页码

将插入点放置到扉页的位置，在页眉区域双击鼠标打开"页眉和页脚工具 | 设计"选项卡，勾选"首页不同"选项。单击"页眉和页脚工具"按钮，退出页眉和页脚的编辑。

（2）插入罗马数字格式的页码

将插入点放置到中文摘要的页面，在页脚区域双击鼠标打开"页眉和页脚工具 | 设计"选项卡。单击"页眉和页脚"→"页码"，在下拉菜单中选择"设置页码格式"命令，在"页码格式"对话框中设置页码格式为罗马数字。然后，在下拉菜单中选择"页眉底端"命令，在列表中选择"普通数字 2"。再单击"链接到前一条页眉"按钮，取消"与上一节相同"。

（3）插入阿拉伯数字格式的页码

用户需要在"页码格式"对话框中设置页码格式为阿拉伯数字，起始页码为"1"，其他的操作步骤同上。

（4）添加不同内容的章节页眉

具体操作步骤见"2. 添加页眉"下的"（2）设置每节中不同内容的页眉"。在设置过程中如果出现问题，首先查看是否插入了"分节符"，再查看"分节符"的位置是否正确。最重要的一点，是否执行了以下操作：单击"链接到前一条页眉"按钮，取消"与上一节相同"。

## 3.4.5　插入目录和封面

### 1. 生成目录

目录是长文档中必不可少的部分，Word 一般使用标题或者大纲级别来创建目录。在 Word 文档中，只要应用了标题样式或设置了大纲级别，就可以自动生成目录，使目录的制作变得简单方便，而且在文档内容发生了改变之后，可以直接更新目录。

（1）自动生成目录

将插入点置于需要插入目录的位置，单击"引用"→"目录"→"目录"按钮，打开下拉列表，如图 3-104 所示。在下拉列表中选择"自动目录 1"或"自动目录 2"就可以快速生成 3 级目录。自动生成的目录如图 3-105 所示。

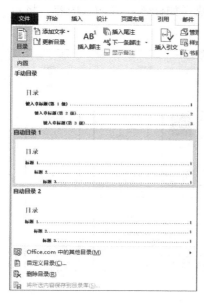

图 3-104　"目录"下拉列表

图 3-105　自动生成的目录

> ✎ **提示**：注意，在生成目录前，应确保在目录中出现的标题都使用了内置的标题样式或自定义的标题样式。

（2）目录的更新

撰写论文的过程中一定会经过多次修改，增加或减少文档内容、调整论文顺序或结构等，标题或页码也会随之更改。利用 Word 的"更新目录"功能，就可以轻松实现目录的更新。

方法1：在目录区域中单击，目录上方出现"更新目录"按钮，单击该按钮，打开"更新目录"对话框，如图3-106所示。按需要选中"只更新页码"或"更新整个目录"单选按钮。

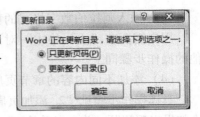

图3-106 "更新目录"对话框

方法2：单击"引用"选项卡"目录"组的"更新目录"按钮，打开"更新目录"对话框。

方法3：在目录区域中右击，选择快捷菜单中的"更新域"命令，也可以打开"更新目录"对话框。

（3）自定义目录样式

如果需要设置成自定义的目录格式，用户可以选择"自定义目录"命令，打开"目录"对话框，如图3-107所示。用户可以实现修改显示级别、制表符前导符样式等，或者修改格式或显示级别。

**2. 设计封面**

从Word 2007版本开始提供了方便的预设封面库，用户只需选择一个封面，然后将示例文本替换为自己的文本即可。

在"插入"选项卡"页面"组的"封面"下拉列表里，如图3-108所示，用户可以直接在列表中的花丝、怀旧、平面、网格、镶边等内置样式中进行选择，或者联网后从Office.com网站中选择。插入封面后，可通过单击选择封面区域（如标题）并输入内容，将示例文本进行替换。

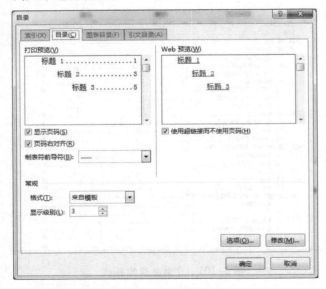

图3-107 "目录"对话框

图3-108 "封面"下拉列表

如果需要在文档中插入一个新的封面，新封面将替换插入的第1个封面。若要替换早期版本的Word文档中创建的封面，必须手动删除第1个封面，然后再添加封面。

删除封面的操作方法：单击"插入"→"页面"中的"封面"按钮，然后单击删除当前封面。

### 3.4.6 转换为 PDF 格式

在日常工作中，越来越多的电子图书、产品说明、公司文告、网络资料、电子邮件开始使用 PDF 格式文件。PDF 译为"便携文档格式"，是一种电子文件格式，这种文件格式与操作系统平台无关，这一性能使其成为在 Internet 上进行电子文档发行和数字化信息传播的理想文档格式。对普通读者而言，用 PDF 制作的电子书具有纸版书的质感和阅读效果，可以"逼真地"展现原书的原貌，而显示大小可任意调节，给读者提供了个性化的阅读方式。由于 PDF 文件可以不依赖操作系统的语言和字体及显示设备，阅读起来很方便。

Word 2007 及以后的版本可以直接将 Word 文档转换为 PDF 格式，操作方法如下。

方法 1：选择"文件"→"另存为"命令，打开"另存为"对话框。打开"保存类型"区域的下拉列表，选择"PDF"选项。

方法 2：选择"文件"→"导出"命令，在"导出"窗口中单击"创建 PDF/XPS"按钮，打开"发布为 PDF 或 XPS"对话框，输入文件名，文件类型选择"PDF"，单击"发布"按钮。

Word 2010 及以后的版本可以直接查看和简单编辑 PDF 文件，操作步骤如下。

1）选中 PDF 文档，右击打开快捷菜单，选择"打开方式"→"Word（桌面）"命令。

2）弹出提示框，如图 3-109 所示，单击"确定"按钮，启动 Word。

3）PDF 文档的内容显示在编辑窗口中，用户就可以直接修改了，编辑完毕保存为 Word 文档即可。

图 3-109　用 Word 打开 PDF 文档的提示框

 任务小结

任务样本如图 3-110 和图 3-111 所示。

 知识链接

> 如何在 Word 文档中插入网页中的内容？

用户在撰写文档时，经常要上网查找资料，需要把网页中的内容粘贴到 Word 文档里。但是，网页有自己的格式设置，如果直接复制粘贴，往往会沿用网页的格式，比较混乱。用户可以使用下列方法去除无用的网页格式。

在浏览器窗口中，复制需要的网页内容。切换到 Word 文档，将插入点放置要粘贴的位置。单击"开始"→"剪贴板"→"粘贴"的下拉列表，如图 3-112 所示。操作方法如下。

方法 1：在下拉列表的"粘贴选项"区域中，有 3 个按钮：保留源格式、合并格式和只保留文本。如果复制的内容只有文本，选择"只保留文本"按钮即可。

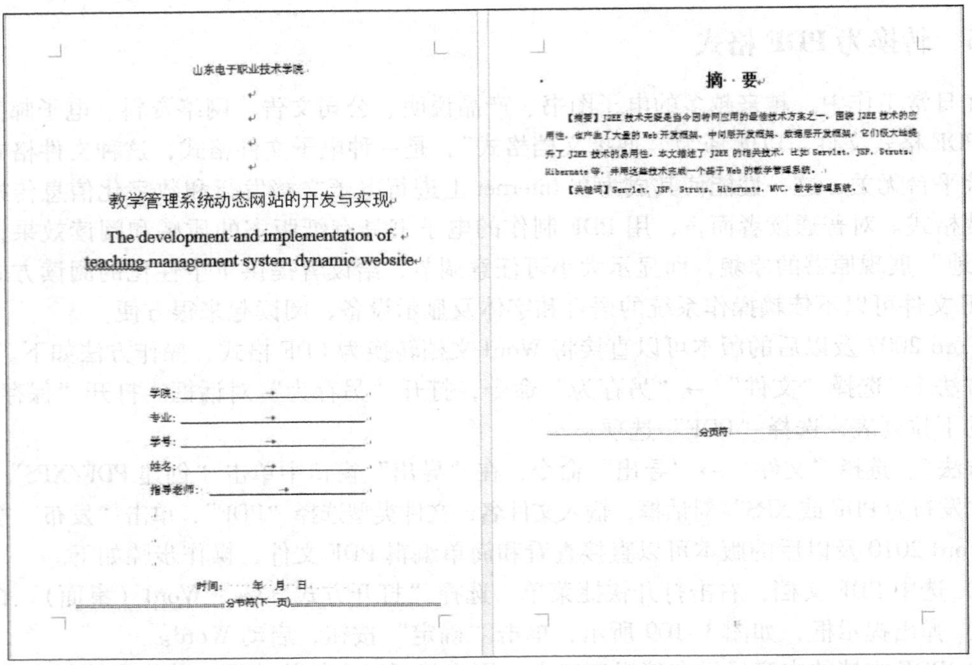

图 3-110 "毕业论文"扉页和中文摘要的样本

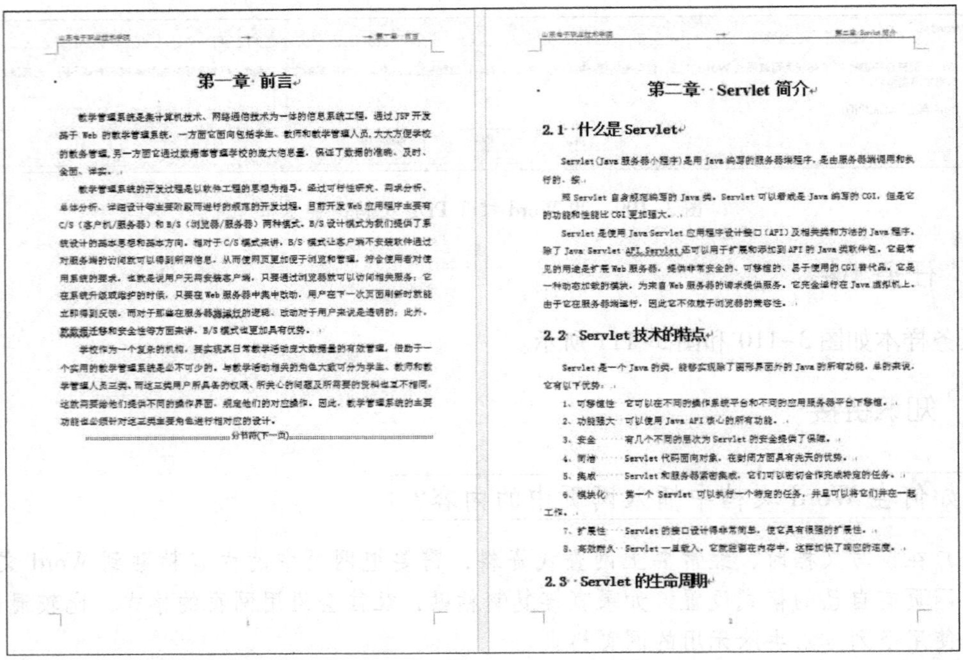

图 3-111 "毕业论文"第一章和第二章的样本

方法 2：选择"选择性粘贴"命令，打开"选择性粘贴"对话框，如图 3-113 所示；在"形式"列表框中，选择"无格式的 Unicode 文本"选项，单击"确定"按钮即可。

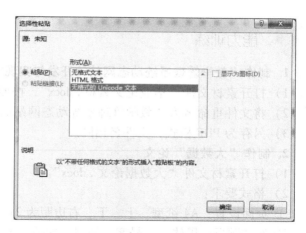

图 3-112　"粘贴"下列列表　　　　　　图 3-113　"选择性粘贴"对话框

方法 3：在插入点的位置右击，在弹出的快捷菜单中也可以找到"粘贴选项"命令。

如果需要复制图片，则在网页中的图片上右击，在弹出的快捷菜单中选择"复制"命令，在 Word 文档里直接按〈Ctrl + V〉组合键就可以了。

> ## 如何隐藏 Word 文档中的错误标记？

默认情况下，Word 对文档的内容会进行实时检查，使用红色、蓝色或绿色波浪线标注语法和拼写错误，提醒用户进行更正或修改。对于长文档而言，如果这样的错误太多，在状态栏中就会多次出现提示信息，影响用户的正常工作。此时，用户可以通过设置将其隐藏起来。操作方法如下：

单击"文件"→"选项"命令，打开"Word 选项"对话框，选择"校对"选项，如图 3-114 所示。在右侧列表中的"在 Word 中更正拼写和语法时"区域，取消"键入时检查拼写""经常混淆的单词""键入时标记语法错误"和"随拼写检查语法"复选框前面的对勾，单击"确定"按钮即可。

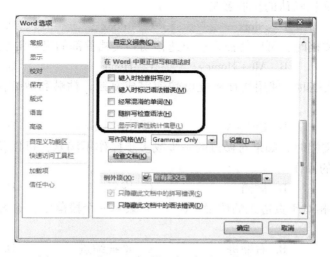

图 3-114　"Word 选项"对话框的"校对"区域

**1. 制作"教学管理系统动态网站的开发与实现"毕业论文**

1）打开素材文件"毕业论文素材.docx"，按照"任务实施"的要求完成文档的制作。

2）将文件重命名为"教学管理系统动态网站的开发与实现.docx"。

3）另存为 PDF 格式，文件名相同。

**2. 制作"大数据"论文**

1）打开素材文件"大数据论文.docx"。

2）格式要求：

① 页面设置：A4 纸型，上、下、右边距为 2 cm，左边距 3 cm。

② 论文题目：黑体、三号字、加粗，段前、段后 1 行，居中。

③ 标题：应用样式标题 2。

④ 正文：宋体、小四号字，1.25 倍行距，首行缩进 2 字符。

⑤ 添加页眉："大数据现状与应用"左对齐、五号，"第 X 页"右对齐、五号（页码设置选择"当前位置"）。

⑥ 插入图片。

● "什么是大数据?"这一段文字插入图片（Big – Data. jpg），设置环绕方式为四周型。

● "于是有人就此理解为:"这一段文字插入图片（大数据与云计算.png），设置环绕方式为四周型。

⑦ 添加水印：文字水印（我的网络资料）、楷体。

3）将文件重命名为"大数据现状与应用.docx"。

4）另存为 PDF 格式，文件名相同。

## 知识测试

**一、选择题**

1. Word 2013 文档默认的扩展名是（　　）。

A. . dat　　　　　B. . dotx　　　　　C. . docx　　　　　D. . doc

2. 编辑 Word 文档时，可以使插入点快速移动到文档首部的组合键是（　　）。

A. Ctrl + Home　　B. Alt + Home　　C. Home　　　　D. PageUp

3. 编辑 Word 文档时，使用快捷键能够快速完成复制、粘贴和剪切操作，下列（　　）表示剪切操作。

A. Ctrl + C　　　　B. Ctrl + V　　　　C. Ctrl + S　　　　D. Ctrl + X

4. 编辑 Word 文档时，如果对做过的一步或多步操作不满意，可以使用（　　）命令，有选择地取消做过的操作。

A. 保存　　　　　B. 撤销　　　　　C. 恢复　　　　　D. 剪切

5. 缩进是文字相对于页边距的位置，（　　）表示一个段落中，除第 1 行外其他各行的缩进距离。

A. 左缩进　　　　B. 右缩进　　　　C. 悬挂缩进　　　D. 首行缩进

6. 在 Word 中，间距指的是段落与段落之间的距离，行距指的是一个段落中行与行之间的距离，下列关于间距和行距的叙述，错误的是（　　　）。

A. 可以设置段前间距和段后间距

B. 可以设置单倍行距和多倍行距

C. 间距的单位是行或者磅

D. 多倍行距的数值只能设置为整数

7. 在 Word 中，有 5 种对齐方式，其中（　　　）可以在左右边距间，使字符均匀地填满整行。

A. 左对齐　　　　　B. 右对齐　　　　　C. 分散对齐　　　　　D. 两端对齐

8. 关于 Word 中的字号设置，下列描述中错误的是（　　　）。

A. 可以打开字号下拉列表进行选择

B. 可以在字号显示文本框中直接输入

C. 阿拉伯数字字号的单位是磅

D. 最大字号只能是 72 磅

9. Word 2013 在提供的水印库中有 3 种类型的水印，分别是（　　　）、紧急和免责声明。

A. 绝密　　　　　B. 机密　　　　　C. 秘密　　　　　D. 公开

10. 下列关于 Word 2013 文档中插入形状的描述中错误的是（　　　）。

A. 插入形状的操作是选择"插入"→"绘图"→"形状"命令

B. 插入的形状有线条、矩形、基本形状等多种类型

C. 多个形状可以组合成一个形状

D. 设置形状格式，只能在"设置形状格式"对话框中进行设置

11. Word 2013 提供了文档主题功能，文档主题是一套格式设置选项，包括主题颜色、主题字体和（　　　）。

A. 主题效果　　　　　B. 主题文本　　　　　C. 主题样式　　　　　D. 主题符号

12. 在 Word 文档中，要将一幅图片放在一段文字的中间，实现文字将图片包围起来的效果，下列（　　　）环绕方式不能实现。

A. 上下型　　　　　B. 四周型　　　　　C. 穿越型　　　　　D. 紧密型

13. 在 Word 文档中可以插入多个形状，组合多个形状的方法是选中第 1 个形状，按住（　　　）键，依次单击各个图形。

A. Ctrl　　　　　B. Alt　　　　　C. Shift　　　　　D. Tab

14. 在 Word 中绘制形状后，可以选中该形状，按（　　　）键进行复制。

A. Alt　　　　　B. Shift　　　　　C. Enter　　　　　D. Ctrl

15. Word、Excel 和 PowerPoint 都可以插入 SmartArt 图形，2013 版提供了 7 种类型，下列（　　　）类型是错误的。

A. 流程　　　　　B. 分支　　　　　C. 循环　　　　　D. 列表

16. 在 Word 文档中添加水印，要选择（　　　）选项卡。

A. 开始　　　　　B. 插入　　　　　C. 设计　　　　　D. 页面布局

17. Word 2013 提供了 5 种视图模式，下列有关视图的描述中错误的是（　　　）。

A. 页面视图中可以显示页眉、页脚、页边距、分栏、标尺等元素

B. 阅读版式视图中可以编辑页眉、页脚、页边距等页面设置

C. 大纲视图主要用于长文档的快速浏览和编辑

D. 草稿视图是最节省计算机系统硬件资源的视图方式

18. Word 2013 中，用户若要设置每个章节不同的页眉和页脚，最重要的一个步骤是单击（　　）按钮，取消与上一节链接。

    A. 上一节　　　　　　　B. 奇偶页不同　　　　　　C. 下一节　　　　　　　D. 连接到前一条页眉

19. 在 Word 中使用"样式"可以保证整篇文档中，不同标题的格式是一致的。用户对样式不能执行的操作是（　　）。

    A. 定位　　　　　　　　B. 修改　　　　　　　　C. 删除　　　　　　　　D. 重命名

20. Word 中一般利用标题或者大纲级别来创建目录，因此在创建目录前，应确保章节的标题应用了内置的（　　）。

    A. 修订　　　　　　　　B. 模板　　　　　　　　C. 主题　　　　　　　　D. 标题样式

21. 在 Word 中使用"生成目录"功能时，可以选择"自动目录 1"或"自动目录 2"，可以按系统默认值自动生成（　　）级目录。

    A. 2　　　　　　　　　　B. 3　　　　　　　　　　C. 4　　　　　　　　　　D. 5

22. 在导航窗格的"搜索文档"文本框中输入要查找的文本、批注或图片，可以快速查找到文档中的任何内容。查找的结果有 3 种显示方式，下列（　　）是错误的。

    A. 标题　　　　　　　　B. 页面　　　　　　　　C. 节　　　　　　　　　D. 结果

23. 在 Word 中，分节符有 4 种类型，下列（　　）是错误的。

    A. 奇数页　　　　　　　B. 偶数页　　　　　　　C. 下一页　　　　　　　D. 上一页

24. 在 Word 中可以添加不同的注释，下列（　　）的作用是标明资料来源、为文章补充注解，一般位于当前页面的底端。

    A. 脚注　　　　　　　　B. 尾注　　　　　　　　C. 批注　　　　　　　　D. 题注

25. 在 Word 中可以添加不同格式的页码，下列（　　）是错误的。

    A. 阿拉伯数字　　　　　B. 繁体中文　　　　　　C. 英文字母　　　　　　D. 罗马数字

26. 下列关于在 Word 文档中插入封面操作的描述中错误的是（　　）。

    A. 直接在内置样式中选择　　　　　　　　B. 在 office.com 选择

    C. 直接创建　　　　　　　　　　　　　　D. 将所选内容保存到封面库

27. 下列关于 Word 文档中表格的叙述，错误的是（　　）。

    A. 表格和文本可以互相转换

    B. 表格中的数据可以进行排序

    C. 表格中的数据可以进行简单的计算

    D. 表格中的文本不能改变文字方向

28. 在 Word 中可以对一段文字设置首字下沉，在"首字下沉"对话框中不能设置的是（　　）。

    A. 字体　　　　　　　　B. 字号　　　　　　　　C. 距正文　　　　　　　D. 下沉行数

29. 在 Word 中利用水平标尺可以设置不同缩进，下列（　　）是错误的。

    A. 左缩进　　　　　　　B. 右缩进　　　　　　　C. 首行缩进　　　　　　D. 段落缩进

30. Word 2013 中可以使用（　　）选项卡中"语言"组的"翻译"命令，进行屏幕取

词翻译。

    A. 审阅          B. 插入          C. 视图          D. 引用

**二、判断题**

1. 对文本设置下画线或删除线，只能在"字体"对话框中进行设置。    （    ）

2. Word 的页面布局中，默认的纸张大小是 B4。    （    ）

3. Word 中的段落是指两个〈Enter〉键之间的全部字符。    （    ）

4. Word 的页面设置中，用户可以根据需要设置纸张方向为纵向或横向。    （    ）

5. 在 Word 中，字号设置的最大值是 72。    （    ）

6. Word 2013 版本提供了从网络中搜索图片的新功能，可以选择"必应图片搜索"。

    （    ）

7. 在 Word 文档中绘制了矩形、圆形等形状后，用户可以直接添加文字。    （    ）

8. 向 SmartArt 图形中添加文本时，在浮动窗格中输入文字和在图形中输入文字两者是同步的。    （    ）

9. 在 Word 文档中插入图片，默认情况下为浮动式对象。    （    ）

10. Word 2013 版本的图片裁剪功能，不仅可以实现常规的图形裁剪，也可以将图片裁剪成为不同的形状。    （    ）

11. 在 Word 文档中，对选中的文字设置分栏时，不能添加分割线。    （    ）

12. 在 Word 文档中，要设置 3 种及以上不同的页眉页脚，必须使用分节符。    （    ）

13. 制作 Word 文档时，可以设置文字或图片作为水印，防止抄袭。    （    ）

14. 编辑 Word 文档时，只能使用系统提供的内置样式，不能自定义样式。    （    ）

15. 利用 Word 提供的超链接功能，可以在 Word 文档中直接打开其他文件，如 Word 文档、Excel 文件、网页文件、视频文件等。    （    ）

16. 制作 Word 文档时，可以利用内置的标题样式自动生成目录。如果增加或删除了章节内容，可以自动更新，无须重新制作目录。    （    ）

17. 在 Word 文档中插入的 SmartArt 图形，不能修改颜色和样式。    （    ）

18. 编辑长文档时，最适合的视图方式是草稿视图。    （    ）

19. Word 文档中，表格里的数据可以按照自定义序列进行排序。    （    ）

20. 编辑 Word 文档时，用户可以使用自定义的项目符号。    （    ）

# 项目 4 使用 Excel 2013 进行数据处理

## 学习目标

- ◆ 掌握制作 Excel 工作簿的基本步骤
- ◆ 掌握在 Excel 工作表中输入数据、修改格式等基本操作
- ◆ 掌握利用 Excel 工作表对数据进行排序、筛选、汇总等处理
- ◆ 掌握利用图表分析数据的方法
- ◆ 掌握 Excel 工作表之间的交叉引用及处理
- ◆ 掌握 Excel 工作表中函数、数据库函数的使用
- ◆ 掌握 Excel 工作表的页面设置及打印方法

## 能力目标

- ◆ 能够在 Excel 工作表中正确输入文本、数字和符号
- ◆ 能够在 Excel 工作表中进行基本的数据处理
- ◆ 能够在 Excel 工作表中正确插入和编辑图表
- ◆ 能够利用 Excel 工作表完成数据的计算和分析
- ◆ 能够对 Excel 工作表进行页面设置并打印输出

## 任务 4.1 制作员工基本信息表

 **任务描述**

小王是某公司人力资源部的一名文员。现在领导要求她将本年度新进 10 名员工的个人信息进行统计，包括员工姓名、性别、出生年月、学历、家庭住址、电话号码、电子邮箱、入职时间等信息，统计完成后打印归档。

 **任务分析**

完成任务的工作步骤与相关知识点分析见表 4-1。

 **任务实施**

工作簿文件名：2016 新进员工基本信息统计表 . xlsx。

表 4-1 任务分析

| 工 作 步 骤 | 相关知识点 |
|---|---|
| 创建和保存 | "文件"选项卡的"新建""保存"命令 |
| 单元格的定位 | 工作表的名称、单元格的定位及标识 |
| 数据输入 | 文本数据、数字数据、日期数据的输入 |
| 数据格式 | "开始"选项卡的"单元格格式"功能 |
| 设置页面 | "页面布局"选项卡的页面设置组 |
| 打印输出 | "文件"选项卡的"打印""导出"命令 |

操作要求：同一个工作簿中创建两个工作表，分别命名为"原始数据""打印数据"。

**1. "原始数据"工作表要求**

1）标题行：A1：H1，每列内容分别为"姓名""性别""出生年月""学历""家庭住址""电话号码""电子邮箱""入职时间"。

2）工作表中的数据使用输入的默认格式。

**2. "打印数据"工作表要求**

1）表格标题：范围为 A1：H2，无边框，文字内容为"新进员工基本信息统计表（2016年）"，合并居中对齐，字体为宋体、28 号字、加粗，行高 43.2。

2）标题行：A3：H3，字体为宋体、12 号字，加粗，居中对齐，背景为"蓝色，着色 1，淡色 60%"，行高 21.6。

3）表格内容：范围为 A4：H13，行高 21.6，其中相关要求如下。

◆ 文本字体为宋体，11 号字，水平左对齐，垂直居中对齐；

◆ 出生年月格式为"年/月"例如"1995/07"，11 号字，水平左对齐，垂直居中对齐；

◆ 电话号码、电子邮箱为文本格式，11 号字，水平左对齐，垂直居中对齐；

◆ 入职时间格式为"年 - 月"例如"1995 - 07"，11 号字，水平左对齐，垂直居中对齐；

◆ 对入职时间在 2016 年 6 月以后的员工进行突出显示，入职时间单元格用浅红色填充；

◆ 表格边框使用默认参数。

4）页面设置：A4 纸型，横向打印，左、下、右边距为 2 cm，上边距为 2.5 cm，仅打印表格区域，所有列打印为一页。

最后，将工作表导出为 PDF 格式。

## 4.1.1 创建工作簿及输入内容

**1. 创建 Excel 工作簿**

1）双击打开 Excel 2013 应用程序，单击"空白工作簿"，自动创建一个名为"工作簿 1"的 Excel 工作簿。开启创建工作簿如图 4-1 所示。

2）用户也可以使用"文件"选项卡中的"新建"命令，打开"新建"窗口，如图 4-2 所示，选择"空白工作簿"，创建一个新的 Excel 工作簿。

> ✎ 提示：Excel 2013 版的"新建"窗口中显示了很多内置的模板，例如年历、预算表、流程图等，均为在线模板，用户可以根据自己的需要下载使用。

3）创建完成后，使用"文件"选项卡中的"保存"命令，或者单击快速访问工具栏中的"保存"按钮，弹出"另存为"窗口，如图 4-3 所示，选择新工作簿的保存位置，保存至"E:/计算机文化基础/任务1"，文件名为"2016新进员工基本信息统计表.xlsx"。

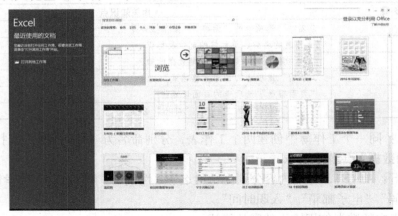

图4-1 开启创建工作簿

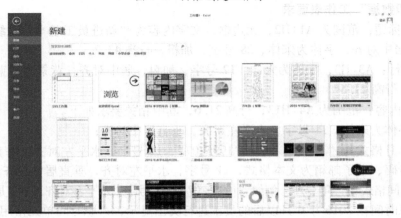

图4-2 "新建"窗口

图4-3 "另存为"窗口

**2. 输入文本和数据**

（1）选中单元格

单击单元格可选中该单元格，然后才可以对其进行操作，如果单元格为空，可以直接输入内容。双击单元格可以将光标定位于单元格最后一个文字或数字之后，启用单元格内容编辑。

（2）数据的输入

按照"素材 1. xlsx"所示的内容，根据"任务实施"中，"原始数据"表格的要求，通过输入完成"原始数据"表格。

在 Excel 中，每个单元格的默认数据类型为"不包含任何特定数字格式"的"常规"类型，因此输入各类数据时会根据输入的数据类型自动套用格式。例如，"姓名"会自动识别为文本，"10799209"会自动识别为数值数据，"123@163. com"会自动识别为超级链接等。因此，用户如果希望输入特定类型的数据，需要先修改单元格的数字类型再进行数据输入。

### 3. 工作表的操作

（1）工作表名称

Excel 2013 的新工作簿默认包含一个工作表，名称为"Sheet1"，显示在工作簿的左下方。工作表名称可以修改，也可以设置不同的颜色标签，方便用户的工作。

（2）添加新工作表

单击状态栏中工作表名称右侧的" + "按钮，就可以在本工作簿中添加新工作表，默认按照"Sheet1、Sheet2、Sheet3、……"依次排列，单击工作表名字可以在工作表之间进行切换。

（3）管理工作表

工作簿中的工作表就像活页薄一样，用户可以完成插入、删除、重命名、移动或复制、隐藏、保护工作表等基本操作。

1）重命名工作表。

选中"2016 新进员工基本信息统计表. xlsx"中的"Sheet1"工作表，右击工作表名称将弹出快捷菜单，如图 4-4 所示，单击"重命名"命令，改为"原始数据"。

2）移动或复制工作表。

选中"原始数据"工作表，右击并在弹出的快捷菜单中选择"移动或复制"命令，打开"移动或复制工作表"对话框，如图 4-5 所示。用建立副本方式将工作表复制到本工作簿中，并移至最后。然后重命名为"打印数据"，如图 4-6 所示。

3）隐藏工作表。

如果某些工作表的数据涉及隐私或包含重要数据，用户可以将工作表进行隐藏，或者使用"保护工作表"功能设置密码，防止信息泄漏。

### 4. 单元格的操作

（1）单元格地址

Excel 2013 的单元格采用行、列的定位方式。默认情况下，工作表的"列"用字母 A、

B、C、……标识，行用数字 1、2、3、……标识，单元格地址用列标加行号表示，例如：A1、H13 等。

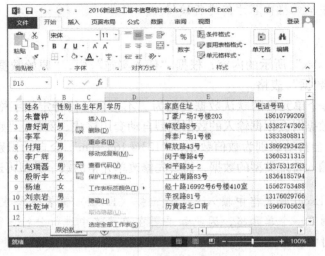

图 4-4 工作表的快捷菜单

图 4-5 工作表复制

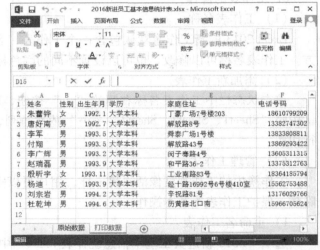

图 4-6 复制后的工作表

> ✍ **提示**：Excel 2003 版本中，一个工作表最多可以有 65536 行、256 列，从 2007 版本以后，最多可以有 1 048 576（$2^{20}$）行、16 384（$2^{14}$）列。

连续的单元格区域用"左上角单元格地址：右下角单元格地址"形式表示。例如，选中"打印数据"工作表中的"A1：H11"单元格，连续单元格的选取效果如图 4-7 所示。这里的"："是引用运算符，表示地址引用运算。

（2）单元格的插入和删除

在"打印数据"工作表中，单击选中单元格 F6，单击"开始"选项卡"单元格"工具栏中"删除"命令，或右击选择下拉式菜单中的"删除"命令，弹出"删除"对话框，如图 4-8 所示。选择"下方单元格上移"选项，删除单元格。

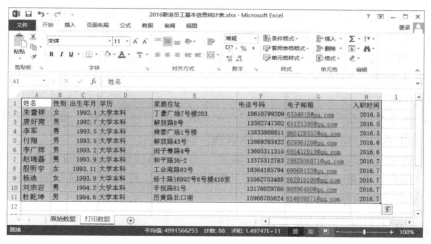

图 4-7　连续单元格的选取效果

单击选中单元格 F6，单击"开始"选项卡"单元格"工具栏中的"插入"命令，或右击选择下拉式菜单中的"插入"命令，弹出"插入"对话框，如图 4-9 所示。选择"活动单元格下移"选项，重新插入单元格。

（3）单元格的复制和粘贴

在"原始数据"中，找到"李广辉"的电话号码，单击选中单元格并复制。切换到"打印数据"工作表中，单击选中插入复制内容的单元格，右击弹出快捷菜单，在列表中显示出多个粘贴选项，如图 4-10 所示。在选项列表中，根据需要选择"粘贴"命令。

图 4-8　单元格的删除　　图 4-9　单元格的插入　　图 4-10　粘贴选项

> ✎ **提示：** 对数字类型的数据进行粘贴时，一般不能直接进行粘贴，需要根据数字的类型选择粘贴选项，用于粘贴"数值""公式"或者"格式"等，保证粘贴结果的正确性。

（4）"行""列"的插入和删除

1）插入行或列。

方法 1：选中某行或列，单击"开始"→"单元格"→"插入"命令，打开下拉列表，选择"插入工作表行"命令或"插入工作表列"命令。

方法 2：选中某行或列，右击选择"插入"命令，默认情况下在选中行上面插入一行或一列。

方法 3：选择任意单元格，右击选择"插入"命令，打开"插入"对话框，选择"整行"选项，可以在选中行的上面插入一行。通过类似的操作，可以插入对应列。

根据题目要求在"打印数据"工作表的上方插入两行，选中 A1∶H2 单元格，使用"开始"选项卡"对齐方式"工具栏中的"合并后居中"命令进行合并居中操作，输入"新进员工基本信息统计表（2016年）"。

2）删除行或列。

方法1：选中某行或列，单击"开始"→"单元格"→"删除"命令，打开下拉列表，选择"删除工作表行"命令或"删除工作表列"命令。

方法2：选中某行或列，右击选择"删除"命令，直接删除选中的行或列。

方法3：选择任意单元格，右击选择"删除"命令，打开"删除"对话框，选择"删除整行"命令或"删除整列"命令。

## 4.1.2 员工基本信息表的格式化

### 1. 设置单元格格式

默认情况下，Excel 工作表的单元格为"不包含任何特定数字格式"的"常规"类型，用户可以通过"开始"选项卡→"单元格"→"格式"下拉菜单中的"设置单元格格式"命令进行修改。

（1）修改单元格数字类型

默认情况下，Excel 2013 单元格中输入的内容会自动识别为数值型数据，这就导致可能会出现错误的显示，例如输入数据"059001"时，前面的"0"会丢失，显示为"59001"。因此在输入数字数据前，应根据数据的特点修改数字类型。

选中需要修改的单元格，通过"开始"选项卡中的"数字"工具栏可以快捷修改单元格中数字的类型。例如，将"打印数据"中的"电话号码"列数据修改为"文本"类型。选中"电话号码"列，单击"开始"→"数字"组中的"数字格式"下拉菜单中的"文本"命令即可，如图 4-11 所示。对于"电子邮件"列，除了需要设定为"文本"类

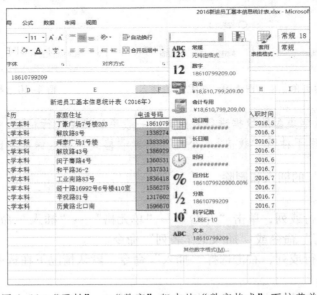

图 4-11 "开始"→"数字"组中的"数字格式"下拉菜单

型外，如果不想保留默认的超级链接，需要用右键菜单中的"取消超级链接"命令进行删除。

Excel 提供的"数字"列表中的数据类型较为单一，如果目标数据类型或显示格式不存在时，用户可以通过"设置单元格格式"中的数字选项卡进行个性化的设置。例如，将"出生年月"列设置为"年/月"的形式。选中"出生年月"列，单击"数字"工具栏右下角的扩展按钮打开"数字"选项卡，或者打开"设置单元格格式"中的"数字"选项卡，选择"自定义"类型，在"类型"中输入"yyyy/mm"（其中 yyyy 表示用四位数字表示年，mm 表示用两位数字表示月），单击"确定"按钮，如图4-12所示。

图4-12　自定义数字类型

由图4-13所示可以看出，修改结果全部错误，这是由于输入的原始数据被识别为数值数据而不是日期数据，因此，根据"原始数据"表格，按照"年/月"或者"年–月"的方式，重新输入员工的出生年月即可得到正确结果，如图4-14所示。

（2）修改单元格字体

选中单元格，通过"开始"选项卡中的"字体"工具栏进行修改。选中"打印数据"中的表标题，直接通过"开始"选项卡中"字体"组中的命令，将字体设置为宋体、28号、加粗，或者通过"设置单元格格式"对话框中的"字体"标签页进行修改，如图4-15所示。

（3）修改单元格对齐方式

默认情况下，Excel 不同的数字类型有不同的对齐方式，使用"开始"选项卡中的"对齐方式"工具栏，或者"设置单元格格式"对话框中的"对齐"标签页可以进行修改，如图 4-16 所示。

图 4-13 "出生年月"修改错误结果

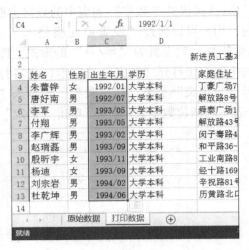

图 4-14 "出生年月"修改结果

图 4-15 "字体"标签页

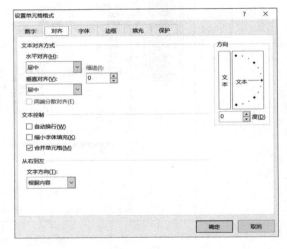

图 4-16 "对齐"标签页

（4）修改单元格边框

默认情况下，Excel 2013 中的工作表没有边框，使用"开始"选项卡"字体"工具栏中的"边框"下拉菜单，或者"设置单元格格式"对话框中的"边框"标签页进行编辑，如图 4-17 所示。

（5）修改单元格的颜色

用"开始"选项卡"字体"工具栏中的"填充颜色"和"字体颜色"下拉菜单，或者使用"设置单元格格式"对话框中的"填充"标签进行单元格背景及字体颜色的编辑，如图 4-18 所示。在"打印数据"工作表中，选中 A3：H3，将背景颜色改为"蓝色，着色 1，淡色 60%"。

124

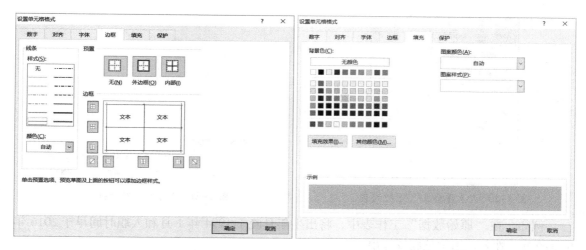

图 4-17 "边框"标签页　　　　　　图 4-18 "填充"标签页

### 2. 调整单元格的大小

选中需要调整的单元格，打开"开始"→"单元格"→"格式"下拉菜单，如图 4-19 所示，通过"单元格大小"组中的命令，用户可以精确设置行高和列宽，也可以设置自动调整行高或列宽。

例如，选中"打印数据"工作表的标题，使用"单元格大小"中的"行高"命令，将行高调整为 21.6（由于标题占两行，因此设置行高时，数值是要求数值的一半）。

图 4-19 "单元格"组的"格式"下拉列表

> ✎ **提示：** 调整行间距和列间距可以使工作表更加美观。通过双击行或列的分隔线，可以使行或列根据单元格内容调整大小；调整多行或多列，要先选中再拖动某一行或列的边线，可以同步调整多行或多列的间距。

### 3. 使用条件格式

对于一些需要特别注意的数据，用户可以通过背景填充或者设置字体颜色等方式进行突出显示。数据量比较小的时候，用户可以通过手动查找并编辑的方式进行；当数据量比较大的时候，手动查找工作量比较大而且容易出现漏项，用户就可以通过"条件格式"功能进行批量查找，可突出显示。

例如，将"打印数据"中入职时间在 2016 年 6 月以后的员工进行突出显示。选中"打印数据"工作表中的"入职时间"列，单击"样式"组中的"条件格式"下拉按钮，打开下拉菜单，如图 4-20 所示。选择"突出显示单元格规则"中的"大于"命令，打开"大于"对话框，如图 4-21 所示。在参数框中输入参数"2016-06"，打开"设置为"下拉菜单，选择浅红色填充，单击"确定"按钮即可。

如果需要设置的单元格不是同类型数据，或者条件阈值不同，或者在默认规则中无法选择，用户可以通过"新建规则"来根据需要设定格式的条件和格式。

图 4-20 "条件格式"下拉列表　　　　　　　　　图 4-21 "大于"对话框

例如，在"原始数据"工作表中，将出生年月晚于 1994 年 1 月和入职时间早于 2016 年 6 月的员工姓名，用黄色底纹标出。

1）选择"原始数据"工作表中的"姓名"列。

2）选择"开始"→"样式"中的"条件格式"下拉菜单中的"新建格式规则"，打开"新建格式规则"对话框，如图 4-22 所示。在"选择规则类型"列表中选择"使用公式确定要设置格式的单元格"，在"为符合此公式的值设置格式"区域中写入"=OR（C2 > 1994.1, H2 < 2016.6）"，格式选择黄色填充，单击"确定"按钮即可。使用了条件格式的效果如图 4-23 所示。

图 4-22 "新建格式规则"对话框　　　　　　图 4-23 使用条件格式的效果

3）如果出现格式错误，用户可以通过"条件格式规则管理器"对话框，如图 4-24 所示，进行新建规则、编辑规则或删除已有规则操作。

图 4-24 "条件格式规则管理器"对话框

## 4.1.3 员工基本信息表的页面设置与打印

### 1. 分页预览

工作表制作完成后，切换到"分页预览"视图进行预览。在"分页预览"视图中，用户可以查看分页符（蓝色的虚线）的具体位置，如果出现孤行、合并区域分到不同页，都可以直接拖动水平分页符或垂直分页符进行调整，非常方便。

单击"视图"→"工作簿视图"→"分页预览"按钮，进入分页预览视图，如图 4-25 所示。

图 4-25 "分页预览"视图

### 2. 设置纸张方向

通过"分页预览"发现"打印数据工作表"出现了错误的断页，因为默认的纸张方向为"竖向"，表格的宽度超出了纸张宽度，将纸张方向设置为"横向"即可。选择"页面布局"→"页面设置"组中的"纸张方向"命令，在下拉菜单中选择"横向"。

### 3. 设置打印区域和打印标题

（1）打印工作表中的部分内容

如果只需要打印工作表中的部分单元格区域，选择"页面设置"对话框中的"工作表"标签页，在"打印区域"中完成设置。

（2）每页都打印标题行

对于需要多页打印的工作表，若每一页中要出现标题行，需要设置打印标题。选择"页面布局"→"页面设置"→"打印标题"按钮，打开"页面设置"对话框，切换到"工作表"标签页，如图 4-26 所示。如果是列数多、横向的工作表，要设置"左端标题列"；如果是行数多、纵向的工作表，要设置"顶端标题行"。

### 4. 设置工作表背景

设置工作表的背景，通过"页面布局"→"页面设置"组中的"背景"命令，导入需要的背景图片。选择图片时要注意图片的大小，因为图片会以原始大小按照比例显示在整个 Excel 工作表中，而不是显示在打印区域中。

### 5. 工作表的缩放

如果希望将打印内容缩印到一张纸上，有如下几种操作方法。

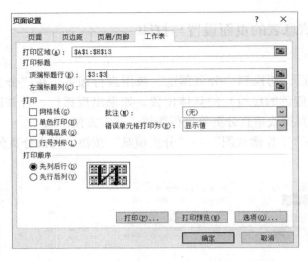

图 4-26 "页面设置"对话框"工作表"标签页

方法1：在"页面布局"选项卡的"调整为合适大小"组中，将"宽度"和"高度"设置为"自动"，在"缩放比例"微调框中输入数值来设置缩放比例。

方法2：使用"页面设置"对话框，切换到"页面"标签页，如图4-27所示。在"缩放"区域中选中"调整为1页宽1页高"单选按钮，或者修改"缩放比例"。

方法3：单击"文件"选项卡的"打印"命令，打开"打印"窗口，如图4-28所示。打开"无缩放"下拉列表，根据实际需要在列表中选择。

图 4-27 "页面设置"对话框"页面"标签页

图 4-28 "打印"窗口

工作表的格式设置完成后，单击"文件"→"打印"命令，打开"打印"窗口，在右侧的打印预览窗口中，用户可以预览打印效果。预览结果没有问题了，选择正确的打印机，单击"打印"按钮完成打印。

### 4.1.4 员工基本信息表的存储与导出

**1. 工作表另存为**

使用"另存为"命令保存工工作簿，不仅可以更换存储的位置和名称，还可以根据需要将工作簿保存为多种不同类型的文件。例如，将工作簿保存为"Excel 97 – 2003 工作簿（∗.xls）"，可以直接被低版本的 Office 读取；保存为"文本文件（制表符分隔）（∗.txt）"类型，可以被不支持 Office 的操作系统直接读取，而且可以节省存储空间等。

**2. 导出工作表**

使用"文件"选项卡中的"导出"命令，用户可以根据需要将 Excel 工作簿导出为其他类型的文件，功能与"另存为"类似。

例如将"打印数据"工作表导出为 PDF 格式。

1）选中"打印数据"工作表。

2）单击"导出"命令，选择"创建 PDF/XPS 文档"，单击"创建 PDF/XPS"按钮。

3）在弹出的"发布为 PDF 或 XPS"对话框中，选择默认选项，单击"发布"即可。

 任务小结

任务样本如图 4-29 和图 4-30 所示。

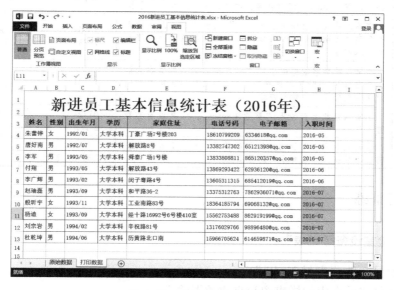

图 4-29　打印数据工作表

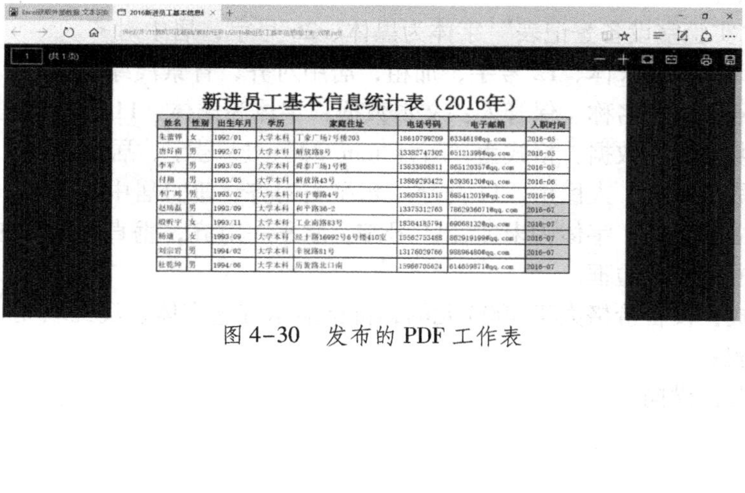

图 4-30　发布的 PDF 工作表

如何快速输入特定格式的数据？

在使用 Excel 工作表的过程中，单元格的默认数据类型为"不包含任何特定数字格式"的"常规"类型，即便是提前修改了数据类型，用户依然经常发现数据输入的结果与自己希望的结果不同，如果不加注意，甚至整张表格都需要重新输入。

Excel 定义了一些小的规则，输入时只要遵守规则，就能够提高数据的输入效率。输入过程中出现的标点、符号均为英文模式。Excel 数据输入规则见表 4-2。

表 4-2　Excel 数据输入规则

| 数据类型 | 输　入　规　则 | 输入举例 | 显示结果 |
| --- | --- | --- | --- |
| 文本数据 | 在输入数据前先输入"'"，其后默认为输入文本数据 | '012345 | 012345 |
| 公式 | 在输入数据前先输入"="，其后默认输入的数据为公式，按〈Enter〉键后直接显示计算结果，等号不显示 | =1+2 | 3 |
| 日期数据 | 在输入的数字数据中出现"-"或者"/"，默认输入的数据为日期数据。如果超出正确的日期数值会直接显示输入内容 | 5-6<br>17/33 | 5月6日<br>17/33 |
| 时间数据 | 在输入的数字数据中出现":"，默认输入的数据为时间数据（24小时制，计算到秒）。如果超出正确的时间数值会直接显示为输入内容 | 13:31 | 13:31，值为<br>13:31:00 |
| 分数 | 在输入分数之前输入"整数 + space"，如果没有整数输入 0 | 01/2<br>3 1/2 | 1/2<br>3 1/2（值为 3.5） |
| 货币值 | 在输入数据前添加相应的货币符号，数据会自动转化为货币数据，如果有小数则显示到分 | $1234567.234 | $1,234,567.23 |

　能力训练

**制作"实验室设备登记表"**

1）打开素材文件"素材 2.xlsx"。

2）根据素材文件夹中的样表图片完成数据输入。

3）格式要求：

① 标题："实验室设备登记表"字体为黑体、26 号字，居中对齐。

② 标题行：字体为宋体、12 号字，加粗，居中对齐，背景浅绿色。

③ 设备编号、设备名称、保管人：文本数据，字体为宋体、11 号字，居中对齐。

④ 入库日期：日期数据，格式为"yyyy.mm.dd"，11 号字，居中对齐。

⑤ 价格：货币数据，人民币，11 号字，水平右对齐，垂直居中对齐。

⑥ 备注：文本数据，字体为宋体、11 号字，水平左对齐，垂直居中对齐。

⑦ 表格边框：所有边框。

⑧ 条件格式：设备价格大于 5000 元的，价格显示红色字体、浅红填充。

4）页面设置：

① 纸张方向：横向。

② 页边距：上边距 2.5cm，下边距 2cm，左、右边距 2cm，表格水平居中。

③ 设置打印标题行。

5）文件另存为"实验室设备登记表.xlsx"。

6）文件导出为"实验室设备登记表.pdf"。

## 任务 4.2　制作学生成绩统计表

 任务描述

小刘是某班级的班长，辅导员老师要求小刘完成一份学生综合成绩的统计表，对本班同学一年级的所有课程成绩进行统计，完成综合分数的计算并对学生进行排名，同时对学生各学科的分数也进行统计，分析班级的学习情况。

 任务分析

完成任务的工作步骤与相关知识点分析见表 4-3。

表 4-3　任务分析

| 工 作 步 骤 | 相 关 知 识 点 |
|---|---|
| 快速填充 | 快速填充柄 |
| 公式计算 | 公式的插入和使用、常用函数、统计函数 |
| 数据排序 | "开始"选项卡的"编辑"组 |
| 数据筛选 | "开始"选项卡的"编辑"组 |
| 分类汇总 | "数据"选项卡的"分级显示"组 |
| 分析图表 | "插入"选项卡的"图表"组 |

 任务实施

工作簿文件名：2015 - 2016 学年学生成绩统计表 . xlsx。

操作要求：

1）打开"2015 - 2016 学年学生成绩统计表 . xlsx"文件，对"学生成绩计算"工作表进行填充，并根据第 1 行学生成绩的格式对其他内容进行格式化。

2）完成每个同学总成绩和平均成绩的计算。

3）创建"统计"副本，完成各科各分数段人数的统计，分数段划分为 85 分（包含）以上、70 分（包含）到 85 分、60 分（包含）到 70 分、60 分以下。

4）按照总成绩由高到低的顺序对学生进行排序，创建"成绩筛选"副本，为每个科目添加筛选按钮。

5）创建"分类"副本，对学生成绩进行等级划分，其中平均成绩在 85 分（包含）以上为 A 级，70 分（包含）到 85 分为 B 级，60 分（包含）到 70 分为 C 级，60 分以下为 D 级。

6）根据学生成绩的等级进行分类汇总，汇总每个级别学生的数量。

7）创建"图表"副本，完成高等数学成绩分段分析图表的制作，要求：

◆ 使用"三维簇状柱形图"的第1种图表格式。

◆ 图表标题为"高等数学成绩分段统计",字体改为仿宋、18号字、加粗,字颜色为蓝色,填充为"蓝色,着色1,淡色80%",轮廓为"蓝–灰,文字1"。

◆ 图表横、竖坐标轴标题分别为"成绩分段"、"人数",字体为仿宋、10号字、加粗,字颜色为绿色。

◆ 数据系列样式为"彩色轮廓–蓝色,强调颜色1"。

◆ 水平和垂直(类别)轴的文本效果为"阴影–外部–右下斜偏移"。

◆ 垂直轴的坐标轴选项为边界最小值0、最大值10,单位主要值为2。

◆ 垂直(类别)轴主要网格线颜色为"蓝色,着色1,深色25%",宽度设置为1磅。

### 4.2.1 学生成绩统计表的计算

#### 1. 快速填充的使用

打开"素材1.xlsx",完成学生成绩统计表中班级、学号的输入,并根据第1行学生成绩的格式,对其他内容进行格式化。

通过观察可以发现,学生成绩统计表的"班级"一列所有行的内容都是相同的,但是由于行数比较多,即便使用复制、粘贴操作也十分烦琐。Excel具有独特的填充手柄,可以完成行或列数据的快速填充。

选中需要重复的单元格,选择框的右下角会出现一个方形断点,将鼠标放在断点上,会出现"+"符号,这就是单元格的填充柄,如图4–31所示。按住鼠标左键,按照行或列的方向拖动填充柄,即可实现行或列数据的自动填充。

使用填充柄自动填充数据时,Excel会根据单元格的内容进行规则预测。如果是文本数据,会进行复制填充;如果数据中包含数字,会进行序列填充;如果是数字数据,会根据数字的规则进行填充。用户根据需要通过完成填充时出现的自动填充选项进行修改。

图4–31 填充柄

(1)重复数据的填充

使用自动填充选项中的"复制单元格"选项可以完成单元格数据的完全复制。

在打开的Excel文档中,选中单元格A2,按照列的方向向下拖动填充手柄移至单元格A20,单击自动填充选项,选中"复制单元格",即可完成班级列的填充。重复数据的填充如图4–32所示。

(2)数据序列的填充

使用自动填充选项中的"填充序列"选项可以完成数据序列的填充。

在打开的Excel文档中,选中单元格B2,按照列的方向向下拖动填充手柄移至单元格B20,单击自动填充选项,选中"填充序列",即可完成班级列的填充。数据序列的填充如图4–33所示。

(3)数据格式的填充

使用自动填充选项中的"仅填充格式"选项可以完成数据格式的快速填充,用户可以

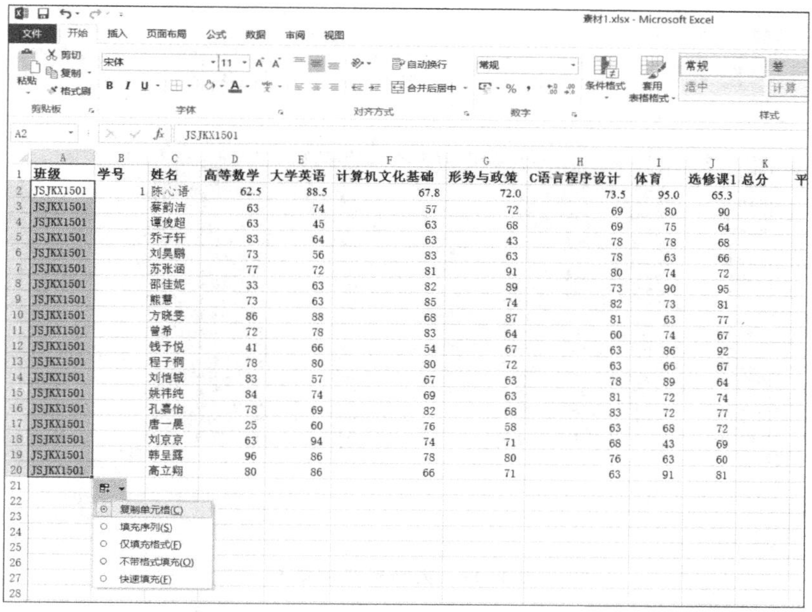

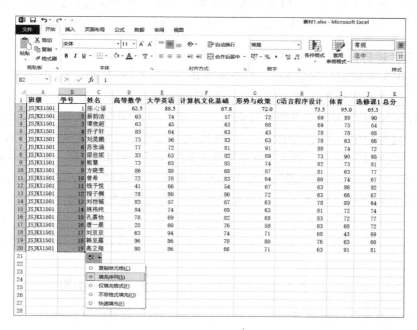

图4-32　重复数据的填充

图4-33　数据序列的填充

根据不同的行或列分别自动套用所选格式。

　　在打开的 Excel 文档中，选中单元格 C2:J2，按照列的方向向下拖动填充手柄移至单元格 C20:J20，单击自动填充选项，选中"仅填充格式"，可以发现 C 列到 J 列中的数据分别根据 C2 到 J2 中的数据格式完成了格式化。数据格式的填充如图4-34 所示。

　　完成后，将文档另存为"2015－2016学年学生成绩统计表.xlsx"。

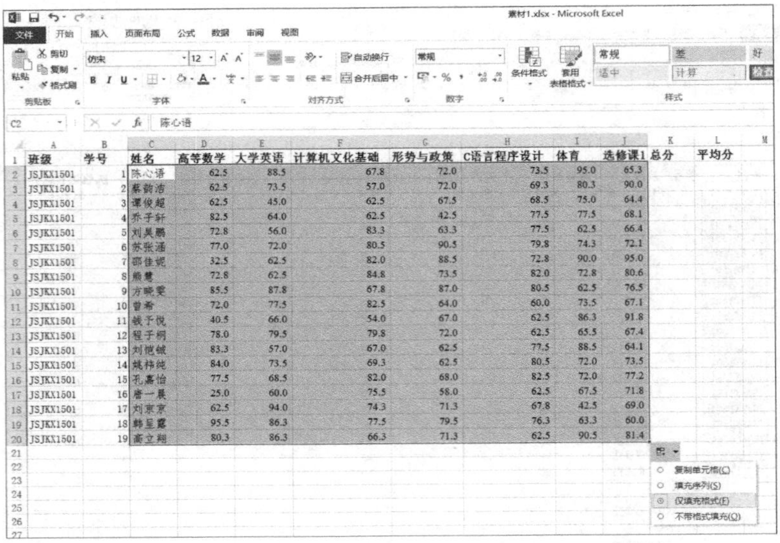

图 4-34　数据格式的填充

> **提示**：使用填充柄时，如果使用右键单击拖动填充柄，则会出现更多选项，要求选择填充规则，如果不选择，则按照自动填充规则进行。

### 2. 使用公式进行计算

公式的使用和数据的计算是 Excel 的重要功能之一。用户在输入数据之前，若在单元格中输入"="则表示后续输入的内容是一个公式或函数。

在"2015－2016 学年学生成绩统计表"中，用户可以利用公式计算学生的总分。学生的总分等于"高等数学""大学英语""计算机文化基础""形势与政策""C 语言程序设计""体育""选修 1"的和，即 K2 单元格的数据等于 D2 到 J2 的和。在 K2 单元格中输入"＝D2＋E2＋F2＋G2＋H2＋I2＋J2"，按"Enter"键即可得到第 1 位学生的总分，如图 4-35 所示。用户使用填充柄可以在同一列中填充公式，完成所有学生总分的计算。

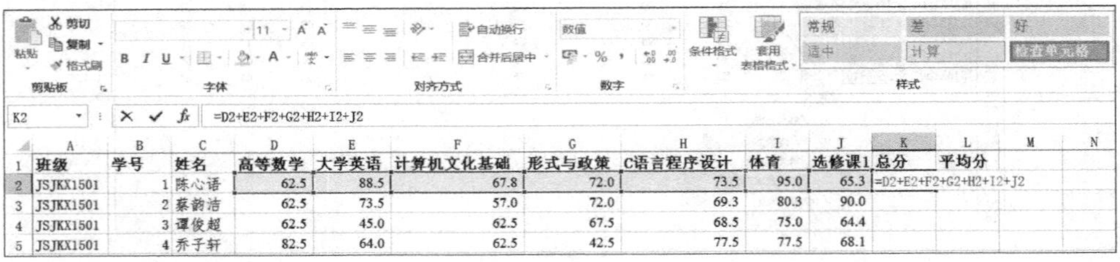

图 4-35　使用公式计算总分

### 3. 使用数学函数进行计算

使用公式计算需要用户手动输入公式，容易出现误操作。Excel 定义了大量功能丰富的系统函数，存储在函数库中，用户可以通过调用函数完成各种计算。

与公式直接体现运算过程不同，一般函数的格式为：

$$=函数名(参数1,参数2,\cdots\cdots)$$

> **提示**：在输入函数的过程中，所有的函数名、参数、标点、符号均使用英文格式，如果要显示中文，需要用""引用表示。

在"2015－2016学年学生成绩统计表"，利用数学函数"SUM"完成总分的计算。选中K2单元格，在"公式"菜单中，选择"插入函数"命令，在"插入函数"对话框中，选择类别"常用函数"，选中"SUM"，单击"确定"按钮，弹出"函数参数"对话框，如图4-36所示。在"Number1"对话框中输入"D2:J2"，或者单击右侧的表格选择按钮，选择数据范围"D2:J2"，如图4-37所示。按"Enter"键返回，单击"确定"按钮，然后使用填充柄完成填充。

图4-36　SUM函数参数对话框

图4-37　选择数据范围

### 4. 数据的排序

选中"2015－2016学年学生成绩统计表"的"总分"列，使用"开始"选项卡的"排序和筛选"下拉菜单，使用"降序"命令对数据进行排序，会弹出提示框，选择"扩展选定区域"，单击"排序"按钮即可，如图4-38所示。

图4-38　数据排序

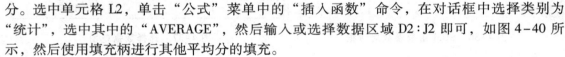

**提示：** 在排序的过程中，如果弹出"排序提醒"对话框，其中"扩展选定区域"表示保持表格行结构不变进行排序，"以当前选定区域排序"表示仅对选定表格进行排序，会打乱表格数据结构。一般要选择"扩展选定区域"选项来保证表格数据的正确性。

对数据进行排序时，除了按照升序或降序排列，用户还可以自定义排序，自行创建一个有序序列，对数据进行分层次排序。

用户使用自定义规则时，可以使用"次序"区域中的"自定义序列"命令进行定义。例如自定义序列"济南、青岛、淄博、潍坊、烟台、威海"，打开"自定义序列"对话框，如图 4-39 所示。在"输入序列"框中输入文本后，单击"添加"按钮就添加到自定义序列中，单击"确定"按钮即可使用。注意：输入的文本要用〈Enter〉键分隔每个列表条目。

图 4-39 "自定义序列"对话框

**5. 使用函数进行统计**

（1）AVERAGE

使用统计函数"AVERAGE"计算学生的平均分。选中单元格 L2，单击"公式"菜单中的"插入函数"命令，在对话框中选择类别为"统计"，选中其中的"AVERAGE"，然后输入或选择数据区域 D2：J2 即可，如图 4-40 所示，然后使用填充柄进行其他平均分的填充。

（2）COUNTIF

使用统计函数"COUNTIF"统计各科各个等级的人数。

1）将 Sheet1 复制一个副本，并命名为"统计"。

2）在表格中编辑 4 行，分别为"85 分以上""70 分到 85 分""60 分到 70 分""60 分以下"。

3）选中 D21，使用"公式"选项卡"函数库"功能区中的"其他函数"下拉菜单中"统计"函数中的"COUNTIF"函数。在"函数参数"对话框中，"Range"参数表示统计的表格范围，输入或选择 D2：D20；"Criteria"参数表示统计的条件，输入">=85"，单击"确定"按钮，如图 4-41 所示。

图 4-40 AVERAGE 函数的使用

图 4-41 COUNTIF 函数的使用

4）选中 D22，根据 D21 的公式，直接输入“=COUNTIF(D2:D20,">=70")-D21”后按“Enter”键即可。

5）根据 D21 和 D22 中的公式分别计算 D23 和 D24 的数据。

6）使用填充柄进行“行”填充，完成其他科目的统计。

### 6. 使用逻辑函数进行数据处理

逻辑函数数量较少，仅用于基本的逻辑算法，见表 4-4。

**表 4-4　逻辑函数列表**

| 函数名 | 函 数 功 能 | 输入举例 | 输入结果 |
|---|---|---|---|
| AND | 检查是否所有参数均为 TRUE，如果所有参数值均为 TRUE，则返回 TRUE | =AND(3>1,4>1) | TRUE |
| FALSE | 返回逻辑值 FALSE，该函数不需要参数 | =FALSE() | FLASE |
| IF | 判断是否满足某个条件，如果满足返回一个值，如果不满足则返回另一个值，可以嵌套使用 | =IF(3>2,"A","B") | A |
| IFERROR | 如果表达式是一个错误，则返回一个值，否则返回表达式自身的值 | =IFERROR(2/0,"B") | B |
| IFNA | 如果表达式解析为#N/A，则返回用户指定的值，否则返回表达式的结果，适合与其他函数嵌套使用 | =IFNA(NA(),"N") | N |
| NOT | 对参数的逻辑值求反：参数为 TRUE 时返回 FALSE，参数为 FALSE 返回 TRUE | =NOT(2<3) | FALSE |
| OR | 如果任一参数值为 TRUE，即返回 TRUE；当所有参数值均为 FALSE 时才返回 FALSE | =OR(1>2,2>3,3<4) | TRUE |
| TRUE | 返回逻辑值 TRUE，该函数不需要参数 | =TRUE() | TRUE |
| XOR | 返回所有参数的逻辑“异或”值 | =XOR(1+2,2+3,0) | FALSE |

根据任务实施，使用 IF 函数对学生进行分级，如图 4-42 所示。

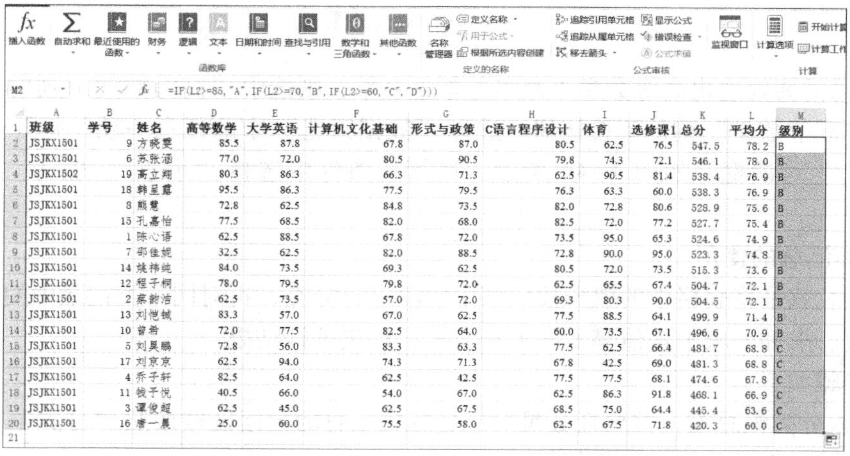


| 班级 | 学号 | 姓名 | 高等数学 | 大学英语 | 计算机文化基础 | 形式与政策 | C语言程序设计 | 体育 | 选修课1 | 总分 | 平均分 | 级别 |
|---|---|---|---|---|---|---|---|---|---|---|---|---|
| JSJKX1501 | 9 | 方晓雯 | 85.5 | 87.8 | 67.8 | 87.0 | 80.5 | 62.5 | 76.5 | 547.5 | 78.2 | B |
| JSJKX1501 | 6 | 苏张涵 | 77.0 | 72.0 | 80.5 | 90.5 | 79.8 | 74.3 | 72.1 | 546.1 | 78.0 | B |
| JSJKX1502 | 19 | 高立翔 | 80.3 | 86.3 | 66.3 | 71.3 | 62.5 | 90.5 | 81.4 | 538.4 | 76.9 | B |
| JSJKX1501 | 18 | 韩呈霖 | 95.5 | 86.3 | 77.5 | 79.5 | 76.3 | 63.3 | 60.0 | 538.3 | 76.9 | B |
| JSJKX1501 | 8 | 熊慧 | 72.8 | 62.5 | 84.8 | 73.5 | 82.0 | 72.8 | 80.6 | 528.9 | 75.6 | B |
| JSJKX1501 | 15 | 孔嘉怡 | 77.5 | 68.5 | 82.0 | 68.0 | 82.5 | 72.0 | 77.2 | 527.7 | 75.4 | B |
| JSJKX1501 | 1 | 陈心语 | 62.5 | 88.5 | 67.8 | 72.0 | 73.5 | 95.0 | 65.3 | 524.6 | 74.9 | B |
| JSJKX1501 | 7 | 邵佳妮 | 32.5 | 62.5 | 82.0 | 88.5 | 72.8 | 90.0 | 95.0 | 523.3 | 74.8 | B |
| JSJKX1501 | 14 | 姚祎纯 | 84.0 | 73.5 | 69.3 | 62.5 | 80.5 | 72.0 | 73.5 | 515.3 | 73.6 | B |
| JSJKX1501 | 12 | 程子桐 | 78.0 | 79.5 | 79.8 | 72.0 | 62.5 | 65.5 | 67.4 | 504.7 | 72.1 | B |
| JSJKX1501 | 2 | 蔡韵洁 | 62.5 | 73.5 | 57.0 | 72.0 | 69.3 | 80.3 | 90.0 | 504.5 | 72.1 | B |
| JSJKX1501 | 13 | 刘恺钺 | 83.3 | 57.0 | 67.0 | 62.5 | 77.5 | 88.5 | 64.1 | 499.9 | 71.4 | B |
| JSJKX1501 | 10 | 曾希 | 72.0 | 77.5 | 82.5 | 64.0 | 60.0 | 73.5 | 67.1 | 496.6 | 70.9 | B |
| JSJKX1501 | 5 | 刘昊鹏 | 72.8 | 56.0 | 83.3 | 63.3 | 77.5 | 62.5 | 66.4 | 481.7 | 68.8 | C |
| JSJKX1501 | 17 | 刘京京 | 62.5 | 94.0 | 74.3 | 71.3 | 67.8 | 42.5 | 69.0 | 481.3 | 68.8 | C |
| JSJKX1501 | 4 | 乔子轩 | 82.5 | 64.0 | 62.5 | 42.5 | 77.5 | 77.5 | 68.1 | 474.6 | 67.8 | C |
| JSJKX1501 | 11 | 钱子悦 | 40.5 | 66.0 | 54.0 | 67.0 | 62.5 | 86.3 | 91.8 | 468.1 | 66.9 | C |
| JSJKX1501 | 3 | 谭俊超 | 62.5 | 45.0 | 62.5 | 67.5 | 68.5 | 75.0 | 64.4 | 445.4 | 63.6 | C |
| JSJKX1501 | 16 | 詹一晨 | 25.0 | 60.0 | 75.5 | 58.0 | 62.5 | 67.5 | 71.8 | 420.3 | 60.0 | C |

图 4-42　使用 IF 函数对成绩分级

1）复制"Sheet1"，并命名为"分类"。

2）将"平均分"列后增加一列，列标题为"级别"。

3）选中 M2 单元格，添加函数"= IF(L2 >= 85,"A",IF(L2 >= 70,"B",IF(L2 >= 60,"C","D")))"，按〈Enter〉键可以得到第一位同学的级别。

4）使用填充柄拖动向下填充。

## 4.2.2 学生成绩统计表的数据分析

### 1. 筛选的使用

通过筛选工作表中的一个或多个数据列，可以快速查找数据。筛选功能可以控制要显示的内容，也可以控制要排除的内容。即可以基于从列表中做出的选择进行筛选，也可以创建仅用来限定要显示的数据的特定筛选器。

在筛选数据时，如果一个或多个列中的数值不能满足筛选条件，整行数据都会隐藏起来。用户可以按数字值或文本值筛选，或按单元格颜色筛选那些设置了背景色或文本颜色的单元格。在筛选操作中，用户可以使用筛选器界面中的"搜索"命令搜索文本和数字。

为了方便辅导员通知学生进行补考，现在使用"筛选"命令，增加工作表的筛选功能。

1）复制 Sheet1 工作表，并命名为"成绩筛选"。

2）选中 D1:J1，使用"开始"→"编辑"→"排序与筛选"下拉菜单中的"筛选"命令，在标题行自动出现筛选的下拉按钮，效果如图 4-43 所示。

图 4-43　筛选效果

3）如果需要筛选出高等数学不及格的学生名单，则选中"高等数学"列的所有学生成绩，单击"高等数学"列的下拉按钮，选择"数据筛选"中的任意一项，打开"自定义自动筛选方式"对话框，如图 4-44 所示。在筛选条件中选择"小于"，输入"60"，确定即可。

### 2. 分类汇总的使用

分类汇总就是将表格中的数据按照某个字段进行分类，再对同一类记录中的数据进行统计，如计数、求和、求平均值等不同汇总方式，得出统计结果。

操作步骤如下：

1）插入分类汇总前，首要任务是对准备分类汇总的数据区域按照"分类"关键字进行排序，使相同关键字的行排在相邻行中。

2）单击"数据"→"分级显示"→"分类汇总"按钮，弹出"分类汇总"对话框，如图 4-45 所示。根据任务实施，分类汇总的"分类字段"选择"级别"，"汇总方式"选择"计数","选定汇总项"选中"级别"。下面有3个复选框，用户根据需要进行选择，第1次分类汇总时可以选择默认项。确定后效果如图4-46所示。

图4-44 自定义自动筛选方式

图4-45 "分类汇总"对话框

| | A | B | C | D | E | F | G | H | I | J | K | L | M | N |
|---|---|---|---|---|---|---|---|---|---|---|---|---|---|---|
| 1 | 班级 | 学号 | 姓名 | 高等数学 | 大学英语 | 计算机文化基础 | 形式与政策 | C语言程序设计 | 体育 | 选修课1 | 总分 | 平均分 | 级别 | |
| 2 | JSJKX1501 | 9 | 方晓雯 | 85.5 | 87.8 | | 87.0 | | 80.5 | 62.5 | 76.5 | 547.5 | 78.2 | B |
| 3 | JSJKX1501 | 6 | 苏张涵 | 77.0 | 72.0 | | 80.5 | 90.5 | 79.8 | 74.3 | 72.1 | 546.1 | 78.0 | B |
| 4 | JSJKX1502 | 19 | 蒋立翔 | 80.3 | 86.3 | | 66.3 | 71.3 | 62.5 | 90.5 | 81.4 | 538.4 | 76.9 | B |
| 5 | JSJKX1501 | 18 | 韩亚露 | 95.5 | 86.3 | | 77.5 | 79.5 | 76.3 | 63.3 | 60.0 | 538.3 | 76.9 | B |
| 6 | JSJKX1501 | 8 | 赖霆 | 72.8 | 62.5 | | 84.8 | 73.5 | 82.0 | 72.8 | 80.6 | 528.9 | 75.6 | B |
| 7 | JSJKX1501 | 15 | 孔盖岫 | 77.5 | 68.5 | | 82.0 | 68.0 | 82.5 | 72.0 | 77.2 | 527.7 | 75.4 | B |
| 8 | JSJKX1501 | 1 | 陈心语 | 62.5 | 88.5 | | 67.8 | 72.0 | 73.5 | 95.0 | 65.3 | 524.6 | 74.9 | B |
| 9 | JSJKX1501 | 7 | 邵佳妮 | 32.5 | 62.5 | | 82.0 | 88.5 | 72.8 | 90.0 | 95.0 | 523.3 | 74.8 | B |
| 10 | JSJKX1501 | 14 | 姚伟然 | 84.0 | 73.5 | | 69.3 | 62.5 | 80.5 | 72.0 | 73.5 | 516.3 | 73.6 | B |
| 11 | JSJKX1501 | 12 | 程子桐 | 78.0 | 79.5 | | 79.8 | 72.0 | 62.5 | 65.5 | 67.4 | 504.7 | 72.1 | B |
| 12 | JSJKX1501 | 2 | 蔡郁洁 | 62.5 | 73.5 | | 57.0 | 72.0 | 62.5 | 80.3 | 90.0 | 504.5 | 72.1 | B |
| 13 | JSJKX1501 | 13 | 刘恺城 | 83.3 | 57.0 | | 67.0 | 62.5 | 77.5 | 88.5 | 64.1 | 499.9 | 71.4 | B |
| 14 | JSJKX1501 | 10 | 曾希 | 72.0 | 77.5 | | 82.5 | 64.0 | 60.0 | 73.5 | 67.1 | 496.6 | 70.9 | B |
| 15 | | | | | | | | | | | | B 计数 | | 13 |
| 16 | JSJKX1501 | 5 | 刘其略 | 72.8 | 56.0 | | 83.3 | 63.3 | 77.5 | 62.5 | 66.4 | 481.7 | 68.8 | C |
| 17 | JSJKX1501 | 17 | 刘京京 | 62.5 | 94.0 | | 74.3 | 71.3 | 67.8 | 42.5 | 69.0 | 481.3 | 68.8 | C |
| 18 | JSJKX1501 | 4 | 乔子轩 | 82.5 | 64.0 | | 62.5 | | 77.5 | 77.5 | 68.1 | 474.6 | 67.8 | C |
| 19 | JSJKX1501 | 11 | 骆子悦 | 40.5 | 66.0 | | 54.0 | 67.0 | 62.5 | 86.3 | 91.8 | 468.1 | 66.9 | C |
| 20 | JSJKX1501 | 3 | 覃俊超 | 62.5 | 45.0 | | 62.5 | | 68.5 | 75.0 | 64.4 | 445.4 | 63.6 | C |
| 21 | JSJKX1501 | 16 | 萧一晨 | 25.0 | 60.0 | | 75.5 | 58.0 | 62.5 | 67.5 | 71.8 | 420.3 | 60.0 | C |
| 22 | | | | | | | | | | | | C 计数 | | 6 |
| 23 | | | | | | | | | | | | 总 计数 | | 19 |
| 24 | | | | | | | | | | | | | | |

图4-46 "分类汇总"结果

3）添加分类汇总后，在数据清单的最下方会显示出总计行，用户可以单击左侧的"分级显示"按钮或"＋、－"按钮显示或者隐藏明细数据。

4）如果需要进一步细化分类汇总，可以使用嵌套分类汇总，即在第1次分类汇总的结果上，在本分类中再次进行分类汇总。前提是要先完成排序，第1个分类字段作主要关键字，第2个分类字段作次要关键字。

5）复制分类汇总结果。

完成分类汇总后，可以单击分级显示按钮"2"，隐藏明细数据，只显示汇总数据。但是这样只能查看，不能直接使用。将分类汇总的结果进行复制的具体操作步骤如下。

① 单击分级显示按钮"2"，选中所有的分类汇总结果。

② 单击"开始"→"编辑"→"查找和选择"中的"定位条件"命令，打开"定位条件"对话框，如图4-47所示。选择"可见单元格"选项，单击"确定"按钮。

③ 单击"开始"→"剪贴板"中的"复制"按钮。

④ 选中需要放置分类汇总结果的起始单元格，单击"粘贴"按钮。如果需要将分类汇总结果保存为图片，可以打开"粘贴"按钮的下拉列表，单击"图片"按钮。"粘贴"下拉列表如图4-48所示。

图 4-47 "定位条件"对话框　　　　　图 4-48 "粘贴"下拉列表

### 3. 计算选项的使用

默认情况下，Excel 单元格中的公式会根据相关数据的变化自动进行计算更新。当公式比较多、数据比较大、关联性比较复杂的时候，如果公式频繁进行自动计算会影响计算速度和保存时间，甚至造成程序无响应。因此，用户可以通过"公式"→"计算"→"计算选项"命令进行设置。

1）"自动"选项代表自动重算，为默认设置，是指每次更改数值、公式或名称时均计算所有相关公式。例如，在 Sheet1 工作表中删除"选修课 1"列的数据，自动重算结果如图 4-49 所示。

图 4-49 自动重算结果

2）"除模拟运算表外，自动重算"表示自动重算"模拟运算表"以外的所有数据。由于"模拟运算表"使用比较少，因此效果基本等同于"自动"选项。

3）"手动"选项代表手动计算，是指每次更改数值、公式或名称时，只计算当前单元格的公式。

例如，将"计算选项"设定为"手动"后，重新删除 Sheet1 工作表中的"选修 1"列数据，手动重算结果如图 4-50 所示。只有单击“开始计算”或“计算工作表”按钮，才会完成删除后数据的计算和更新。

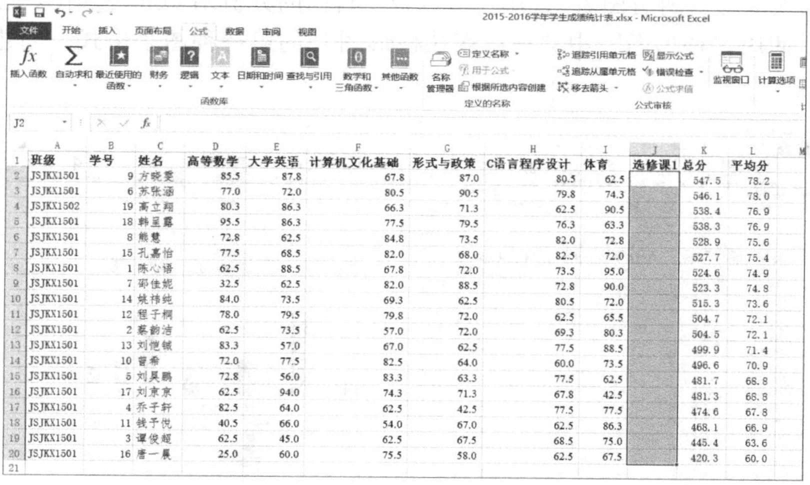

| 班级 | 学号 | 姓名 | 高等数学 | 大学英语 | 计算机文化基础 | 形式与政策 | C语言程序设计 | 体育 | 选修课1 | 总分 | 平均分 |
|---|---|---|---|---|---|---|---|---|---|---|---|
| JSJKX1501 | 9 | 方晓雯 | 85.5 | 87.8 | 67.8 | 87.0 | 80.5 | 62.5 | | 547.5 | 78.2 |
| JSJKX1501 | 6 | 苏张涵 | 77.0 | 72.0 | 80.5 | 90.5 | 79.8 | 74.3 | | 546.1 | 78.0 |
| JSJKX1502 | 19 | 高立翔 | 80.3 | 86.3 | 66.3 | 71.3 | 62.5 | 90.5 | | 538.4 | 76.9 |
| JSJKX1501 | 18 | 韩呈露 | 95.5 | 86.3 | 77.5 | 79.5 | 76.3 | 63.3 | | 538.3 | 76.9 |
| JSJKX1501 | 8 | 熊慧 | 72.8 | 62.5 | 84.8 | 73.5 | 82.0 | 72.8 | | 528.9 | 75.6 |
| JSJKX1501 | 15 | 孔嘉怡 | 77.5 | 68.5 | 82.0 | 68.0 | 82.5 | 72.0 | | 527.7 | 75.4 |
| JSJKX1501 | 1 | 陈心语 | 62.5 | 88.5 | 67.8 | 72.0 | 73.5 | 95.0 | | 524.6 | 74.9 |
| JSJKX1501 | 7 | 邵佳妮 | 32.5 | 62.5 | 82.0 | 88.5 | 72.8 | 90.0 | | 523.3 | 74.8 |
| JSJKX1501 | 14 | 姚祎纯 | 84.0 | 73.5 | 69.3 | 62.5 | 80.5 | 72.0 | | 515.3 | 73.6 |
| JSJKX1501 | 12 | 程子桐 | 78.0 | 79.5 | 79.8 | 72.0 | 62.5 | 65.5 | | 504.7 | 72.1 |
| JSJKX1501 | 2 | 蔡韵洁 | 62.5 | 73.5 | 57.0 | 72.0 | 69.3 | 80.3 | | 504.5 | 72.1 |
| JSJKX1501 | 13 | 刘恺铖 | 83.3 | 57.0 | 67.0 | 62.5 | 77.5 | 88.5 | | 499.9 | 71.4 |
| JSJKX1501 | 10 | 曾希 | 72.0 | 77.5 | 82.5 | 64.0 | 60.0 | 73.5 | | 496.6 | 70.9 |
| JSJKX1501 | 5 | 刘昊鹏 | 72.8 | 56.0 | 83.3 | 63.3 | 77.5 | 62.5 | | 481.7 | 68.8 |
| JSJKX1501 | 17 | 刘京京 | 62.5 | 94.0 | 74.3 | 71.3 | 67.8 | 42.5 | | 481.3 | 68.8 |
| JSJKX1501 | 4 | 乔子轩 | 82.5 | 64.0 | 62.5 | 42.5 | 77.5 | 77.5 | | 474.6 | 67.8 |
| JSJKX1501 | 11 | 钱予悦 | 40.5 | 66.0 | 54.0 | 67.0 | 62.5 | 86.3 | | 468.1 | 66.9 |
| JSJKX1501 | 3 | 谭俊超 | 62.5 | 45.0 | 62.5 | 67.5 | 68.5 | 75.0 | | 445.4 | 63.6 |
| JSJKX1501 | 16 | 唐一晨 | 25.0 | 60.0 | 75.5 | 58.0 | 62.5 | 67.5 | | 420.3 | 60.0 |

图 4-50　手动重算结果

## 4.2.3　学生成绩统计表的图表制作

Excel 虽然为用户的数据存储、计算、处理提供了很大方便，但是对于统计分析不够一目了然，因此在进行数据分析时通常配合使用图表进行展示，使枯燥的数据更加直观。

**1. 图表类型的选择**

Excel 的图表库中定义了柱形图、折线图、饼图、条形图、面积图、散点图、股价图、曲面图、雷达图等多种类型，在 Excel 2013 版本中新增了组合图表类型。

用户在添加图表时，可以根据数据类型和展示目的选择合适的图表。例如，价格趋势分析适合用折线图或股价图，各类数据占据总体份额的分析适合用饼图，多种特性对比数据的分析适合用雷达图或条形图等。如果不能确定图表类型，可以先选中数据区域，Excel 2013 会根据数据区域中的数据推荐合适的图表类型，直接使用即可。

根据题目要求，对各科目的成绩分段统计结果制作图表，可以使用条形图或者柱形图。

> **提示：**条形图和柱形图的区别：柱状图通常将数据按照一定的区间分组，用来呈现变量的分布，强调时间序列的变化；而条形图将数据分类，用来比较变量，每相邻的图形之间是紧挨着的，其横轴刻度间隔有实际意义，适用于多分类项目的比较，特别是项目名称特别长的时候。

**2. 创建图表**

用户在创建图表前，建议先按照需要对数据进行排序，这样的图表会更清晰。

1）复制“统计”工作表，并命名为“图表”。

2）在“图表”工作表中，选择要创建图表的数据区域。

3）使用"插入"→"图表"→"推荐的图表"按钮或"扩展"按钮，弹出"插入图表"对话框。第 1 个选项卡为"推荐的图表"，如果其中有合适的图表则可以直接选择使用；第 2 个选项卡为"所有图表"，用户可以根据自己的分析结果进行选择。选择"所有图表"选项卡，使用"柱形图"中"三维簇状柱形图"的第一种图表格式。创建的柱形图如图 4-51 所示。

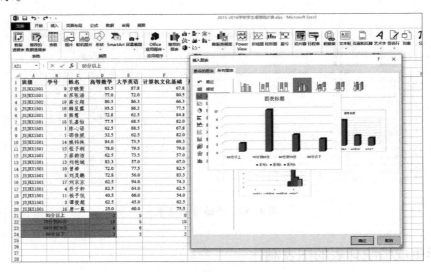

图 4-51　创建的柱形图

### 3. 编辑图表元素

用户可以根据工作要求或个人喜好对图表上的元素进行添加和删除。

在"图表"工作表中，单击柱形图右上角的 ⊞，出现图表元素的复选菜单，根据需要增选"坐标轴标题"，取消"图例"，如图 4-52 所示。

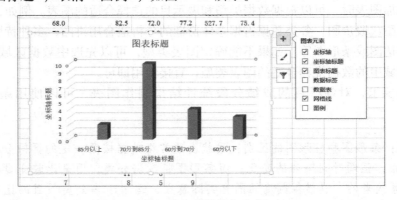

图 4-52　编辑图表元素

> ✎ 提示：插入图表后，如果修改了图表中相关表格区域的数据，图表中的数据会自动随之改变。

**4. 编辑和美化图表**

用户可以根据工作要求或个人喜好，使用图表右侧的"图表样式"按钮，利用已经定义好的图表样式和颜色对整个图表进行编辑和美化。如果图表样式中没有合适的样式，用户可以根据自己需要对图标上的所有元素进行逐一编辑和美化。

（1）修改图表标题并格式化

选中图表标题的文本框，单击将光标定位在文字最后，将标题修改为"高等数学成绩分段统计"，并利用"字体"工具栏将字体改为仿宋、18号字、加粗，字颜色改为蓝色，填充改为"蓝色，着色1，淡色80%"，轮廓改为"蓝–灰，文字2"等。

（2）修改坐标轴标题并格式化

选中图表横、竖坐标轴标题的文本框，单击将光标定位在文字最后，将标题分别修改为"成绩分段""人数"，并利用"字体"工具栏将字体改为仿宋、10号字、加粗，字颜色改为绿色。

（3）编辑数据系列

选中图中所有的数据系列，单击工作表上方的"图表工具"菜单，选择"格式"选项卡，利用"形状样式"工具栏中的快速样式选择"彩色轮廓–蓝色，强调颜色1"数据系列的样式。

（4）编辑水平和垂直（类别）轴

选中水平（类别）轴，选择"格式"选项卡，利用"艺术字样式"中的"文字效果"，将水平轴的文本效果设置为"阴影–外部–右下斜偏移"。同样对垂直轴进行设置，并将垂直轴的坐标轴选项设置为边界的最小值0、最大值10，单位的主要值为2。

（5）编辑网格线

选中垂直（类别）轴主要网格线，右击选择"设置网格线格式"命令，打开"设置网格线格式"任务窗格，选中"填充线条"标签页，设置"蓝色，着色1，深色25%"，宽度为1磅。

（6）添加数据标签

选中图表中所有系列，使用右键菜单中的"添加数据标签"命令，如图4-53所示，默认会将系列的"值"作为数据标签显示在每个数据系列的上方，如图4-54所示。添加数据标签后，如果用户希望数据标签显示的是其他内容，可以使用设置数据标签格式中的标签选项进行修改。

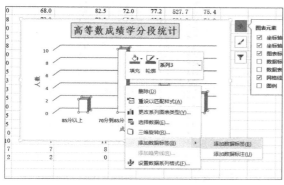

图4-53 "添加数据标签"命令

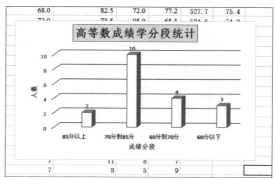

图4-54 数据标签添加结果

> **提示：**对图表进行编辑和美化的过程中，如果无法正确选择图表元素，可以右击图表，在弹出的快捷菜单中自行选择包含了本图表上所有可编辑项的名称。

## 任务小结

任务样本如图 4-55 ~ 图 4-58 所示。

| 班级 | 学号 | 姓名 | 高等数学 | 大学英语 | 计算机文化基础 | 形式与政策 | C语言程序设计 | 体育 | 选修课1 | 总分 | 平均分 | |
|---|---|---|---|---|---|---|---|---|---|---|---|---|
| JSJKX1501 | 9 | 方晓雯 | 85.5 | 87.8 | 67.8 | 87.0 | 80.5 | 62.5 | 76.5 | 547.5 | 78.2 | |
| JSJKX1501 | 6 | 苏张涵 | 77.0 | 72.0 | 80.5 | 90.5 | 79.8 | 74.3 | 72.1 | 546.1 | 78.0 | |
| JSJKX1502 | 19 | 高立翔 | 80.3 | 86.3 | 66.3 | 71.3 | 62.5 | 90.5 | 81.4 | 538.4 | 76.9 | |
| JSJKX1501 | 18 | 韩呈露 | 95.5 | 86.3 | 77.5 | 79.5 | 76.3 | 63.3 | 60.0 | 538.3 | 76.9 | |
| JSJKX1501 | 8 | 熊慧 | 72.8 | 62.5 | 84.8 | 73.5 | 82.0 | 72.8 | 80.6 | 528.9 | 75.6 | |
| JSJKX1501 | 15 | 孔嘉怡 | 77.5 | 68.5 | 82.0 | 68.0 | 82.5 | 72.0 | 77.2 | 527.7 | 75.4 | |
| JSJKX1501 | 1 | 陈心语 | 62.5 | 88.5 | 67.8 | 72.0 | 73.5 | 95.0 | 65.3 | 524.6 | 74.9 | |
| JSJKX1501 | 7 | 邵佳妮 | 32.5 | 82.5 | 82.0 | 88.5 | 72.8 | 90.0 | 95.3 | 523.3 | 74.8 | |
| JSJKX1501 | 14 | 姚祎纯 | 84.0 | 73.5 | 69.3 | 62.5 | 80.5 | 72.0 | 73.5 | 515.3 | 73.6 | |
| JSJKX1501 | 12 | 程子桐 | 78.0 | 79.5 | 79.8 | 72.0 | 62.5 | 65.5 | 67.4 | 504.7 | 72.1 | |
| JSJKX1501 | 2 | 蔡韵洁 | 62.5 | 73.5 | 57.0 | 72.0 | 69.3 | 80.3 | 90.0 | 504.5 | 72.1 | |
| JSJKX1501 | 13 | 刘恺铖 | 83.3 | 57.0 | 67.0 | 62.5 | 77.5 | 88.5 | 64.1 | 499.9 | 71.4 | |
| JSJKX1501 | 10 | 曾希 | 72.0 | 77.5 | 82.5 | 64.0 | 60.0 | 73.5 | 67.1 | 496.6 | 70.9 | |
| JSJKX1501 | 5 | 刘昊鹏 | 72.8 | 56.0 | 83.3 | 63.3 | 77.5 | 62.5 | 66.4 | 481.7 | 68.8 | |
| JSJKX1501 | 17 | 刘京京 | 62.5 | 94.0 | 74.3 | 71.3 | 67.8 | 42.5 | 69.0 | 481.3 | 68.8 | |
| JSJKX1501 | 4 | 乔子轩 | 82.5 | 64.0 | 67.0 | 42.5 | 77.5 | 77.5 | 68.1 | 474.6 | 67.8 | |
| JSJKX1501 | 11 | 钱予悦 | 40.5 | 66.0 | 54.0 | 67.0 | 62.5 | 86.3 | 91.8 | 468.1 | 66.9 | |
| JSJKX1501 | 3 | 谭俊超 | 62.5 | 45.0 | 62.5 | 67.5 | 68.5 | 75.0 | 64.4 | 445.4 | 63.6 | |
| JSJKX1501 | 16 | 唐一晨 | 25.0 | 60.0 | 75.5 | 58.0 | 62.5 | 67.5 | 71.8 | 420.3 | 60.0 | |
| | 85分以上 | | 2 | 5 | 0 | 3 | 0 | 5 | 3 | | | |
| | 70分到85分 | | 10 | 5 | 10 | 7 | 11 | 8 | 7 | | | |
| | 60分到70分 | | 4 | 6 | 7 | 7 | 8 | 5 | 9 | | | |
| | 60分以下 | | 3 | 3 | 2 | 2 | 0 | 1 | 0 | | | |

图 4-55 "统计"工作表

| 班级 | 学号 | 姓名 | 高等数学 | 大学英语 | 计算机文化基础 | 形式与政策 | C语言程序设计 | 体育 | 选修课1 | 总分 | 平均分 | |
|---|---|---|---|---|---|---|---|---|---|---|---|---|
| JSJKX1501 | 9 | 方晓雯 | 85.5 | 87.8 | 67.8 | 87.0 | 80.5 | 62.5 | 76.5 | 547.5 | 78.2 | |
| JSJKX1501 | 6 | 苏张涵 | 77.0 | 72.0 | 80.5 | 90.5 | 79.8 | 74.3 | 72.1 | 546.1 | 78.0 | |
| JSJKX1502 | 19 | 高立翔 | 80.3 | 86.3 | 66.3 | 71.3 | 62.5 | 90.5 | 81.4 | 538.4 | 76.9 | |
| JSJKX1501 | 18 | 韩呈露 | 95.5 | 86.3 | 77.5 | 79.5 | 76.3 | 63.3 | 60.0 | 538.3 | 76.9 | |
| JSJKX1501 | 8 | 熊慧 | 72.8 | 62.5 | 84.8 | 73.5 | 82.0 | 72.8 | 80.6 | 528.9 | 75.6 | |
| JSJKX1501 | 15 | 孔嘉怡 | 77.5 | 68.5 | 82.0 | 68.0 | 82.5 | 72.0 | 77.2 | 527.7 | 75.4 | |
| JSJKX1501 | 1 | 陈心语 | 62.5 | 88.5 | 67.8 | 72.0 | 73.5 | 95.0 | 65.3 | 524.6 | 74.9 | |
| JSJKX1501 | 7 | 邵佳妮 | 32.5 | 82.5 | 82.0 | 88.5 | 72.8 | 90.0 | 95.3 | 523.3 | 74.8 | |
| JSJKX1501 | 14 | 姚祎纯 | 84.0 | 73.5 | 69.3 | 62.5 | 80.5 | 72.0 | 73.5 | 515.3 | 73.6 | |
| JSJKX1501 | 12 | 程子桐 | 78.0 | 79.5 | 79.8 | 72.0 | 62.5 | 65.5 | 67.4 | 504.7 | 72.1 | |
| JSJKX1501 | 2 | 蔡韵洁 | 62.5 | 73.5 | 57.0 | 72.0 | 69.3 | 80.3 | 90.0 | 504.5 | 72.1 | |
| JSJKX1501 | 13 | 刘恺铖 | 83.3 | 57.0 | 67.0 | 62.5 | 77.5 | 88.5 | 64.1 | 499.9 | 71.4 | |
| JSJKX1501 | 10 | 曾希 | 72.0 | 77.5 | 82.5 | 64.0 | 60.0 | 73.5 | 67.1 | 496.6 | 70.9 | |
| JSJKX1501 | 5 | 刘昊鹏 | 72.8 | 56.0 | 83.3 | 63.3 | 77.5 | 62.5 | 66.4 | 481.7 | 68.8 | |
| JSJKX1501 | 17 | 刘京京 | 62.5 | 94.0 | 74.3 | 71.3 | 67.8 | 42.5 | 69.0 | 481.3 | 68.8 | |
| JSJKX1501 | 4 | 乔子轩 | 82.5 | 64.0 | 67.0 | 42.5 | 77.5 | 77.5 | 68.1 | 474.6 | 67.8 | |
| JSJKX1501 | 11 | 钱予悦 | 40.5 | 66.0 | 54.0 | 67.0 | 62.5 | 86.3 | 91.8 | 468.1 | 66.9 | |
| JSJKX1501 | 3 | 谭俊超 | 62.5 | 45.0 | 62.5 | 67.5 | 68.5 | 75.0 | 64.4 | 445.4 | 63.6 | |
| JSJKX1501 | 16 | 唐一晨 | 25.0 | 60.0 | 75.5 | 58.0 | 62.5 | 67.5 | 71.8 | 420.3 | 60.0 | |

图 4-56 "成绩筛选"工作表

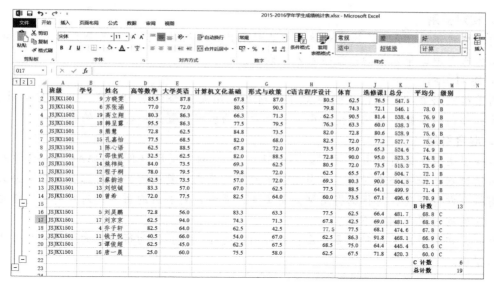

图 4-57 "分类"工作表

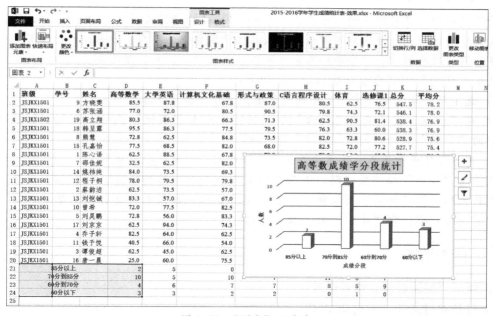

图 4-58 "图表"工作表

 知识链接

## 什么是单元格的引用？

在使用公式的过程中，经常要利用单元格的地址完成对单元格中数据的引用，那么如何正确引用单元格呢？

单元格的引用方式主要包括 3 种：相对引用、绝对引用、混合引用。

### 1. 相对引用

引用格式形如"A1"。这种对单元格的引用是完全相对的，当引用单元格的公式被复制时，新公式引用的单元格的位置将会发生改变。

### 2. 绝对引用

引用格式形如"$A$1"。这种对单元格的引用是完全绝对的，即一旦成为绝对引用，无论公式如何被复制，对采用绝对引用的单元格的引用位置是不会改变的。

### 3. 混合引用

混合引用包括绝对行引用（例如"A$1"）和绝对列引用（例如"$A1"）。这种对单元格的引用位置不是完全绝对的，当引用该单元格的公式被复制时，绝对行引用的新公式对列的引用将会发生变化，对行的引用则固定不变；而绝对列引用的新公式对行的引用将会发生变化，对列的引用则固定不变。

因此，在引用单元格时，要注意行列的引用变化，防止因为行或列的地址变化造成的数据引用错误。

> 如何实现序列数据的填充？

除了使用填充柄可以快速填充序列数据外，Excel还专门设置了"序列"对话框，用来进行复杂序列的填充。使用序列对话框可以具体设置数据的类型、步长、终止值等参数，完成数字序列的自动填充，日期类的数据还可以设置按照日、月、年等条件进行填充。

使用"序列"对话框填充数据的步骤如下：

1）选中起始单元格（内容为序列起始值）或所有被填充单元格。

2）在"开始"选项卡的"编辑"项目栏中，单击"填充"按钮，出现下拉菜单，选择其中的"序列"命令，打开"序列"对话框。

3）根据工作表的要求，选择合适的参数，确定后即可实现自动填充。

在使用"序列"填充数据时，如果是特定行、列单元格的填充，那么第1步选中所有被填充单元格，在"序列"对话框中不需设置终止值；如果是特定数据的填充，第1步仅需选中起始单元格，在"序列"对话框中设定终止值即可。

 能力训练

### 1. 制作"股票收盘价格登记表"

1）打开素材文件"素材2. xlsx"。

2）根据样表完成数据和格式的填充。

3）计算每只股票的平均价格。

4）统计每只股票本月低于上月平均收盘价的天数，并根据统计的天数进行分级，大于10天（不包含）的为C级，5（不包含）～10天的为B级，5天以下的为A级。

5）完成"中国重工"股票价格走势图的制作，要求：

① 使用带数据标记的折线图。

② 图表标题为"中国重工股票价格走势图"，字体改为黑体、18号字，字颜色为紫色，填充为"蓝色，文字2，淡色80%"，轮廓为"紫色，着色4"。

③ 图表横、竖坐标轴标题分别为"日期""价格（元）"，字体为仿宋、10号字，字颜

色为紫色。

④ 数据系列样式为"彩色轮廓 – 蓝色，强调颜色 1"。

⑤ 垂直（类别）轴的坐标轴选项为边界最小值 6、最大值 7.5，单位主要值为 0.2。

⑥ 垂直（类别）轴主要网格线颜色为"紫色，着色 4，淡色 40%"，宽度设置为 0.5 磅。

6）将文件重命名为"2016 年 11 月股票收盘价格统计表 . xlsx"。

**2. 制作"产品库存登记表"**

1）打开素材文件"素材 3. xlsx"。

2）根据样表完成数据填充。

3）根据产品的品种进行分类汇总，统计商品的库存总数。

4）添加"筛选"功能，方便对各个厂商的库存进行查看。

# 任务 4.3　个人收支统计表的设计与制作

 任务描述

辛苦的一年过去了，为了给下一步的成家奠定基础，小王决定 2017 年购买住房一套。为了尽快实现自己的目标，小王决定制作一个收支情况统计表，对自己 2016 年的收支情况进行分析，以便合理规划自己的资金使用。

 任务分析

完成任务的工作步骤与相关知识点分析见表 4–5。

表 4–5　任务分析

| 工作步骤 | 相关知识点 |
| --- | --- |
| 获取外部数据 | "数据"选项卡的"获取外部数据"组 |
| 套用表格样式 | "开始"选项卡的"样式"组 |
| 冻结窗格 | "视图"选项卡的"窗口"组 |
| 数据引用 | 使用单元格的精确地址引用其他工作表中的数据 |
| 数据验证 | "数据"选项卡的"数据工具"组 |
| 贷款计算 | 财务函数 PV、PMT、FV |
| 公式审核 | "公式"选项卡的"公式审核"组 |
| 监视单元格 | "公式"选项卡的"公式审核"组 |
| 迷你图制作 | "插入"选项卡中的"迷你图"组 |

 任务实施

工作簿文件名：2016 年个人收支统计表 . xlsx。

操作要求：

1）新建一个文件名为"2016 年个人收支统计表 . xlsx"的工作簿，通过外部数据导入

工资收入等数据，外部数据源文件名为"2016年工资表.csv"。

2）根据素材文件夹中的"2016年洗衣液销售盈亏统计表—样表.jpg"文件，补充完成"2016年个人收支统计表"的数据，支出以负值存储。其中公式规则如下。

① 当月结余等于收入减去当月所有支出。

② 年结余等于上年结余与本年所有月结余之和。

3）通过"车贷还款明细.xlsx"工作簿导入"车贷还款"列。

4）对表格的样式进行定义和修改，改为样式"表样式浅色9"。

5）使用冻结窗格功能，对工作表进行处理，方便查看。

6）使用"数据验证"功能验证所有支出金额是否为负数。

7）根据"2016年个人收支统计表"中的数据，本工作簿中新建"资金分析"工作表，计算2016年的月平均结余，然后根据月平均结余和年结余的额度，计算小王在当前的财务状况下。如果2017年1月买房，贷款20年，贷款利率4.9%，可以从银行获得多少贷款。

8）根据第7步计算出的结果，计算第一年每月还款的本金和利息各是多少。

9）对当月结余制作迷你图，显示结余情况。位置在当月结余列数据的下方，类型为"盈亏"，将迷你图中的"负点"标记为"红色"。

## 4.3.1 个人收支统计表基本数据的录制

### 1. 获取外部数据

Excel提供通过外部文件直接导入数据的功能，包括Access数据库文件、网站、自文件、SQL Server数据库文件、XML文件等多种包含表单的文件，用户可以直接将外部数据进行导入。

根据任务实施，通过外部数据导入基本工资收入等数据。

1）单击"数据"菜单"获取外部数据"工具栏中的"自文本"命令，打开"导入文本文件"对话框，找到"2016年工资表.csv"。

2）单击"导入"按钮，打开"文本导入向导"对话框，选择"原始数据类型"为"分隔符号"，"导入起始行"为"1"，"文件原始格式"为"936：简体中文（GB2312）"，如图4-59所示。

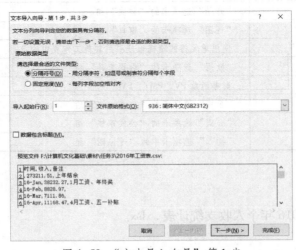

图4-59 "文本导入向导"第1步

3）单击"下一步"按钮，设置分列数据所包含的"分隔符号"为逗号，"文本识别符号"为""，如图 4-60 所示。对话框中的"连续分隔符号视为单个处理"选项，要根据表格的实际情况进行勾选，防止出现空白列或串列，用户可以通过数据预览窗口观察导入结果是否正确。

> ✎ **提示**：选择"分隔符号"和"文本识别符号"时，用户要根据原始数据文件中实际的符号进行选择，由于本任务的源文件是".csv"文件，导出时选择的就是"CSV（逗号分隔）"类型，其中的文本均用""括住，因此选择"逗号"和""。

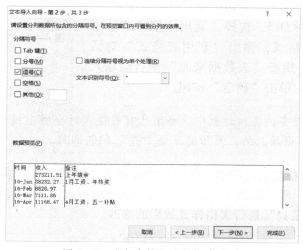

图 4-60 "文本导入向导"第 2 步

4）单击"下一步"按钮，根据需要通过"数据预览"窗口选择数据列，设置列数据的特定格式，如果有不需要导入的列，也可以通过这一步进行跳过。例如，将"时间"列的"列数据格式"设置为"日期：YMD"，"备注"列的设为"文本"，不跳过任何列，如图 4-61 所示。

5）单击"完成"按钮，弹出"导入数据"对话框，要求选择"数据的放置位置"，用户可以根据需要在现有工作表中进行位置定位或放在新工作表中。如果将工作表放在现有工作表中，起始单元格为"$A$1"。导入数据位置如图 4-62 所示，单击"确定"按钮。

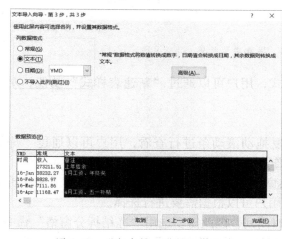

图 4-61 "文本导入向导"第 3 步

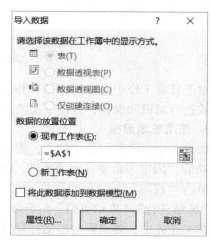

图 4-62 "导入数据"位置

6）对表格进行初步格式设置，标题行设置为宋体、12 号、加粗，对表格行高、列宽进行调整，使内容显示完整，并根据需要添加各支出列。

**2. 套用表格样式**

为了方便用户使用，Excel 2013 定义了多种表格样式，分为浅色、中等深浅和深色 3 种类别，用户可以直接选择套用。选中需要套用样式的表格范围后，打开"开始"→"样式"中的"套用表格格式"下拉菜单，用户可以根据需要和兴趣选择合适的格式进行套用。

图 4-63　"套用表格式"对话框

选中表格范围 A1：O15，选择"套用表格格式"中的"表样式浅色 9"格式，弹出"套用表格式"对话框，如图 4-63 所示。检查"表数据来源"中自动输入的选定范围是否正确，单击"确定"按钮。

> ✎ **提示：** 在本任务的操作过程中，套用已有表样式时会弹出提示框，因为本任务中工作表是通过外部数据导入的，操作时单击"是"按钮即可。

Excel 在套用表格格式的过程中，起始自动嵌套了"创建列表"功能，相当于在原表中嵌套了一个新的表格，默认命名为"表1"。嵌套表格效果如图 4-64 所示。用户可以选中任意单元格通过"表格工具"进行表格样式效果的修改。

![嵌套表格效果截图]

图 4-64　嵌套表格效果

对于日常工作中经常用到的工作表样式，用户可以通过"新建表样式"功能，对工作表样式进行编辑和保存，方便下次使用。

**3. 使用冻结窗格**

如果工作表的数据量比较大，需要反复拖动滚动条进行查看，用户可以通过"冻结窗格"功能，固定不希望移动的区域，如工作表的行标题或列标题等。

单击"视图"→"窗口"中的"冻结窗格"按钮，打开下拉菜单，包括"冻结拆分窗格""冻结首行""冻结首列"3 个命令，用户可以根据需要进行选择。

在本任务中，要求同时冻结标题行和时间列，因此需要选用"冻结拆分窗格"命令。

1）选中 B2 单元格。由于"冻结拆分窗格"时，冻结的是选定单元格的行列地址之前的行和列。选中 B2 单元格会冻结第 A 列和第 1 行,即标题行和姓名列。

2)单击"冻结拆分窗格",即可得到冻结的表格,拖动滚动条时行 1 和列 A 不再随滚动条滚动。冻结窗格效果如图 4-65 所示。

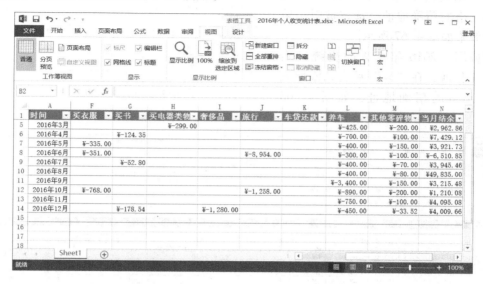

图 4-65 "冻结窗格"效果

## 4.3.2 个人收支统计表的数据计算与统计

### 1. 引用其他工作表的数据

除了直接导入外部数据以外,Excel 工作表还可以直接引用其他工作表中的数据,这样当被引用的数据发生改变时,引用的工作表打开时会自动刷新,不会出现遗漏。被引用的单元格与引用工作表可以在同一个工作簿中也可以在不同的工作簿中。

本任务中,要求引用"车贷还款明细.xlsx"工作簿中的"还款额"列数据填充"2016 年个人收支统计表.xlsx"工作簿中的"车贷还款"列。

1)同时打开"车贷还款明细.xlsx"工作簿和"2016 年个人收支统计表.xlsx"工作簿。

2)选中"2016 年个人收支统计表.xlsx"工作簿中需要引用数据的单元格 K3,在里面输入" =",如图 4-66 所示。

| | A | B | C | D | E | F | G | H | I | J | K | L | M | |
|---|---|---|---|---|---|---|---|---|---|---|---|---|---|---|
| 1 | 时间 | 收入 | 房租、水… | 日常支出 | 下馆子 | 买衣服 | 买书 | 买电器类物 | 奢侈品 | 旅行 | 车贷还款 | 养车 | 其他零碎物 | 当 |
| 2 | | | | | | | | | | | | | | |
| 3 | 2016年1月 | ¥38,232.27 | ¥1,000.00 | ¥1,680.00 | ¥580.00 | ¥2,350.00 | ¥234.50 | ¥4,999.00 | | | = | ¥450.00 | ¥150.00 | ¥ |
| 4 | 2016年2月 | ¥8,828.97 | ¥1,000.00 | ¥1,200.00 | ¥1,065.00 | ¥120.00 | | | ¥5,500.00 | | | ¥1,085.00 | | |
| 5 | 2016年3月 | ¥7,111.86 | ¥1,120.00 | ¥1,680.00 | ¥425.00 | | | ¥299.00 | | | | ¥425.00 | ¥200.00 | |
| 6 | 2016年4月 | ¥11,168.47 | ¥1,000.00 | ¥1,680.00 | ¥335.00 | | ¥124.35 | | | | | ¥700.00 | ¥100.00 | |
| 7 | 2016年5月 | ¥7,962.73 | ¥1,000.00 | ¥1,680.00 | ¥476.00 | ¥335.00 | | | | | | ¥400.00 | ¥150.00 | |
| 8 | 2016年6月 | ¥6,673.15 | ¥1,085.00 | ¥1,200.00 | ¥1,194.00 | ¥351.00 | | | ¥8,954.00 | | | ¥300.00 | ¥100.00 | |
| 9 | 2016年7月 | ¥7,562.26 | ¥1,000.00 | ¥1,680.00 | ¥414.00 | | ¥52.80 | | | | | ¥400.00 | ¥70.00 | |
| 10 | 2016年8月 | ¥53,534.00 | ¥1,000.00 | ¥1,680.00 | ¥539.00 | | | | | | | ¥400.00 | ¥80.00 | ¥ |
| 11 | 2016年9月 | ¥10,224.48 | ¥1,150.00 | ¥1,620.00 | ¥689.00 | | | | | | | ¥3,400.00 | ¥150.00 | |
| 12 | 2016年10月 | ¥7,225.08 | ¥1,000.00 | ¥1,260.00 | ¥639.00 | ¥768.00 | | | ¥1,258.00 | | | ¥890.00 | ¥200.00 | |
| 13 | 2016年11月 | ¥8,000.08 | ¥1,000.00 | ¥1,620.00 | ¥435.00 | | | | | | | ¥750.00 | ¥100.00 | |

图 4-66 在引用单元格输入" ="

3）切换至"车贷还款明细.xlsx"工作簿，单击被引用的单元格 B2，这时编辑栏中出现的不再是单元格的内容，而是单元格的精确地址。选定被引用单元格的效果如图 4-67 所示。

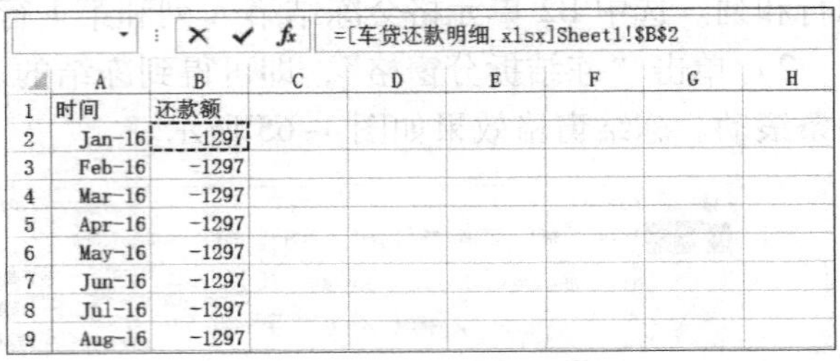

切换回"2016 年个人收支统计表.xlsx"工作簿，在"＝"后自动添加被引用单元格的精确地址，如图 4-68 所示。

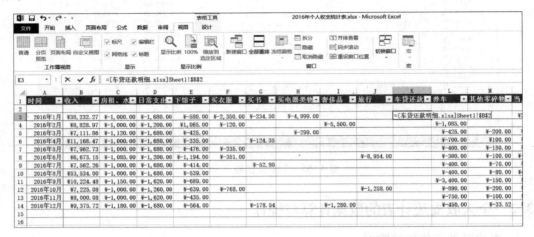

图 4-67　选定被引用单元格

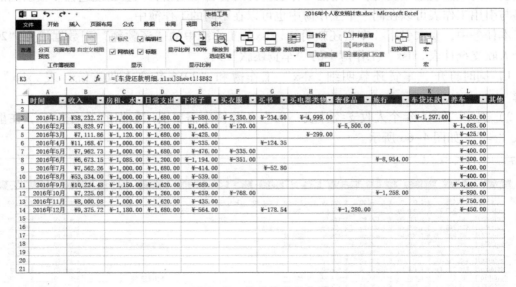

图 4-68　引用单元格

4）按〈Enter〉键后，引用单元格自动被引用单元格中的数据填充，如图 4-69 所示。

图 4-69　单元格引用结果

152

5）通过编辑栏编辑被引用的地址，改为绝对引用格式"＝［车贷还款明细.xlsx］Sheet1！$B2"，然后使用填充柄向下完成本列的填充即可。列填充效果如图4-70所示。

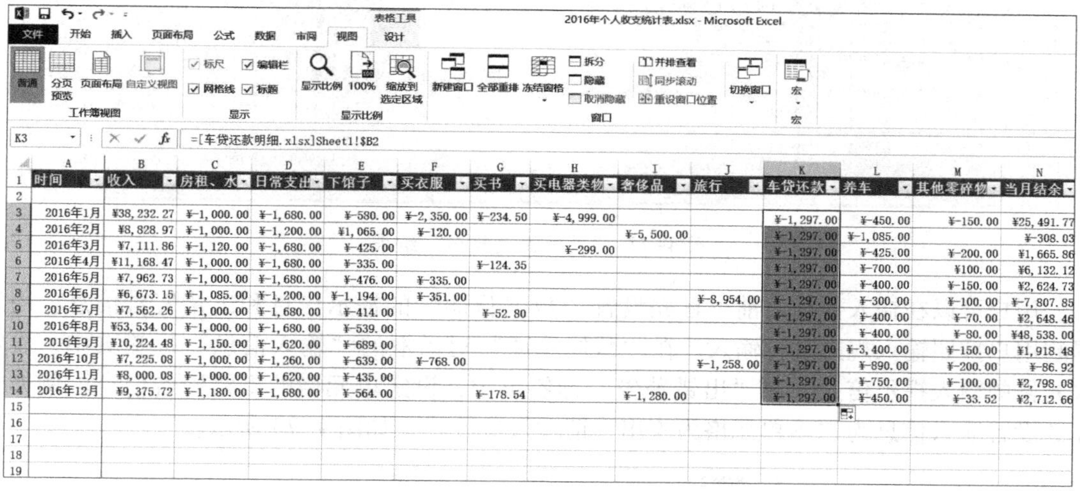

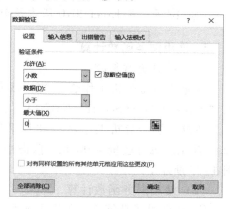

图4-70　列填充结果

> **提示**：进行表格数据引用时，默认情况下会使用绝对引用地址，操作过程中用户可以根据自己的需要修改单元格引用方式。
>
> 当被引用单元格的数据发生变化时，如果引用单元格需要随之变化，那么要保证同时打开引用和被引用工作簿，默认情况下引用单元格数据会自动刷新。

### 2. 使用数据验证

对于大型的Excel工作表，由于数据比较多，用户在进行编辑的过程中可能会出现输入错误的情况。为了保证某些特定数据的正确性，用户可以通过"数据验证"功能进行验证，同时通过"圈释无效数据"功能对无效数据进行突出显示，便于用户修改。

本任务中，所有支出都以负数存储，如果输入时不注意，容易出现错误的输入，因此对于所有支出列，使用"数据验证"，同时"圈释无效数据"。

1）选中所有支出单元格，单击"数据验证"，弹出"数据验证"对话框。

2）选择"设置"标签页，在"验证条件"区域中的"允许"列表中选择"小数"，"数据"列表中选择"小于"，"最大值"文本框中输入"0"，如图4-71所示。

3）确定后，选择"圈释无效数据"，Excel会将支出中的所有无效数据用红圈标出，如图4-72所示。经检查发现，圈中的值为正数，应该修改为负数。

图4-71　"数据验证"对话框的"设置"标签页

153

| 入 | 房租、水 | 日常支出 | 下馆子 | 买衣服 | 买书 | 买电器类物 | 奢侈品 | 旅行 | 车贷还款 | 养车 | 其他零碎物 | 当月结余 |
|---|---|---|---|---|---|---|---|---|---|---|---|---|
| 38,232.27 | ¥-1,000.00 | ¥-1,680.00 | ¥-580.00 | ¥-2,350.00 | ¥-234.50 | ¥-4,999.00 | | | ¥-1,297.00 | ¥-450.00 | ¥-150.00 | ¥25,491.77 |
| ¥8,828.97 | ¥-1,000.00 | ¥-1,200.00 | ¥1,065.00 | ¥-120.00 | | | ¥-5,500.00 | | ¥-1,297.00 | ¥-1,085.00 | | ¥-308.03 |
| ¥7,111.86 | ¥-1,120.00 | ¥-1,680.00 | ¥-425.00 | | | ¥-299.00 | | | ¥-1,297.00 | ¥-425.00 | ¥-200.00 | ¥1,665.86 |
| 11,168.47 | ¥-1,000.00 | ¥-1,680.00 | ¥-335.00 | | ¥-124.35 | | | | ¥-1,297.00 | ¥-700.00 | ¥100.00 | ¥6,132.12 |
| ¥7,962.73 | ¥-1,000.00 | ¥-1,680.00 | ¥-476.00 | ¥-335.00 | | | | | ¥-1,297.00 | ¥-400.00 | ¥-150.00 | ¥2,624.73 |
| ¥6,673.15 | ¥-1,085.00 | ¥-1,200.00 | ¥-1,194.00 | ¥-351.00 | | | | ¥-8,954.00 | ¥-1,297.00 | ¥-300.00 | ¥-100.00 | ¥-7,807.85 |
| ¥7,562.26 | ¥-1,000.00 | ¥-1,680.00 | ¥-414.00 | | ¥-52.80 | | | | ¥-1,297.00 | ¥-400.00 | ¥-70.00 | ¥2,648.46 |
| 53,534.00 | ¥-1,000.00 | ¥-1,680.00 | ¥-539.00 | | | | | | ¥-1,297.00 | ¥-400.00 | ¥-80.00 | ¥48,538.00 |
| 10,224.48 | ¥-1,150.00 | ¥-1,620.00 | ¥-689.00 | | | | | | ¥-1,297.00 | ¥-3,400.00 | ¥-150.00 | ¥1,918.48 |
| ¥7,225.08 | ¥-1,000.00 | ¥-1,260.00 | ¥-639.00 | ¥-768.00 | | | | ¥-1,258.00 | ¥-1,297.00 | ¥-890.00 | ¥-200.00 | ¥-86.92 |
| ¥8,000.08 | ¥-1,000.00 | ¥-1,620.00 | ¥-435.00 | | | | | | ¥-1,297.00 | ¥-750.00 | ¥-100.00 | ¥2,798.08 |
| ¥9,375.72 | ¥-1,180.00 | ¥-1,680.00 | ¥-564.00 | | ¥-178.54 | | ¥-1,280.00 | | ¥-1,297.00 | ¥-450.00 | ¥-33.52 | ¥2,712.66 |

图 4-72　"圈释无效数据"结果

　　用户可以在输入数据之前，首先设置"数据验证"的提示信息和出错警告信息，用于提醒用户按照输入规则进行输入。在"数据验证"对话框的"输入信息"标签页中，设定单元格的输入提示信息，在"出错警告"标签页中，设定单元格的出错警告信息。例如本任务设置输入信息为"本单元格为支出，请输入负数。"，如图 4-73 所示。

图 4-73　"数据验证"对话框的"输入信息"标签页

> ✎ **提示**：在 Excel 2010 版本及前期版本，"数据验证"功能称为"数据有效性"。

### 3. 使用财务函数计算

（1）计算贷款参数

　　新建"资金分析工作表"，在 A3 单元格中输入文本"月平均结余:"，在 B3 单元格输入"=AVERAGE(Sheet1！N3:N14)"，计算"当月结余"列的平均值，如图 4-74 所示。

　　通过"资金分析工作表"和月平均结余可以发现，小王目前可以支付的首付最多为 32.5 万元，每月还贷 4400 元。假设小王决定首付 30 万元，每月还贷 4000 元，最终结果如图 4-75 所示。

（2）使用财务函数计算

　　Excel 提供了功能齐全的财务函数，而且函数参数对话框对函数的参数进行了详细说明，用户可以通过参数设置，轻松完成存款利息、房屋贷款等财务问题的计算。

　　日常生活中常用的财务函数主要有以下几种。

　　● PV()函数：返回某项投资的一系列将来偿还额的当前总值（或一次性偿还额的现值）。

图 4-74　月平均结余的计算

图 4-75　贷款参数

◆ PMT( )函数：计算在固定利率下，贷款的等额分期偿还额。

◆ FV( )函数：基于固定利率和等额分期付款方式，返回某项投资的未来值。

◆ PPMT( )函数：在"定期偿还、固定利率"条件下，返回给定期次内某项投资回报（或贷款偿还）的本金部分。

◆ IPMT( )函数：在定期偿还、固定利率条件下，返回给定期次内某项投资回报（或贷款偿还）的利息部分。

函数的参数包括以下几种。

◆ Rate：各期利率，表示计算使用的月利率，月利率 = 年利率/12。

◆ Nper：总投资期数（付息总次数），表示投资或贷款的总期数，根据投资频率可以以月、季度、年等为单位。

◆ Per：用于计算利息的期次，介于 1 和付息总次数 Nper 之间。

◆ Pmt：各期支出金额，在整个投资或贷款期间不变。

◆ Pv：从该项投资开始计算时已经入账的款项，或一系列外来付款当前的累积和。

◆ Fv：未来值，或在最后一次付款后可以获得的现金余额。

◆ Type：付款时间是期初还是期末，1 表示期初，0 或空表示期末。

本任务中，通过 PV( )函数来进行计算。选中单元格 B10，选择"公式"→"函数库"→"财务"中的"PV"函数，打开"函数参数"对话框，分别输入"Rate"为"4.9%/12"，"Nper"为"12 * 20"，"Pmt"为"-4000"（负数代表支出），"Type"为空，如图 4-76 所示。

图 4-76　PV 函数的使用

根据前面的计算结果计算出第 1 年每月还款的本金和利息，使用 PPMT 和 IPMT 函数。新建工作表，并命名为"还款分析表"，在表中输入数据，如图 4-77 所示。

图 4-77 还款分析表数据

> **提示：** 输入函数参数的过程中，用户可以直接使用单元格地址引用相关单元格的数据，便于数据变化时的自动计算。

1）计算第 1 个月还款的本金，插入财务函数 PPMT，打开"函数参数"对话框，填写函数参数，如图 4-78 所示，获得第 1 个月偿还的本金。

图 4-78 PPMT 函数的使用

2）将通过"资金分析表"引用的数据地址均改为绝对引用地址。修改后的结果如图 4-79 所示。

3）使用填充柄，向下填充完成偿还本金的计算。

4）计算第 1 个月还款的利息，插入财务函数 IPMT，打开"函数参数"对话框填写函数参数，如图 4-80 所示，获得第 1 个月偿还的利息。

5）使用填充柄，向下填充完成偿还利息的计算。

**4. 使用公式审核**

对于大型工作表，往往使用大量的公式和函数进行数据计算。Excel 2013 版本强化了"公式审核"功能，提供了多种工具，帮助用户快速查找和修改公式，同时实现对公式错误的修订。

图 4-79 修改公式

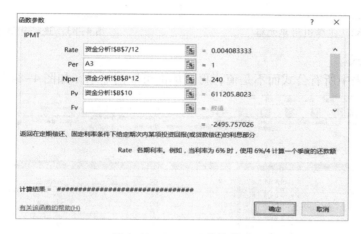

图 4-80 IPMT 函数的使用

在"公式"选项卡的"公式审核"组中，用户可以完成公式追踪、显示公式、错误检查、公式求值等数据处理工作，如图 4-81 所示。

图 4-81 "公式"选项卡的"公式审核"组

（1）公式追踪

Excel 2013 使用蓝色的箭头图形化显示单元格之间的从属关系，用户可以直观地查看工作表中公式的引用情况。

1）追踪引用单元格：用箭头显示所选单元格公式中包含的引用单元格，如图 4-82 所示，可以看出 O15 单元格中的数值引用了 O2 和 N3：N14 单元格。

2）追踪从属单元格：用箭头显示所选单元格被哪些单元格的公式所引用，如图 4-83 所示，单元格 N3 被单元格 O15 和另外的工作表所引用，红圈中的标志表示其他工作表。

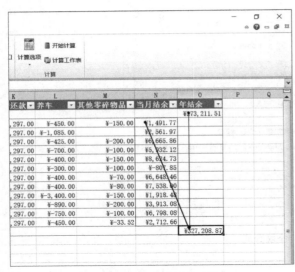

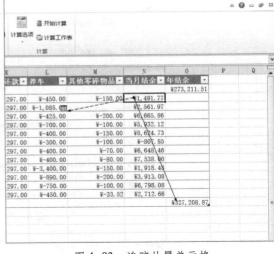

| 图 4-82 追踪引用单元格 | 图 4-83 追踪从属单元格 |
|---|---|

（2）显示公式

显示本工作表中所有公式而不是值，再次单击可取消显示，如图 4-84 所示。

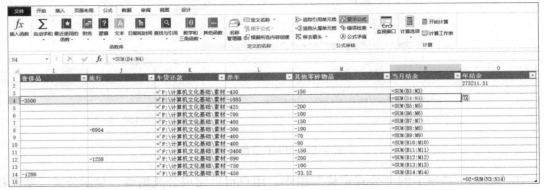

图 4-84 显示公式

（3）错误检查

公式出现错误时，需要对错误原因进行检查。例如，将"当月结余"列删除后，发现 N15 单元格出现错误提示，单击"错误检查"，提示"无效的单元格引用"错误，显示错误单元格的位置，如图 4-85 所示。单击"继续"按钮，编辑修改公式或忽略错误。

图 4-85 错误检查

（4）公式求值

当公式出现错误或发现公式的计算结果出现错误时，特别是对于嵌套公式或复杂公式，需要了解每一步的计算结果，以便对公式进行分析和排错。如果错误位置难以定位，用户可以通过"公式求值"进行查看，并一步一步查找错误。例如单元格 O15 中的公式出现了错误，单击"公式审核"组中的"公式求值"

命令，打开"公式求值"对话框，如图 4-86 所示。

图 4-86 "公式求值"对话框

单击"步入"按钮，即可检查引用的单元格，如果没有错误，则单击"求值"按钮，查看引用单元格的值，如果没有问题单击"步出"按钮，该计算项检查完毕，单击"求值"按钮对前面检查过的项进行累加，然后再次单击"步入"按钮，即可检查下一个引用的单元格，直到发现错误项为止。根据现实结果发现，图中表项引用单元格的地址出现错误，通过编辑栏修改即可。

**5. 使用监视窗口**

在大型工作表中，工作表的数量多且相互之间存在比较复杂的引用关系，如果改变了原始数据，要确定其引用单元格的数据是否随之发生改变，需要反复切换表格进行查看。特别是单元格在工作表上不可见时，就可以使用"监视窗口"功能，监视这些单元格及其公式。

使用"监视窗口"可以方便地进行检查、审核或确认公式计算及其结果，无需反复滚动或转到工作表的不同部分。"监视窗口"是一个浮动的工具栏，可以浮动在屏幕中的任意位置，不会对工作表产生任何影响。在该工具栏中，用户可以跟踪下列单元格属性：工作簿、工作表、名称（如果该单元格具有对应的命名区域）、单元格地址、值和公式。

单击"公式"→"监视窗口"按钮，打开"监视窗口"对话框，如图 4-87 所示。单击"添加监视"按钮，选择需要监视的单元格，单击"添加"按钮，"监视窗口"就会开始监视该单元格所在的工作簿、工作表、单元格名称、单元格位置、值和公式。注意：每个单元格只能有一个监视点。

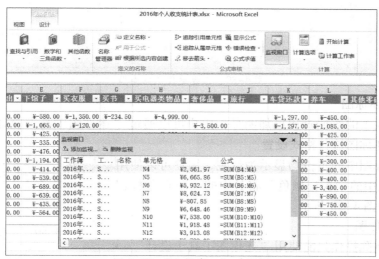

图 4-87 "监视窗口"对话框

### 4.3.3　创建迷你图

从 Excel 2010 版本开始，提供了"迷你图"的图表类型。迷你图有折线图、柱形图和盈亏图等类型，以单元格为绘图区域，简单明了地绘制数据分析图表，适用于少量单一数据的分析。

**1. 制作迷你图**

为了能够一目了然地看出 2016 年每月结余的情况，当月结余列添加迷你图。

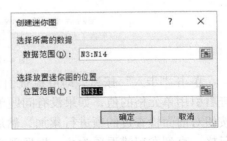

图 4-88　"创建迷你图"对话框

1）单击"插入"→"迷你图"→"柱形图"按钮，弹出"创建迷你图"对话框，如图 4-88 所示。

2）设置"数据范围"为"N3：N14"，"位置范围"为"$N $15"。

创建了迷你图后，如果用户想要修改迷你图的位置，可以使用下列几种方法。

方法 1：使用鼠标拖动选中迷你图，当鼠标形状变为移动符号时，左键单击拖动，可以将迷你图拖动到其他位置。

方法 2：选中迷你图，使用"迷你图工具"→"编辑数据"中的"编辑组位置和数据"命令，可以修改迷你图的位置。

**2. 更改迷你图类型**

选中迷你图，使用"迷你图工具｜设计"→"类型"组中的选项可以直接修改迷你图类型，将迷你图修改为"盈亏"，如图 4-89 所示。

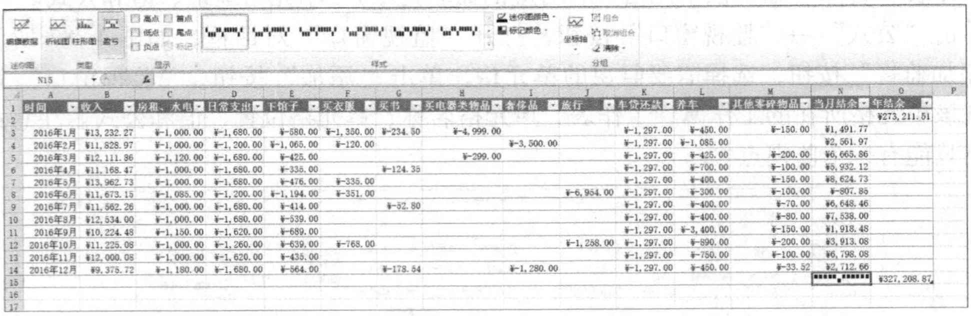

图 4-89　修改迷你图的类型

**3. 格式化迷你图**

为了使图表中的数据对比更加明显，用户可以通过"迷你图工具｜设计"→"样式"组中的选项对迷你图进行格式设置。

例如将迷你图中的负值均显示为红色，用户可以使用"样式"工具栏中的"标记颜色"将其中的"负点"标记为"红色"，如图 4-90 所示。

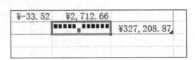

图 4-90　负点显示红色

**4. 清除迷你图**

迷你图的删除操作只能使用"迷你图工具｜设计"→"分组"组中的"清除"命令，清除单个迷你图或迷你图组。使用〈Delete〉键或鼠标右键的"删除"命令是无效的。

任务小结

任务样本如图 4-91 ~ 图 4-93 所示。

图 4-91　Sheet1

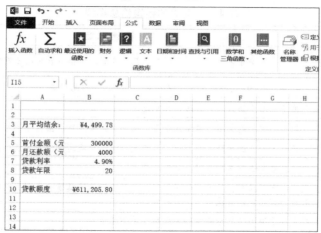

图 4-92　资金分析表

图 4-93　还款分析表

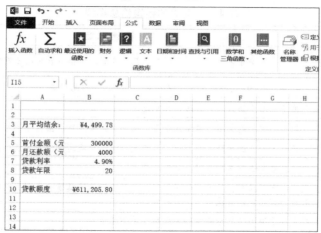

 知识链接

Excel 工作表中，检查公式错误的方法有哪些？

当单元格中的公式出现错误提示时，用户可以使用"错误检查"功能，对错误进行检查和预测。此外，还可以通过下列两种方法对错误进行检查和定位。

1）当单元格出现错误提示时，单元格的左上角会出现一个绿色的三角标志，单击选择该单元格，左侧会出现一个 ⬦ 标志。将鼠标悬停在该标志上，即会出现一个悬浮条，对错误的原因进行预测。如果悬浮条的预测不够准确，单击 ⬦ 的下拉菜单，可以通过使用下拉菜单中的选项，进行进一步的错误定位和判断。

2）选择出现错误的单元格，单击"公式审核"→"错误检查"中的"追踪错误"命令，Excel 会自动添加蓝色的追踪线，检查编辑栏中公式包含的单元格地址，同时与箭头指向的单元格的地址进行对比，编辑栏中多余的单元格地址一般就是产生错误的原因。

常见的公式错误提示见表4-6。

表4-6 常见的错误信息类型

| 错 误 信 息 | 错 误 原 因 |
|---|---|
| ###### | 列宽不够，无法在单元格中显示所有字符，或者单元格包含负的日期或时间值时，显示此错误 |
| #DIV/0! | 一个数除以零(0)或不包含任何值的单元格时，显示此错误 |
| #N/A! | 某个值不可用于函数或公式时，显示此错误 |
| #NAME? | 无法识别公式中的文本，显示此错误。例如，区域名称或函数名称拼写错误 |
| #NULL! | 指定两个不相交的区域的交集时，显示此错误。交集运算符是分隔公式中的引用的空格字符 |
| #NUM! | 公式或函数包含无效数值时，显示此错误 |
| #REF! | 单元格引用无效时，显示此错误。例如，可能删除了其他公式所引用的单元格，或者可能将所移动的单元格粘贴到其他公式所引用的单元格上 |
| #VALUE! | 公式中包含有不同数据类型的单元格，显示此错误 |

 能力训练

**1. 制作"2016年洗衣液销售盈亏统计表"**

1）打开文件"素材1.xlsx"，通过外部数据导入2016年洗衣粉的销售数据，外部数据源文件名为"2016年洗衣粉销售情况.csv"。

2）根据素材文件夹中的"2016年洗衣液销售盈亏统计表-样表.jpg"文件，补充完成"2016年洗衣液销售盈亏统计表"的数据，亏损以负值存储。

其中公式规则为：

① 销售均价 = 销售金额/销售数量

② 盈亏金额 = 销售金额 - 产品成本 × 销售数量

3）通过"产品成本明细.xlsx"工作簿中的洗衣液成本，导入"成本"列。

4）对表格的样式进行定义和修改，改为样式"表样式中等深浅2"。

5）使用"数据验证"功能验证所有售价金额是否介于 19.8~32.8 元之间。

6）对"月销售量"列制作迷你图，显示销售情况。位置在"月销售量"数据的下方，类型为"盈亏"。

**2. 制作"家庭住房贷款等额还款比较表"**

小孙购买住房，总价 100 万元，需要向银行进行贷款。根据小孙的支付能力，为了对贷款方案有更好的规划，小孙决定制作一张"家庭住房贷款等额还款比较表"，对几种贷款和还款的方案进行对比。打开"素材 2. xlsx"，使用 PMT 函数完成每月还款额的计算。

**3. 计算"家庭投资理财预期收益"**

为了保证一定的资金储蓄，小赵决定每月拿出 4000 元，以零存整取的方式存入银行，3 年后取出买房。假设银行零存整取年利率为 1.55%、利息税为 20%，使用 FV 函数计算 3 年后小赵的存款本息共有多少钱。

# 任务 4.4　产品销售表的设计与制作

 任务描述

小李是某公司市场部专员，负责本公司产品华东地区的市场规划和管理。现在他需要针对第三季度本公司产品在华东地区的销售情况进行统计和分析，以便对第四季度在该地区的产品销售、广告投入、打折促销活动等进行规划。

 任务分析

完成任务的工作步骤与相关知识点分析见表 4-7。

表 4-7　任务分析

| 工 作 步 骤 | 相关知识点 |
| --- | --- |
| 数据采集 | "筛选"中的"高级筛选"功能 |
| 保护工作簿 | "保护工作表""保护工作簿"功能 |
| 数据处理 | "公式"选项卡的"函数库"组 |
| 数据的快速分析 | "快速分析"菜单"格式""图表""汇总"等功能 |
| 插入数据透视表 | "插入"选项卡的"表格"组的"数据透视表"命令 |
| 制作数据透视图 | "插入"选项卡的"图表"组的"数据透视图"命令 |
| 制作组合图表 | "插入"选项卡的"图表"组 |

 任务实施

工作簿文件名：2016 年三季度华东地区销售情况统计表 . xlsx。

操作要求：

1）打开"2016 年三季度华东地区销售情况统计表 . xlsx"，在 Sheet1 后新建 3 个副本，分别命名为"数据筛选""数据处理""数据透视表"。

2）对"数据筛选"工作表设置"高级筛选",要求筛选出2016年9月上海地区销售显卡的相关数据。

3）使用"保护工作表"对Sheet1工作表进行保护,锁定所有单元格,防止其中的原始数据被修改,不允许添加或删除行和列,取消保护密码为"1234"。

4）在"数据处理"工作表中,使用数据库函数计算7月份内存的平均售价。

5）在"数据处理"工作表中,使用数据库函数获取9月份上海地区销售主板的数量。

6）在"数据处理"工作表中,使用数据库函数计算三季度济南和上海地区销售硬盘的总数。

7）在"数据处理"工作表中,使用快速分析的"色阶"功能对"平均单价"列进行快速格式。

8）在"数据透视表"工作表中,创建数据透视表,位置在现有工作表的J1,行字段为"销售地区""销售时间",列字段为"产品类型",值字段为"销售金额"求和。

9）分别使用筛选器和切片器对数据进行筛选,字段为"销售时间"。

10）在"数据透视表"工作表中插入"数据透视图",并使用切片器展示上海地区的销售状况。

11）在"数据筛选"工作表中,使用组合图表展示上海地区内存的销售情况统计,主坐标为"销售数量",使用柱形图,次坐标为"平均单价",使用折线图,按照时间展示。

### 4.4.1 产品销售表的基本数据采集

#### 1. 高级筛选的使用

筛选和自定义筛选是根据Excel定义的条件或者规则进行的,如果想根据自己设置的筛选条件,或者找不到适合的筛选规则时,用户可以使用"高级筛选"功能。高级筛选可以根据用户需要筛选出同时满足多个条件的数据。

本任务实施要求筛选出2016年9月上海地区销售显卡的相关数据。

1）在"数据筛选"工作表中设定筛选条件区域,在工作表的任意位置(数据单元格以外),将筛选条件以表格的形式设定好。条件区域设定如图4-94所示。

2）单击"数据"→"排序和筛选"组中的"高级"按钮,打开"高级筛选"对话框,如图4-95所示。根据筛选的需要选择"方式",将列表区域设置为工作表的整个数据区域,将条件区域设置为第1步设定的条件区域。单击"确定"按钮即可得到筛选结果。

#### 2. 保护工作簿

Excel提供了保护功能,可以实现保护工作表或整个工作簿中的数据不被修改。保护功能主要包括保护工作表和保护工作簿两个级别。

（1）保护工作表

"保护工作表"功能仅对工作簿中的某一个工作表起作用,可以保护工作表中的数据不被修改,限制删除或增加行、列以及添加超链接等操作。

本任务实施保护Sheet1中的数据,同时不允许插入或删除行和列。

1）选中Sheet1工作表,单击"审阅"选项卡"更改"组中的"保护工作表"命令,打开"保护工作表"对话框,如图4-96所示。选中"保护工作表及锁定的单元格内容"选项,输入密码"1234",在"允许此工作表的所有用户进行"列表框中,取消勾选"插入列""插入行""删除列""删除行"。

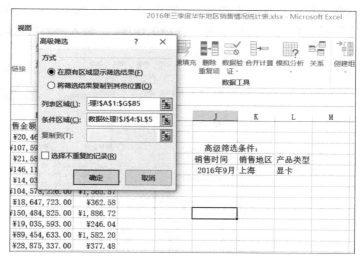

图4-94　条件区域设定　　　　　　　　图4-95　"高级筛选"对话框

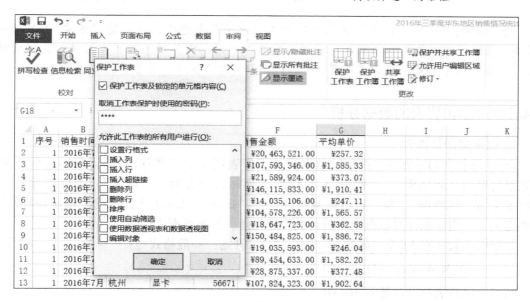

图4-96　"保护工作表"对话框

2）单击"确定"按钮，按要求重新输入密码后单击"确定"按钮。

完成保护工作表设置后，功能区中所有被禁止的功能均变为灰色，不可单击。如果试图修改数据，会弹出警告信息，如图4-97所示。同时，"保护工作表"功能变为"撤销保护工作表"，单击输入密码后即可取消对工作表的保护。

图4-97　保护工作表警告信息

（2）保护工作簿

"保护工作簿"功能对工作簿中的所有工作表均有效，能够锁定工作簿中的工作表不被创建、删除、重命名等，但是对于已有数据表仍然可以正常进行各种编辑。要保护工作簿，只需要单击"保护工作簿"，选中"结构"选项，输入密码，如图 4-98 所示，单击"确定"按钮即可。再次单击"保护工作簿"，输入密码后可以撤销保护。

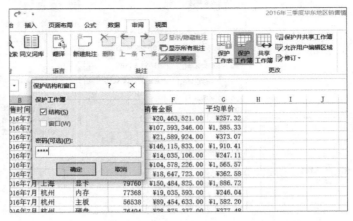

图 4-98　保护工作簿

> ✍ **提示：** "保护工作簿"在以前的版本中有两个复选项，一个是"结构"，另外一个是"窗口"。如果使用"窗口"选项，那么保护后，工作簿的位置就被锁定，不能最小化、最大化、移动、修改大小等。Excel 2013 中的"窗口"功能已经被取消。

### 4.4.2　产品销售表的数据分析

#### 1. 数据库函数简介

Excel 将包含列标题的一组连续数据行的工作表定义为"数据清单"。列标题行被定义为数据清单的"表结构"，每列一个"字段"，列标题定义为"字段名"；列标题行外的所有行定义为"纯数据"，每一行数据被称为一条"记录"。Excel 认为数据清单就是数据库，因此定义了一组函数针对数据清单进行操作和处理，称为数据库函数。

数据库函数共有 12 个，函数名一般以"D"开始，一般格式为：

　　　　= 函数名（database，field，criteria）

数据库函数名称及功能见表 4-8。

表 4-8　数据库函数一览表

| 函　数　名 | 函　数　功　能 |
| --- | --- |
| DAVERAGE | 返回选定数据库项的平均值 |
| DCOUNT | 计算数据库中包含数字的单元格个数 |
| DCOUNTA | 计算数据库中非空单元格的个数 |
| DGET | 从数据库中提取满足指定条件的单个记录 |
| DMAX | 返回选定数据库项中的最大值 |
| DMIN | 返回选定数据库项中的最小值 |
| DPRODUCT | 将数据库中满足条件的记录的特定字段中的数值相乘 |
| DSTDEV | 基于选定数据库项中的单个样本估算标准偏差 |

166

| 函 数 名 | 函 数 功 能 |
|---|---|
| DSTDEVP | 基于选定数据库项中的样本总体计算标准偏差 |
| DSUM | 对数据库中满足条件的记录的字段列中的数字求和 |
| DVAR | 基于选定的数据库项的单个样本估算方差 |
| DVARP | 基于选定的数据库项的样本总体估算方差 |

其中，

◆ database：构成数据清单的单元格区域。

◆ field：函数使用的数据列。数值有两种形式，一种是用引号引起的字段名，例如"销售时间"；一种是数据列的编号，例如2，代表"销售时间"列。

◆ criteria：一组包含给定条件的单元格区域，位置任意，内容至少包含一个字段名，字段名下方为条件，格式与"高级筛选"条件区域类似。

> ✍ 提示：使用数据库函数，在选择数据区域时一定要包括字段名区域。

### 2. 使用数据库函数进行统计分析

（1）DAVERAGE 函数

选中"数据处理"工作表，使用 DAVERAGE 函数计算 7 月份内存的平均售价。

1）编辑条件区域，如图 4-99 所示。

2）选中 K7 单元格，单击"公式"选项卡的"插入函数"按钮，在"选择类别"下拉列表中选择"数据库"，在"选择函数"列表框中选择"DAVERAGE"，打开"函数参数"对话框，如图 4-100所示。

图 4-99　条件区域 1

图 4-100　"函数参数"对话框

3）根据题目要求，填写函数参数，确定后即可获得 7 月份内存的平均售价为 261.22 元。

（2）DGET 函数

使用 DGET 函数获取 9 月份上海地区销售主板的数量。

1）编辑条件区域，如图 4-101 所示。

2）选中单元格 M12，插入数据库函数 DGET，打开"函数参数"对话框，如图 4-102 所示。

3）根据要求填写参数。

图 4-102　DGET 函数参数

| 销售时间 | 销售地区 | 产品类型 | 销售数量 |
|---|---|---|---|
| 2016年9月 | 上海 | 主板 | |

图 4-101　条件区域 2

（3）DSUM 函数

使用 DSUM 函数计算三季度济南和上海地区销售硬盘的总数。

1）编辑条件区域，如图 4-103 所示。

2）选中单元格 L20，插入数据库函数 DSUM，打开"函数参数"对话框，如图 4-104 所示。

图 4-104　DSUM 函数参数

| 销售地区 | 产品类型 |
|---|---|
| 济南 | 硬盘 |
| 上海 | 硬盘 |
| | 销售总量 |

图 4-103　条件区域 3

3）根据要求填写参数，确定后可获得三季度两个地区硬盘的销售总量为 465144 件。

**3. 使用快速分析工具**

"快速分析"是 Excel 2013 的新功能，通过这个功能可以对选定的数据进行快速分析或生成图表，其中功能包括条件格式、制作分析图表、数据的简单计算、制作数据透视图表、制作迷你图等，每个功能均根据 Excel 预设的条件和参数进行工作，不需要自定义参数。

使用"快速分析"，首先要选中需要分析的单元格区域，出现"快速分析"按钮。单击该按钮，就会出现"快速分析"菜单，如图 4-105 所示。对于不同类型的数据，"快速分析"菜单中的具体分析功能不同。例如，数字数据可以制作图表，而文本数据则不可以。

"快速分析"菜单使用简单、方便，但是由于不能设

图 4-105　"快速分析"菜单

置参数，分析结果有问题时，需要后期对分析结果再次编辑。该功能默认是自动开启的，如果需要手动开启或关闭，可以通过"Excel 选项"对话框进行设置。

（1）格式

快速分析的"格式"指的是条件格式，格式的条件和阈值是自动设定的，除了"大于"命令外，其他格式的条件需要完成分析后，再重新通过"条件格式"功能修改。例如，使用"色阶"功能对"平均单价"列进行快速格式，效果如图 4-106 所示。

| 序号 | 销售时间 | 销售地区 | 产品类型 | 销售数量 | 销售金额 | 平均单价 |
|---|---|---|---|---|---|---|
| 1 | 2016年7月 | 南京 | 内存 | 79525 | ¥20,463,521.00 | ¥257.32 |
| 5 | 2016年7月 | 上海 | 内存 | 56796 | ¥14,035,106.00 | ¥247.11 |
| 9 | 2016年7月 | 杭州 | 内存 | 77368 | ¥19,035,593.00 | ¥246.04 |
| 13 | 2016年7月 | 合肥 | 内存 | 76787 | ¥20,067,806.00 | ¥261.34 |
| 17 | 2016年7月 | 济南 | 内存 | 115779 | ¥31,055,377.00 | ¥268.23 |
| 21 | 2016年7月 | 南昌 | 内存 | 66500 | ¥17,888,505.00 | ¥269.00 |
| 25 | 2016年7月 | 福州 | 内存 | 52411 | ¥14,650,162.00 | ¥279.52 |
| 4 | 2016年7月 | 南京 | 显卡 | 76484 | ¥146,115,833.00 | ¥1,910.41 |
| 8 | 2016年7月 | 上海 | 显卡 | 79760 | ¥150,484,825.00 | ¥1,886.72 |
| 12 | 2016年7月 | 杭州 | 显卡 | 56671 | ¥107,824,323.00 | ¥1,902.64 |
| 16 | 2016年7月 | 合肥 | 显卡 | 83468 | ¥162,729,286.00 | ¥1,949.60 |
| 20 | 2016年7月 | 济南 | 显卡 | 56498 | ¥109,064,243.00 | ¥1,930.41 |
| 24 | 2016年7月 | 南昌 | 显卡 | 63261 | ¥124,212,963.00 | ¥1,963.50 |
| 28 | 2016年7月 | 福州 | 显卡 | 56823 | ¥110,122,470.00 | ¥1,937.99 |
| 3 | 2016年7月 | 南京 | 硬盘 | 57871 | ¥21,589,924.00 | ¥373.07 |
| 7 | 2016年7月 | 上海 | 硬盘 | 51430 | ¥18,647,723.00 | ¥362.58 |
| 11 | 2016年7月 | 杭州 | 硬盘 | 76494 | ¥28,875,337.00 | ¥377.48 |
| 15 | 2016年7月 | 合肥 | 硬盘 | 78357 | ¥30,676,707.00 | ¥391.50 |
| 19 | 2016年7月 | 济南 | 硬盘 | 77873 | ¥29,707,117.00 | ¥381.48 |
| 23 | 2016年7月 | 南昌 | 硬盘 | 56120 | ¥22,150,781.00 | ¥394.70 |
| 27 | 2016年7月 | 福州 | 硬盘 | 57256 | ¥22,387,492.00 | ¥391.01 |
| 2 | 2016年7月 | 南京 | 主板 | 67868 | ¥107,593,346.00 | ¥1,585.33 |
| 6 | 2016年7月 | 上海 | 主板 | 66799 | ¥104,578,226.00 | ¥1,565.57 |
| 10 | 2016年7月 | 杭州 | 主板 | 56538 | ¥89,454,633.00 | ¥1,582.20 |
| 14 | 2016年7月 | 合肥 | 主板 | 66759 | ¥108,808,771.00 | ¥1,629.87 |
| 18 | 2016年7月 | 济南 | 主板 | 77972 | ¥124,906,983.00 | ¥1,601.95 |
| 22 | 2016年7月 | 南昌 | 主板 | 67495 | ¥110,287,997.00 | ¥1,634.02 |
| 26 | 2016年7月 | 福州 | 主板 | 56515 | ¥93,347,945.00 | ¥1,651.74 |
| 29 | 2016年8月 | 南京 | 内存 | 95136 | ¥22,522,692.00 | ¥236.74 |

图 4-106　"色阶"格式结果

（2）图表

"图表"功能可以快速添加柱形图、条形图、折线图、散点图等常用图表，添加后可以通过图表选项进行修改。添加了簇状条形图的效果如图 4-107 所示。

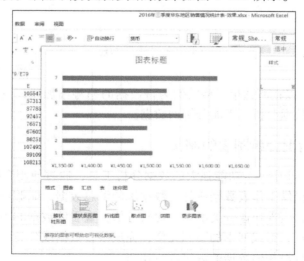

图 4-107　快速添加簇状条形图

（3）汇总

"汇总"功能为设定的一组常用的公式或函数，可以对选择的数据进行计算，默认结果根据数据的计算趋势放在数据的下方或后方，如图4-108a、b所示。公式包括：行数据求和（按列）、行数据平均值、行数据计数、行数据汇总、行数据汇总百分比、列数据求和（按行）、列数据平均值、列数据计数、列数据汇总、列数据汇总百分比。

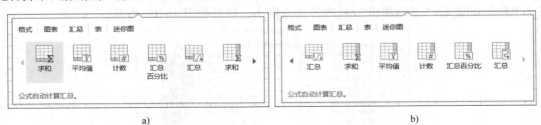

图4-108 "汇总"功能

（4）表

"表"功能包括嵌套表格，根据所选数据创建简单的数据透视表，如图4-109所示。

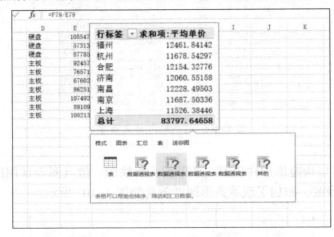

图4-109 "表"功能

（5）迷你图

"迷你图"功能可以在所选单元格右侧为行数据的趋势添加迷你图。"快速分析"菜单中的迷你图专用于行数据分析，不能分析列数据。

## 4.4.3 产品销售情况分析图表的制作

数据透视表是Excel中一个功能强大的数据分析工具，通过使用数据透视表，用户可以汇总、分析、浏览和提供工作表数据或外部数据源的汇总数据，能够快速地把大量数据形成可以进行交互的报表，实现快速分类汇总、比较分析，查看源数据的不同统计结果。用户还可以随时选择其中的页、行或列中的不同元素，完成聚合数据或分类汇总，帮助用户从不同的角度查看数据，并且对相似数据的数字进行比较。

在Excel 2003版本中，引入了数据透视图，在Excel 2010版本中为数据透视表增加了切片器功能，在 Excel 2013 版本中引入了推荐数据透视表、时间轴等新功能。

**1. 制作数据透视表**

（1）创建数据透视表

1）为数据表定义数据源，要确保数据源区域中具有列标题或行标题，并且该区域中没有空行。选中"数据透视表"工作表中的区域 A1：G85。

2）单击"插入"→"表格"组中的"数据透视表"按钮，打开"创建数据透视表"对话框，如图 4-110 所示。其中"表/区域"参数默认为选中的范围，"选择放置数据透视表的位置"参数选择"现有工作表"，"位置"参数设定为 J1。

3）单击"确定"按钮后，从 J1 单元格开始创建一个空的数据透视表，打开"数据透视表字段"任务窗格，如图 4-111 所示。

图 4-110　创建数据透视表

图 4-111　空数据透视表

4）通过"数据透视表字段"任务窗格，选择添加到报表的字段"销售时间""销售地区""产品类型"和"销售金额"，按住鼠标左键拖动"销售地区""销售时间"到"行"，"产品类型"到"列"，"销售金额"到"值"，如图 4-112 所示。

5）通过"值"区域"求和项：销售金额"下拉菜单中的"值字段设置"，选择汇总方式为"求和"（默认），如图 4-113 所示。

> ✎ **提示：** 使用"数据透视表字段"任务窗格设置区域字段时，字段的顺序会影响数据的汇总顺序和显示结果。例如，本任务"行"字段中"销售地区"在上，"销售时间"在下，因此获得的汇总结果是先按照地区汇总，在地区汇总内部再按照时间汇总。

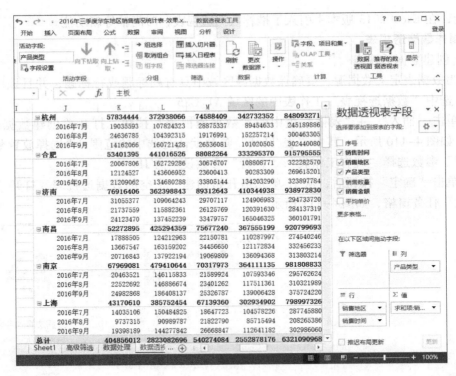

图 4-112　数据透视表字段设置

图 4-113　值字段设置

（2）编辑数据透视表

完成数据透视表的制作后，单击数据透视表，在工作簿窗口的上方会出现"数据透视表工具"，包括"分析"和"设计"两个选项卡，用户可以对数据透视表的名称、活动字段、数据等进行修改、操作和计算，以及进行编辑和美化。"数据透视表工具｜分析"选项卡如图 4-114 所示。

（3）筛选器的使用

当汇总项目比较多且数据透视表比较大的时候，用户可以通过报表筛选选择需要查看的数据。例如要筛选查看 2016 年 7 月的汇总结果。

图 4-114 "数据透视表工具 | 分析"选项卡

1) 选择"行"区域中"销售时间"下拉菜单中的"移动到报表筛选"命令, 将"销售时间"添加到筛选器中, 数据透视表上方会出现名为"销售时间"的下拉菜单, 如图 4-115 所示。

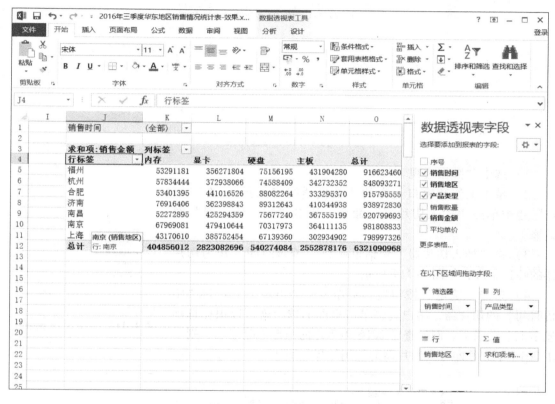

图 4-115 报表筛选

2) 通过选择"销售时间"下拉菜单中的时间选项, 可以实现按照销售时间显示数据汇总结果, 筛选结果如图 4-116 所示。

**2. 切片器的使用**

制作数据透视表时, 使用报表筛选功能可以根据需要选择某种数据进行汇总, 但是每次只能筛选一种, 因此比较麻烦。Excel 为数据透视表提供了一种名为"切片器"的工具, 用户可以随时根据需要对数据进行分类显示。

(1) 插入切片器

例如, 通过切片器实现按照销售时间进行汇总结果显示。

图 4-116　筛选结果

1）选中"数据透视表"。

2）单击工作簿窗口上方的"数据透视表工具"，在"筛选"组中单击"插入切片器"命令，弹出"插入切片器"对话框。

3）在"插入切片器"对话框中将"销售时间"作为切片器的筛选条件，如图 4-117 所示。

4）单击"确定"按钮后，工作表中会出现一个名为"销售时间"的切片器，用户直接单击里面的选项就可以根据选项显示汇总结果了。例如查看 2016 年 7 月的销售情况汇总，则单击 2016 年 7 月即可。切片器的使用结果如图 4-118 所示。

图 4-117　切片器筛选条件

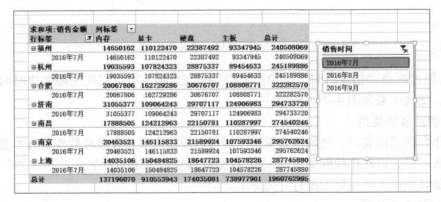

图 4-118　切片器的使用

174

（2）编辑切片器

插入切片器后，用户可以根据需要对切片器的题注、链接的报表、大小、样式、按钮大小等参数进行修改，从而控制切片器的外观和数据筛选结果。

其中"切片器设置"命令，不但可以修改切片器的名称、标题，还可以修改数据的排列方式以及筛选结果的显示方式。

**3. 设计数据透视图**

对应数据透视表，用户可以通过数据透视图的形式显示，对数据的比较和分析更加一目了然。

（1）制作数据透视图

1）选中筛选出的"数据透视表"，单击"插入"菜单"图表"组中的"数据透视图"下拉菜单，选择"数据透视图"命令，弹出"插入图表"对话框。

2）选择"柱形图"中的"三维簇状柱形图"。

制作的数据透视图如图 4-119 所示。

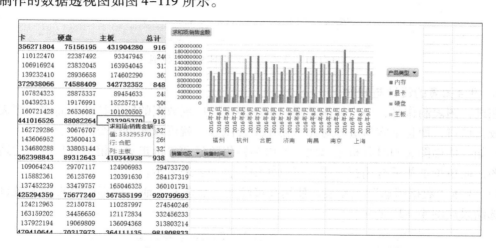

图 4-119　插入数据透视图

（2）使用切片器控制数据透视图

与数据透视表类似，如果想对数据透视图中展示的统计结果进行选择性展示，用户可以直接使用切片器进行筛选。例如数据透视图仅显示上海地区的销售状况，那么添加一个"销售地区"的切片器，选择"上海"即可。使用切片器控制数据透视图的效果如图 4-120 所示。

（3）编辑数据透视图

与数据透视表类似，用户在创建数据透视图后，选择数据透视图，工作簿窗口的上方也会出现"数据透视图工具"，包括"分析""设计"和"格式"3 个菜单。通过这 3 个菜单，用户可以对数据透视图进行移动、编辑和美化。

数据透视图与数据透视表是分开的，单独删除数据透视图不会影响数据透视表。

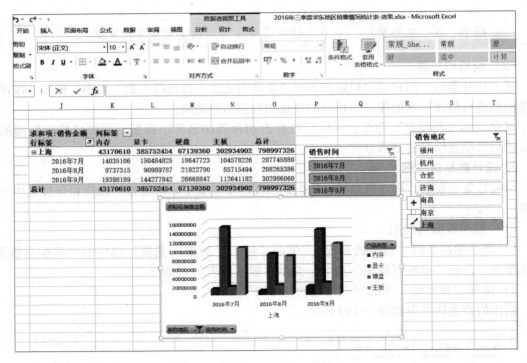

图 4-120　使用切片器控制数据透视图

### 4. 组合图表的设计与制作

在进行图表制作时，用户往往发现一个图表难以展现数据的所有特性，而多个图表往往占用较大窗口，而且不容易进行对比。使用组合图表，就可以解决这个问题。

例如，使用图表同时分析上海地区的内存销售数量和单价走势。销售数量的对比适合用柱形图，而单价走势适合用折线图，可以使用组合图表来展示。

1）选择"数据筛选"工作表，使用高级筛选，筛选上海地区内存的销售情况统计。数据筛选结果如图 4-121 所示。

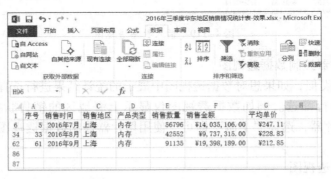

图 4-121　数据筛选结果

2）选中"销售时间""销售数量""平均单价"，插入图表，图表类型选择"组合"图表中的"自定义"，选择参数，将平均单价设置为"次坐标轴"，如图 4-122 所示。

3）单击"确定"按钮，修改图表名称即可。

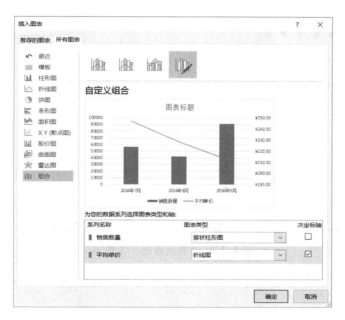

图 4-122　插入图表

组合图表制作完成后，用户可以根据普通图表的编辑方法，对组合图表的图表元素进行编辑和美化。

> ✎ **提示**：Excel 2010 以前的版本虽然也可以制作组合图表，但是要使用"图表工具"中"设置数据系列格式"的"次坐标轴"选项，制作比较麻烦。

 任务小结

任务样本如图 4-123 ~ 图 4-126 所示。

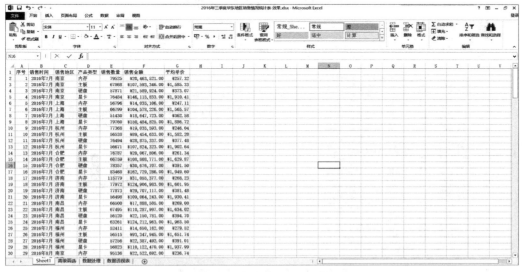

图 4-123　Sheet1 工作表

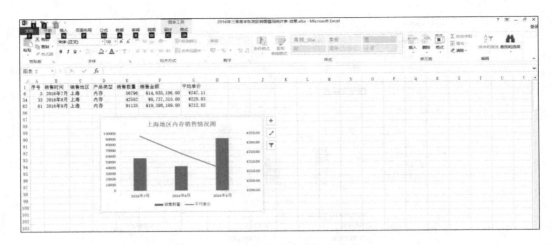

图 4-124 "高级筛选"工作表

图 4-125 "数据处理"工作表

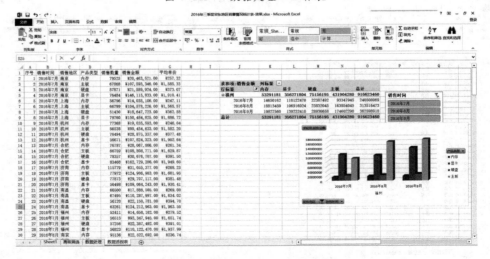

图 4-126 "数据透视表"工作表

知识链接

## 如何使用 Excel 提供的数据分析工具？

在实际工作中，用户常常需要根据已知数据做出某种假设，推测与之有联系的数据的变化情况，称为预测分析。Excel 提供了多种工具，帮助用户实现这种预测分析。操作方法是单击"数据"→"数据工具"组中的"模拟分析"下拉按钮，选择下拉列表中的命令，如图 4-127 所示。

图4-127 "数据工具"组的"模拟分析"命令

### 1. 模拟运算表

模拟运算表可以显示工作表中一个或多个数据变量的变化对计算结果的影响，求得某一过程中可能发生的数值变化，同时将这一变化列在工作表中，以便用户比较。运算表根据需要观察的数据变量多少的不同，分为单变量数据表和多变量数据表两种形式。

例如，用于预测不同销售金额和不同提成比率所对应的提成金额，可以创建一个有两个变量的模拟运算表。

### 2. 单变量求解

使用单变量求解就是通过计算寻求公式中的特定解，通过调整可变单元格中的数据，按照给定的公式来获得满足目标单元格的目标值。

例如，公司的日常经费预算固定为 140000 元，培训费等项目费用是固定值，在满足预算的情况下，差旅费最大可以为多少？

### 3. 方案管理器

方案管理器能够帮助用户创建和管理方案。使用方案，用户可以方便地进行假设，为多个变量存储不同输入值的组合，同时为这些组合命名。方案创建后，用户可以对方案的名称、可变单元格和方案变量值进行修改，或者删除不理想的方案。

例如，对某年度的销售利润进行预测，输入不同的人力成本、运输成本等预测时的可变值，创建不同的方案。

### 4. 合并计算

对于多个不同单元格或工作表中的数据，用户可以根据需要将其合并到一个新工作表中，可以在同一个工作簿中，也可以分别位于不同的工作簿。

例如销售报表，2016 年 12 个月的数据分别放到了 12 个工作表中，在每个工作表中分别汇总，然后就可以利用合并计算功能，将其合并在一起生成 2016 年的汇总表。

能力训练

**制作新生入学信息统计分析报告**

1）打开"新生入学信息统计分析报告 . xlsx"，在"素材"工作表后新建 3 个副本，分别命名为"数据筛选""数据处理""数据透视表"。

2）对"数据处理"工作表设置"高级筛选"，要求筛选出"软件专业"、生源地为"青岛"的相关数据。

3）使用"保护工作表"对"素材"进行保护，锁定所有单元格，防止其中的原始数据被修改，不允许删除行和列，允许添加行和列，取消保护密码为654321。

4）在"数据处理"工作表中，使用数据库计算济南地区录取的学生总数。

5）在"数据处理"工作表中，使用快速分析的"色阶功能"对"生源地"列进行条件格式的设置。

6）在"数据透视表"工作表，创建数据透视表，位置在新建工作表的A1，行字段为"专业"，列字段为"生源地"，值字段为"性别"，汇总方式为"计数"。

7）分别使用筛选器和切片器对数据进行筛选，字段"民族"。

8）在"数据透视表"工作表中插入"数据透视图"，并使用切片器展示济南地区的生源。

## 知识测试

### 一、选择题

1. Excel 2013 工作簿默认的扩展名是（　　）。

A．.wps          B．.dotx          C．.xlsx          D．.xls

2. 在 Excel 单元格默认的数据类型是（　　）。

A．文本          B．数字          C．日期          D．常规

3. Excel 2013 版本关于行、列和工作表的描述中，正确的是（　　）。

A．每个工作表最多包含 256 列

B．每个工作表最多包含 65536 行

C．每个工作簿最多包含 256 个工作表

D．每个工作簿可以包含的工作表数量，与计算机系统的配置有关

4. 单元格的对齐方式不包括下列哪一种？（　　）

A．水平靠左          B．垂直居中          C．水平靠右          D．垂直跨行居中

5. 用户希望将满足某种条件的单元格进行强调显示时，应该使用（　　）功能。

A．填充          B．字体颜色          C．条件格式          D．筛选

6. Excel 自动填充选项不包括下面哪一个？（　　）

A．复制单元格          B．仅填充公式          C．仅填充格式          D．填充序列

7. 在 Excel 中正确的公式格式为（　　）。

A．= D1 + D2          B．D1 + D2          C．$D1 +2          $D．SUM（D1 + D2）

8. 用户要统计 C2∶H10 区域中小于 10 的数字的个数，应该使用公式（　　）。

A．= COUNTIF(C2∶H10, " <10")          B．COUNTIF(C2∶H10, " <10")

C．= COUNTIF(C2, H10, " <10")          D．= COUNT (C2∶H10," <10")

9. 下图所示表格中，将 C1 拖动填充到 C2 中，C2 会显示（　　）。

A. 77                    B. 3344                C. 35                    D. 36

10. Excel 的计算选项不包括下列哪一项？（    ）

A. 自动              B. 手动            C. 除模拟运算表外，自动计算   D. 不计算

11. Excel 不能通过下面哪一种文件导入数据？（    ）

A. .txt              B. .xml            C. .cvs                D. .doc

12. 导入 *.cvs 文件中的数据时，一般用（    ）做分隔符。

A. Tab               B. 逗号            C. 空格                D. 分号

13. 选中 D3 单元格后，执行"冻结拆分窗格"会冻结（    ）。

A. D 行，3 列        B. 3 行，D 列      C. 2 行，C 列           D. C 行，2 列

14. 迷你图类型中不包括下列哪一个？（    ）

A. 柱形图            B. 饼图            C. 折线图              D. 盈亏

15. Excel 数据库函数的参数不包括下列哪一个？（    ）

A. database          B. field           C. FV                  D. criteria

16. 快速分析的"汇总"公式包括（    ）。

A. COS                              B. 最小值

C. 最大值                           D. 行数据求和（按列）

17. 下面（    ）功能可以实现对数据透视表的数据进行筛选。

A. 监视窗口                         B. 切片器

C. 筛选器                           D. 追踪引用单元格

18. 在 Excel 2013 窗口中，单击快速组中的"新建"按钮新建一个 Excel 文件，默认的文件名是（    ）。

A. 文档 1                           B. 工作表 1

C. 工作簿 1                         D. 新建 Microsoft Excel 工作表

19. 在 Excel 中，使用"高级筛选"命令前，必须为之指定一个条件区域，如果要求多个条件必须同时满足，这些条件要在条件区域的（    ）中输入。

A. 同一列            B. 同一行          C. 不同的行            D. 不同的列

20. 在进行学生成绩分析时，如果需要把所有不及格的分数突出显示，比如用红色字体，或者红色底纹，可以使用（    ）。

A. 条件格式          B. 高级筛选        C. 数据验证            D. 单元格样式

21. 使用 Excel 制作学生基本信息表，在输入数据时，为了保证数据的规范性和正确性，在"性别"列可以使用（    ），显示出"男/女"序列，用户可以直接选择。

A. 自动填充          B. 条件格式        C. 数据验证            D. 分类汇总

22. 制作学生成绩表，要求计算每门课程的最高分，可以使用（    ）函数。

A. SUM               B. MAX             C. MIN                 D. COUNT

23. 制作学生基本信息表，要求分别统计男生和女生的人数，可以使用（    ）函数。

A. COUNT             B. COUNTA          C. COUNTIF             D. COUNTIFS

24. 在 Excel 中，下列关于工作表操作的描述中错误的是（    ）。

A. 工作表可以隐藏

B. 工作表可以重命名

C. 可以选择多个连续或不连续的工作表中组成工作表组

D. 删除工作表后，可以撤销删除操作

25. 在 Excel 中，交叉运算符为（　　　），例如公式"= SUM(B5：C7 C5：D8)"，求的是这两个区域的公共部分的和。

    A. 空格　　　　　　　　B. 冒号　　　　　　　　C. 逗号　　　　　　　　D. 分号

26. Excel 提供了"选择性粘贴"功能，在复制内容时，用户可以有选择性地进行粘贴，下列（　　　）是错误的。

    A. 格式　　　　　　　　B. 图片　　　　　　　　C. 转置　　　　　　　　D. 背景

27. 在 Excel 中，公式"= SUM($A$2 $D$2)"中的地址引用属于（　　　）。

    A. 相对地址引用　　　　　　　　　　　　B. 绝对地址引用

    C. 混合地址引用　　　　　　　　　　　　D. 三维地址引用

28. Excel 的图表样式库中不包括下列哪一个？（　　　）。

    A. 柱形图　　　　　　　　B. 饼图　　　　　　　　C. 流程图　　　　　　　　D. 条形图

29. 在 Excel 中，关于行、列和单元格的叙述，下列错误的是（　　　）。

    A. 单元格可以隐藏

    B. 行或列可以隐藏

    C. 删除单元格时，会弹出"删除"对话框供用户选择

    D. 插入单元格时，会弹出"插入"对话框供用户选择

30. 下列关于在 Excel 中调整行高和列宽的方法，描述错误的是（　　　）。

    A. 在行号或列标上通过拖动鼠标实现

    B. 双击行或列分隔线

    C. 通过对话框实现

    D. 单击分隔线

## 二、判断题

1. 在单元格中输入"01234"，按〈Enter〉键后，单元格中显示"1234"。（　　　）

2. Excel 单元格地址用列标行号的形式进行标记，例如"A3"。（　　　）

3. 粘贴单元格数字数据时，默认粘贴数据的值。（　　　）

4. 单元格的字体可以设置为宋体，小四号。（　　　）

5. 当输入的文本超出单元格的宽度时，在单元格中默认会自动换行。（　　　）

6. 用户可以使用"插入"选项卡设置工作表的背景。（　　　）

7. 创建 Excel 图表时，用户可以直接选择"组合图表"类型进行创建。（　　　）

8. Excel 可以使用图片为工作表设置背景。（　　　）

9. 单元格的填充柄在单元格的左下角。（　　　）

10. 用户在编辑栏中输入公式时，可以使用中文的标点符号。（　　　）

11. Excel 函数的一般格式为：函数名（参数1 + 参数2）。（　　　）

12. 对数据进行分类汇总时，首先要以分类数据列为关键字进行排序。（　　　）

13. AVERAGE 是一个逻辑函数。（　　　）

14. IF 是一个统计函数，用于统计个数。（　　　）

15. 价格变化趋势比较适合用饼图来展示。（　　　）

16. 对数据进行排序时，可以按照升序或降序，也可以自定义序列排序。（　　　）

17. 套用表格格式时，Excel 会自动进行列表嵌套。（　　　）

18. 引用其他工作表数据时，只能引用同一工作簿中的其他工作表。（　　　）

19. 使用"数据验证"时，Excel 会自动将错误数据标出。（　　　）

20. 快速分析的"格式"指的是设置单元格格式。（　　　）

21. 迷你图可以直接使用〈Delete〉键删除。（　　　）

22. "高级筛选"需要单独设定筛选条件区域。（　　　）

23. "保护工作簿"功能仅对工作簿中的某一个工作表起作用。（　　　）

24. DAVERAGE 是一个数据库函数。（　　　）

25. "数据清单"的行标题定义为数据清单的"字段名"。（　　　）

# 项目 5　使用 PowerPoint 2013 制作演示文稿

## 学习目标

- ◆ 了解制作演示文稿的基本步骤
- ◆ 掌握演示文稿的制作和编辑方法
- ◆ 掌握在演示文稿中添加动画与设置切换方式
- ◆ 掌握在演示文稿中添加图形、音频、视频等多媒体元素的方法
- ◆ 掌握演示文稿的播放技巧
- ◆ 掌握演示文稿的发布

## 能力目标

- ◆ 能够根据要求制作不同风格的演示文稿
- ◆ 能够在演示文稿中设置动画及切换方式
- ◆ 能够在演示文稿中添加图形、视频、Flash 动画等多媒体元素
- ◆ 能够在不同场合下播放演示文稿
- ◆ 能够发布演示文稿
- ◆ 能够将演示文稿转换成网页、PDF、Word 等其他格式的文件

## 任务 5.1　校园文化艺术节活动宣传

 任务描述

在学习和工作中，人们经常会用到演示文稿。例如，完成项目后的项目汇报，学生会竞选时的竞选演讲，年终的工作汇报等。

下面要完成的任务：

学校组织校园文化艺术节，已经下发了相关的文字通知。作为学生会干部，小华要开展一次文化艺术节的宣讲，向学生介绍文化艺术节的活动，希望大家积极参与到文化艺术节的活动中来。现在需要做一个宣讲会上使用的校园文化艺术节活动介绍的演示文稿。

 任务分析

工作步骤与相关知识点分析见表 5–1。

表 5-1　任务分析

| 工 作 步 骤 | 相关知识点 |
| --- | --- |
| 创建和保存 | "文件"选项卡的"新建""保存"命令 |
| 新建幻灯片 | "开始"选项卡的新建幻灯片，幻灯片版式 |
| 编辑幻灯片 | "开始"选项卡的字体、段落组；"插入"选项卡的图像组 |
| 设置切换方式 | "切换"选项卡 |
| 幻灯片播放 | "幻灯片放映"选项卡的幻灯片放映组 |

 任务实施

文件名：校园文化艺术节宣传 . pptx。

要求：根据项目 2 中"校园文化节活动通知"的 Word 文档，制作校园文化艺术节活动宣传的演示文稿。

## 5.1.1　新建和保存演示文稿

用户在制作演示文稿时，首先应根据文字资料设计好每一张幻灯片的主题，以及幻灯片的数量。每张幻灯片要突出一个中心思想，幻灯片之间要有逻辑性，构建幻灯片之间的故事线，形成演示文稿的整体结构。

演示文稿的基本结构包括封面、目录、转场、内容、结尾等，如图 5-1 所示。

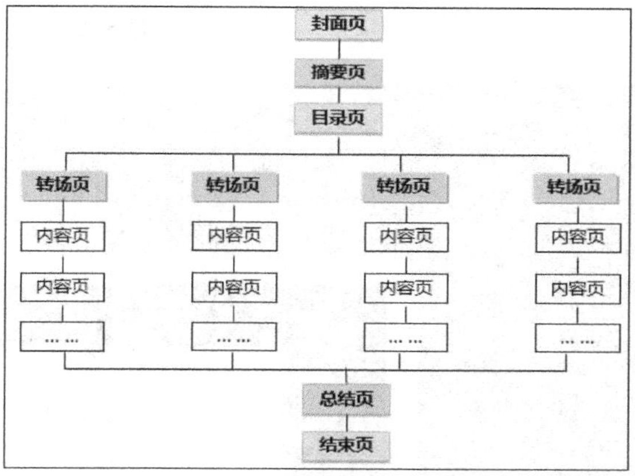

**1. 创建演示文稿**

PowerPoint 提供以下两种新建演示文稿的方法。

方法 1：使用"空白演示文稿"新建演示文稿。启动 PowerPoint 后，在"新建"窗口中，单击"空白演示文稿"选项，即可创建一个空白演示文稿，如图 5-2 所示。

图 5-1　演示文稿的基本结构

方法 2：使用"主题"新建演示文稿。PowerPoint 提供丰富的主题，每种主题定义幻灯片的多种元素，包括背景、颜色、字体、设计风格等。

单击"新建"窗口中的"环保"选项，打开"环保"模板，如图 5-3 所示，选择第 1 排第 2 个颜色，单击"创建"按钮，即可创建该主题的演示文稿。使用"环保"主题创建的演示文稿效果如图 5-4 所示。

PowerPoint 的主题有两种：一种是内置主题，例如"环保""离子""积分"等，用户可直接使用；另一种是需要联机下载的。在如图 5-2 所示的文本框中输入要搜索的关键字，或者单击文本框下面提供的关键字，例如"主题"，打开如图 5-5 所示的页面，用户根据需要选择联机主题进行下载，选择其中的一个主题即可下载该主题并创建该主题的演示文稿。

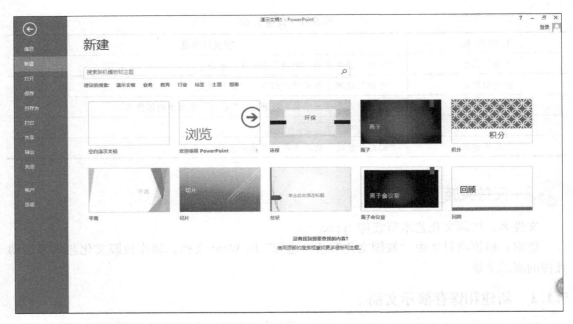

图5-2 "新建"窗口

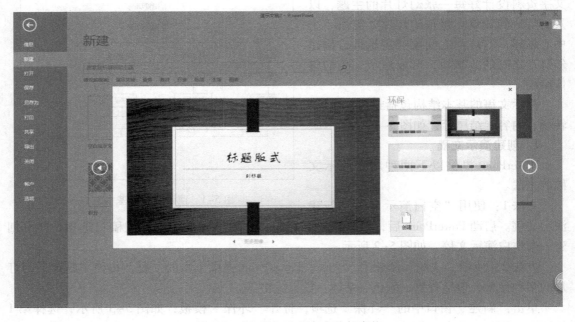

图5-3 "环保"主题颜色选择窗格

制作演示文稿的操作步骤如下：

1）使用"空白演示文稿"创建新的演示文稿。

2）单击"设计"→"主题"→"离子会议室"按钮，在"变体"组选择橙色背景，离子会议室主题效果如图5-6所示。

图 5-4　"环保"主题效果

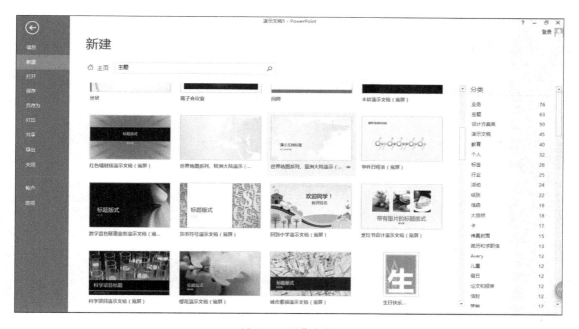

图 5-5　下载主题

**2. 保存演示文稿**

创建完成后,用户需要对新创建的演示文稿进行保存,操作步骤如下:

1)单击"文件"选项卡中的"保存"命令,或者单击快速访问工具栏中的"保存"按钮,弹出"另存为"窗口,如图 5-7 所示。

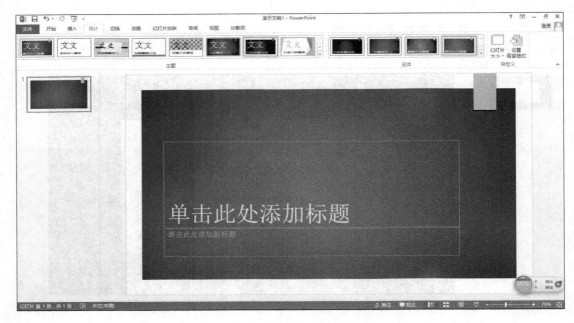

图 5-6 "离子会议室"主题效果

图 5-7 "另存为"窗口

2）在"另存为"窗口中，单击"浏览"按钮，打开浏览文件对话框，选择演示文稿的保存位置，演示文稿的后缀名默认为".pptx"。

3）如果给其他人发送的 PowerPoint 演示文稿需要立即观看幻灯片放映，而不是看到演示文稿的编辑模式，则可以将演示文稿另存为"PowerPoint 放映（.ppsx）"类型。在打开该文件时，将会自动启动幻灯片放映，而不会启动 PowerPoint 进入编辑状态。

## 5.1.2　封面页的制作

PowerPoint 2013 提供 5 种视图，分别是普通、大纲视图、幻灯片浏览、备注页和阅读视图，用户根据工作要求自行选择。

◆ 普通视图：一次操作一张幻灯片，可以对该幻灯片进行详细的编辑。

◆ 幻灯片浏览视图：在一屏中同时显示多张幻灯片的缩略图，用户可以调整幻灯片的顺序，以及进行插入、复制、删除移动等操作。

◆ 备注页视图：可以对每一张幻灯片的备注页进行编辑，一屏只显示一张幻灯片缩略图和相应的备注。

◆ 阅读视图：播放幻灯片放映以查看动画和切换效果，无需切换到全屏幻灯片放映方式。

PowerPoint 2013 默认的视图是普通视图，在新建的标题幻灯片中，编辑区中所显示的虚线文本框称为"占位符"。简单理解，占位符就是先占一个位置，使用者可以往里面添加文本、图片、图表等元素。占位符都有提示性文字，单击占位符里面的文字，提示就会自动消失，占位符就变成文本框，直接输入文字即可。

操作步骤如下：

1）单击"单击此处添加标题"的文本框，输入文字"2015 年度校园文化艺术节"。

2）选中文字设置字体。将字体和字号分别设置成"微软雅黑，54 号"，封面幻灯片的效果如图 5-8 所示。

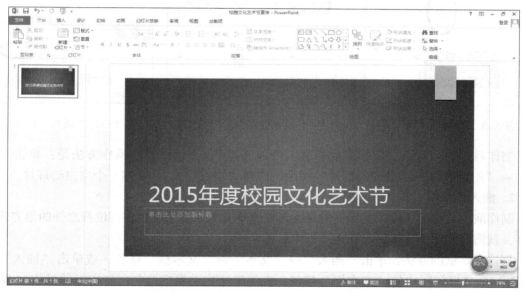

图 5-8　封面页效果

## 5.1.3　目录页的制作

### 1. 新建幻灯片

演示文稿的基本组成单位是幻灯片，演示文稿是由一张张版式不同的幻灯片组成的。新建幻灯片的方法如下。

方法 1：单击"开始"→"幻灯片"→"新建幻灯片"按钮，如图 5-9 所示，新建一个幻灯片，默认是"标题幻灯片"版式。

方法 2：单击"开始"→"幻灯片"→"新建幻灯片"下拉按钮，在下拉列表中选择幻灯片的版式，如图 5-10 所示。

幻灯片版式是指幻灯片中的文本、图片、图表等多种对象的布局，例如前面使用过的"标题幻灯片"。除此之外，还有"标题和内容""两栏内容"等多种版式。版式可以在新建幻灯片时确定，如果后期制作幻灯片的过程中觉得现有版式不合适，也可以单击"开始"→"幻灯片"中的"版式"下拉按钮进行修改，如图 5-11 所示。

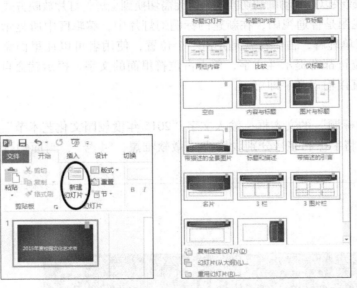

图 5-9 "新建幻灯片"按钮　　图 5-10 "新建幻灯片"版式列表　　图 5-11 "版式"按钮

制作目录幻灯片，一般不需要标题，可以选择"空白版式"。操作方法是：单击"开始"→"幻灯片"→"新建幻灯片"命令，选择"空白版式"，新建一个空白幻灯片。

**2. 插入文本框**

制作演示文稿时，输入文字一般是在占位符中完成。如果需要在占位符之外的地方输入文字，就需要先添加文本框，在文本框中输入。

创建文本框的方法：单击"插入"→"文本"→"文本框"按钮，或单击"插入"→"插图"→"形状"中的"文本框"按钮，在编辑区拖动鼠标绘制。文本框的操作和 Word 相似，不再赘述。

操作步骤如下：

1）在空白编辑区绘制文本框，输入内容。字体设置成"黑体，48"，颜色设置为"橙色，着色 2，深色 50%"，然后将文本框移动到合适位置。

2）单击"开始"→"段落"→"项目符号"按钮，给目录内容添加项目符号。项目符号可以使用提供的样式，也可以打开"项目符号和编号"对话框，单击"自定义"或"图片"按钮，自己设定符号样式或使用图片作为项目符号。

目录幻灯片的效果如图 5-12 所示。

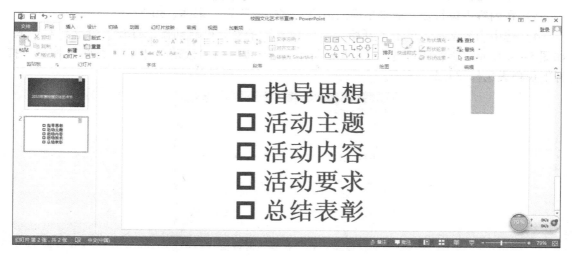

图 5-12　目录页效果

### 5.1.4　内容页的制作

在这个任务中，内容页需要制作 5 张幻灯片。

**1."指导思想"页的制作**

操作步骤如下：

1）单击"开始"→"幻灯片"→"新建幻灯片"下拉按钮，在下拉列表中选择"标题和内容"选项。标题和内容版式如图 5-13 所示。

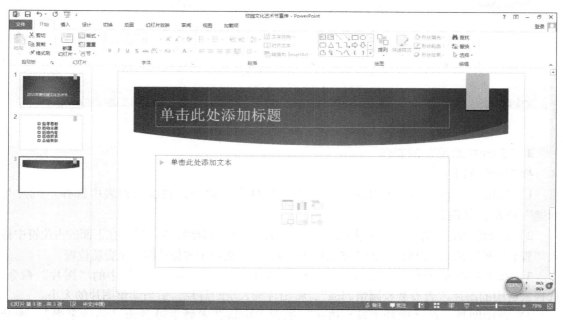

图 5-13　标题和内容版式

2）在标题占位符输入"指导思想"，字体设置成"微软雅黑、36号"。

3）在内容占位符输入通知里面的内容，字体设置为"宋体、30号"。

4）选中内容文本，单击"开始"→"段落"的对话框启动器，打开"段落"对话框，如图5-14所示，将行距设置为"1.5倍行距"。或者使用"段落"中的"行距"按钮，打开下拉列表选择"1.5"选项。

图5-14 "段落"对话框

"指导思想"页的效果如图5-15所示。

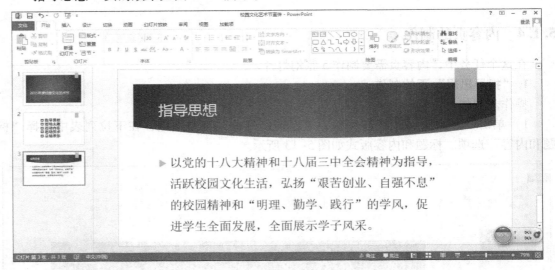

图5-15 "指导思想"页效果

**2."活动主题页"的制作**

操作步骤如下：

1）单击"开始"→"幻灯片"→"新建幻灯片"命令，在版式列表中选择"图片与标题"选项，如图5-16所示。

2）在标题占位符输入"活动主题"，字体设置为"微软雅黑、36号"。在下面的占位符中输入"青春梦校园情"，字体设置为"华文琥珀、66号"。将两个占位符调整至合适位置。

3）单击右边占位符中的"图片"按钮，或单击"插入"→"图像"中的"图片"命令，选择素材中的图片"青春梦校园情.jpg"，将图片插入至幻灯片，适当调整图片的大小。

4）选中图片，在"图片工具｜格式"选项卡中将艺术效果设置为"蜡笔平滑"，图片样式设置为"柔化边缘椭圆"。"活动主题"页的最终效果如图5-17所示。

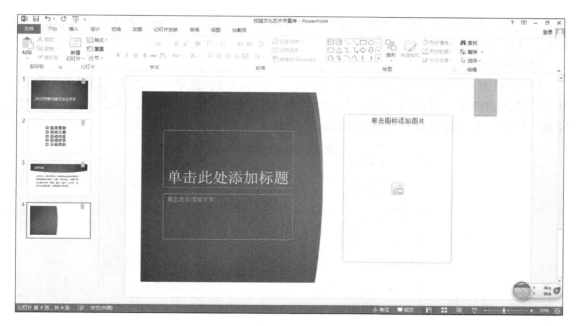

图 5-16　图片与标题版式

图 5-17　"活动主题"页效果

> ✍ **提示：**插入图片之后，系统会自动添加"图片工具-格式"选项卡，用户可利用组中的"艺术效果""图片样式"组等对图片进行处理，得到丰富的艺术效果。

　　其余内容页的制作和以上两个内容页的操作步骤大致相同。不同的是，"活动内容"页版式选择"3 栏"，"活动要求"页版式选择"两栏内容"，"总结表彰"页版式选择"垂直排列标题与文本"。

**3. 页面之间的跳转**

　　当所有的内容页都制作完毕之后，用户可以在目录页上给每个条目加上超链接，单击目录页上的文字即可跳转到该内容页。在每个内容页上，添加一个按钮，单击后可以返回到目录页，从而实现页面之间的跳转。

操作步骤如下：

1）在目录页选定并右击文字"指导思想"，在弹出的快捷菜单中选择"超链接"命令，打开"插入超链接"对话框，如图 5-18 所示。在"链接到"区域里，单击"本文档中的位置"按钮，在中间列表中选择要链接到的页面。

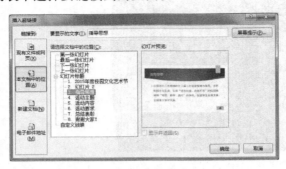

图 5-18 "插入超链接"对话框

超链接创建完毕后，在目录页上单击文字"指导思想"即可跳转至指导思想内容页。按照相同的方法创建出目录页的其他条目至相应内容页的超链接。

除了在本演示文稿中插入超链接，用户还可以在其他文档或网页中插入超链接，或者设置"电子邮件地址"为超链接。

2）选中"指导思想"页。单击"插入"→"插图"的"形状"下拉按钮，移动到最后的"动作按钮"区域，选择"后退或前一项"选项，如图 5-19 所示。在页面的右下角，按住鼠标左键拖动，绘制出该按钮。

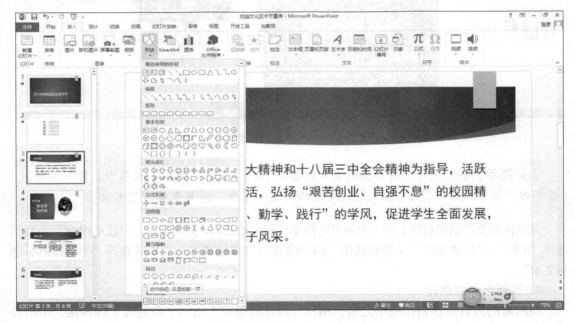

图 5-19 "形状"中的动作按钮

3）绘制完毕后，自动打开"操作设置"对话框，如图 5-20 所示。打开"超链接到"下拉列表，选择"幻灯片…"选项，打开"超链接到幻灯片"对话框，如图 5-21 所示，选择"2. 幻灯片 2"选项。按照相同的方法，制作目录幻灯片和其他内容幻灯片之间的跳转。

图 5-20 "操作设置"对话框

图 5-21 "超链接到幻灯片"对话框

## 5.1.5 结束页的制作

操作步骤为：新建幻灯片，版式为"标题幻灯片"；在标题占位符上输入"谢谢大家！"，字体设置为"微软雅黑，48 号"。结束页的效果如图 5-22 所示。

图 5-22 结束页效果

## 5.1.6 幻灯片切换效果的设计

幻灯片切换效果是在演示期间从一张幻灯片移到下一张幻灯片时，在"幻灯片放映"视图中出现的动画效果。用户可以控制切换效果的速度、添加声音，还可以对切换效果的属性进行自定义。切换效果的设置可以增强演示文稿的播放效果,让整个放映过程体现流畅的连贯感。

如果要删除切换效果,用户可在普通视图中的"幻灯片"选项卡上单击要删除其切换效果的幻灯片的缩略图,在"切换"选项卡的"切换到此幻灯片"组中选择"无"选项。

操作步骤如下:

1)选中第 2 张幻灯片,单击"切换"选项卡,如图 5-23 所示。

图 5-23 "切换"选项卡

2)在"切换到此幻灯片"中选择切换效果,设置为"形状";在右边的效果选项中,设置所需效果的选项。不同的效果具有不同的效果选项,"形状"的效果选项如图 5-24 所示,这里选择"圆"选项。

3)"换片方式"用来设置在什么情况下进行幻灯片的切换。

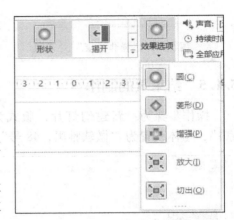

- ◆ 勾选"单击鼠标时"复选框,在幻灯片的放映过程中,单击鼠标切换到下一幻灯片。
- ◆ 勾选"设置自动换片时间",则需在后面设置间隔时间,比如设置为"00:05.00",则在这张幻灯片播放 5 秒钟切换到下一幻灯片。

4)在"声音"下拉列表框中选择幻灯片切换时的声音效果。

图 5-24 "形状"的效果选项

- ◆ "持续时间":设置整个切换效果所持续的时间,用来控制幻灯片切换的快慢。
- ◆ "全部应用":则该切换效果会应用在此演示文稿的所有幻灯片上。

> ✎ 提示:设置了"全部应用"后,如果认为单一的切换效果过于单调,用户可以将切换效果设置成"随机"或"随机线条"。这样既避免了逐张去设置切换效果的麻烦,又可以得到丰富的切换效果。

### 5.1.7 演示文稿的播放

**1. 播放幻灯片**

演示文稿制作完毕,接下来就要进行演示文稿的放映了。幻灯片放映有以下两种方法。

方法 1:单击"幻灯片放映"→"开始放映幻灯片 | 从头开始"或"幻灯片放映"→"开始放映幻灯片 | 从当前幻灯片开始"。

方法 2:按〈F5〉键,将从第一张幻灯片开始放映。

在放映的过程中,用户可以使用右键快捷菜单中的命令列表,执行控制播放顺序、改变鼠标的指针、结束放映等操作。在开始放映后，用户也可以利用屏幕左下角的半透明工具栏控制幻灯片的播放，如图5-25所示。

**2. 设置幻灯片放映**

用户可以通过"自定义幻灯片放映"和"设置幻灯片放映"两种方式对幻灯片放映进行设置。

（1）自定义幻灯片放映

自定义幻灯片放映是根据播放者的需要，指定幻灯片进行放映，而不是逐张进行放映。单击"幻灯片放映"→"开始放映幻灯片"→"自定义幻灯片放映"命令，如图5-26所示，打开"自定义放映"对话框。

图5-25　放映窗口中的
半透明工具栏

图5-26　"自定义幻灯片放映"命令

在"自定义放映"对话框中，单击"新建"按钮，如图5-27所示，弹出"定义自定义放映"对话框，如图5-28所示。左边的列表框中列出了演示文稿中所有的幻灯片，全部选中后单击"添加"按钮，就可以播放全部幻灯片。如果只选择部分幻灯片，幻灯片放映时只播放被选中的幻灯片。

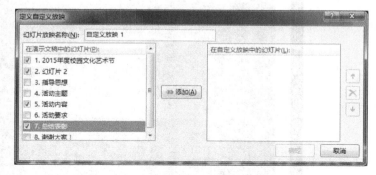

图5-27　"自定义放映"对话框

图5-28　"定义自定义放映"对话框

（2）设置幻灯片放映

单击"幻灯片放映"→"设置"→"设置幻灯片放映"命令，弹出"设置放映方式"对话框，如图5-29所示。

1）放映类型。

◆ "演讲者放映（全屏幕）"：适合于演讲者自己控制演示文稿的播放。

◆ "观众自行浏览（窗口）"：适合于在公共场所进行放映。放映时的窗口中就会显示出控制播放命令，如图5-30所示。

◆ "在展台浏览（全屏幕）"：幻灯片自动播放，不能对播放进行控制，避免观众的干扰。

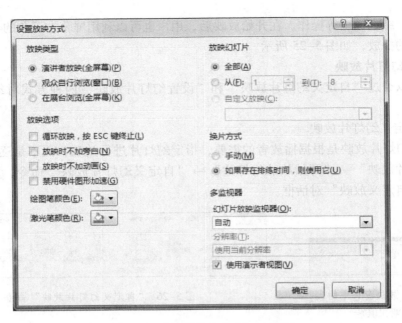

图 5-29 "设置放映方式"对话框

图 5-30 观众自行浏览

2）放映选项。

◆ "循环放映，按 ESC 键终止"是指播放完最后一张幻灯片后不结束幻灯片的放映，而是返回到第一张继续播放，按〈ESC〉键终止播放。

◆ "放映时不加旁白"是针对演示文稿在制作时有旁白的情况，根据实际需要，如果勾选，播放时则不播放旁白。

◆ "放映时不加动画"是指播放时给所有对象添加的动画都不播放。

 任务小结

任务样本如图 5-31 所示。

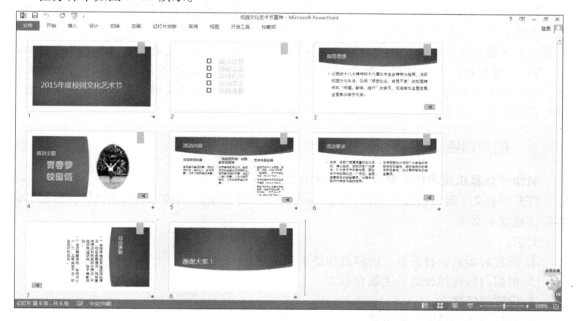

图 5-31　"校园文化艺术节宣传"样本

 知识链接

演示文稿的分类及设计原则

　　根据用途的不同，演示文稿可以分为阅读型演示文稿和演讲型演示文稿。阅读型演示文稿主要是供人阅读，文字较多，需要文字清晰完整，排版严谨，目的是让读者易于阅读，使浏览者方便理解。演讲型演示文稿主要是在演讲的过程中起辅助作用，需要美观简洁，吸引观众。

　　两种不同用途的演示文稿在制作时有不同的要求，见表 5-2。

表 5-2　不同类型演示文稿的要求

|  | 阅读型演示文稿 | 演讲型演示文稿 |
|---|---|---|
| 主题 | 可选择色彩复杂主题 | 现场光线强，用浅色；现场光线暗，用深色 |
| 颜色 | 可以选择较多的色彩 | 简单，对比度高的颜色 |
| 字体 | 字体形式可以多元化 | 尽量控制字体的种类 |
| 字号 | 最小不要小于 12 号字 | 最后一排观众可阅读 |

演示文稿的制作步骤

　　制作一个优秀的演示文稿，并不是从网上下载一个漂亮的模板，将现有的文字材料粘贴

过去就可以了，应该根据下列步骤进行。

1）分析材料：在设计之初，需要对文字资料及相关材料进行总结提炼，提炼出核心观点，将无关内容舍弃。

2）整体构思：形成核心观点及相关要点后，就要构思如何通过演示文稿展示这些内容。主要从两个方面进行构思，一是整个演示文稿的结构，一共需要多少个页面，以及每个页面的主题是什么；二是对每个页面进行构思，例如只使用文字还是需要插入图片来展示。

3）内容制作：进入幻灯片制作的具体环节。这一部分工作不仅需要制作出每页的内容，还需要选择最好的形式将内容表达出来。另外还要注意演示文稿的整体美观，要有统一的色调和风格，切忌五颜六色，让观众眼花缭乱。

 能力训练

**制作"计算机应用技术专业介绍"演示文稿**

打开项目 2 "能力训练"中制作的 Word 文档"计算机应用技术专业介绍"，根据其内容制作成演示文稿。

要求：

① 要有封面页、目录页、内容页和结束页。

② 根据内容选择合适的主题和版式。

③ 设置超链接。

④ 幻灯片之间设置切换方式。

⑤ 演示文稿要内容完整，美观大方。

# 任务 5.2　工程项目管理报告

 任务描述

鹏程建筑公司准备召开季度总结大会，项目经理要在大会做报告，汇报关于绿城项目施工的项目管理情况。项目经理要求秘书根据绿城项目施工时的各种资料，制作一个工程项目的演示文稿，供汇报时使用。

 任务分析

工作步骤与相关知识点分析见表 5-3。

表 5-3　任务分析

| 工 作 步 骤 | 相关知识点 |
|---|---|
| 创建和保存 | "文件"选项卡的"新建""保存"命令 |
| 编辑母版 | 母版的作用、幻灯片母版的编辑 |
| 编辑幻灯片 | "插入"选项卡"文本"组和"插图"组 |

200

| 工 作 步 骤 | 相关知识点 |
|---|---|
| 添加动画 | "动画"选项卡 |
| 幻灯片切换 | "切换"选项卡 |
| 幻灯片放映 | "幻灯片放映"选项卡 |

## 任务实施

文件名：项目施工管理报告 . pptx。

要求：

1）幻灯片背景要有公司的 Logo；

2）文字精炼，图文并茂；

3）文字、图片设置动画效果。

### 5. 2. 1　母版的设计与制作

单击"文件"→"新建"命令，在"新建"窗口中选择"空白演示文稿"，新建一个空白演示文稿；将文稿保存成"项目施工管理报告 . pptx"。

**1. 幻灯片母版视图**

母版中包含可出现在每一张幻灯片上的元素，如文本占位符、图片、动作按钮等，幻灯片母版上的对象自动出现在每张幻灯片的相同位置上。用户使用幻灯片母版，可以将每张幻灯片上都有的内容统一放在母版上，实现快速统一幻灯片的风格。

单击"视图"→"母版视图"→"幻灯片母版"命令，进入幻灯片母版视图，如图 5-32 所示。在左侧的缩略图窗口中，列出了 12 张幻灯片母版页面，其中第 1 张为基础

图 5-32　幻灯片母版视图

页，其余11张对应着不同的版式。基础页是其他页面的基础，对基础页完成编辑和修改，其他的页面会随之做同样的修改。

**2. 编辑幻灯片母版**

编辑幻灯片母版时，用户可以像编辑普通幻灯片一样进行修改背景、插入图片、设置字体、添加页眉和页脚、添加动画等操作。编辑完毕，单击"幻灯片母版"选项卡"关闭"组中的"关闭母版视图"按钮，关闭幻灯片母版视图，返回普通视图。

制作幻灯片母版的操作步骤如下：

1）进入幻灯片母版视图，选中基础页，单击"插入"→"图像"的"图片"命令，选择素材中的"背景图片"。调整图片的大小，让其覆盖整张幻灯片，此时图片会将所有的占位符遮盖。右击图片，在弹出的快捷菜单中选择"置于底层"命令，这样，图片放置在所有对象的下面，占位符就显示出来。插入背景图片的母版效果如图5-33所示。

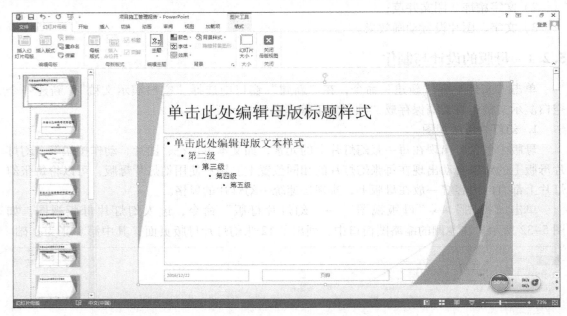

图5-33 插入背景图片的母版效果

2）单击"插入"→"插入│形状"中的"直线"，在内容占位符和页脚占位符之间画一条直线，增强版式的布局感。调整位置和线的长度。

在"绘图工具│格式"→"形状样式"中，将直线的样式设置成"粗线，强调颜色6"，在"形状轮廓"中将"粗细"设置成4.5磅。

3）单击"插入"→"图像│图片"，选择素材中的"公司Logo"，将其插入到幻灯片的右上角，调整位置和大小。

单击"图片工具│格式"→"调整│颜色"中的"设置透明色"命令，鼠标变成笔的形状，移动鼠标到公司Logo的白色背景上单击，就可以将白色背景去掉。

单击"图片工具│格式"→"图片样式"的下拉箭头，在图片样式中选择"居中矩形阴影"，使Logo更具立体感。

添加了直线、公司Logo的母版效果如图5-34所示。

202

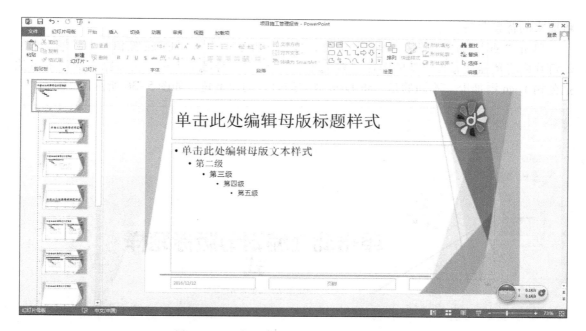

图 5-34　添加了直线、公司 Logo 的母版效果

4）将标题占位符中文字的字体样式设置为"微软雅黑，44 号，加粗"；将内容占位符中的文字字体设置成"黑体"。设置了标题和内容的格式效果如图 5-35 所示。

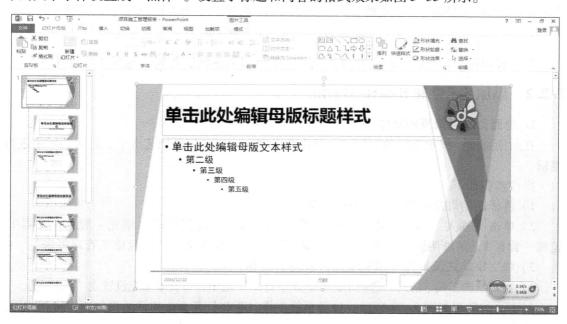

图 5-35　标题、内容格式设置效果

5）选中左侧缩略图中的第 2 张标题幻灯片母版"标题幻灯片版式"。在标题幻灯片上，把公司 Logo 移到左边，将下面的直线去掉。但是，在基础页所做的设置，在其他 11 张幻灯片母版中无法改变。所以，如果其他版式的母版幻灯片想要改变，就只能插入一张新的图片

将原来的背景覆盖。

单击"插入"→"图像 | 图片"命令，选择"背景图片"，调整位置和大小，将原来的幻灯片内容覆盖住，再将新的图片"置于底层"，让占位符显示出来。再根据上面讲的方法把公司 Logo 添加上。不同的是，将 Logo 放在幻灯片的左上角，如图 5-36 所示。

图 5-36 标题幻灯片母版效果

母版编辑完毕，单击"幻灯片母版"→"关闭母版视图"按钮，返回到普通视图。

## 5.2.2 添加艺术字和 SmartArt 图形

### 1. 封面页和目录页的制作

在封面页上，演示文稿的标题可以使用艺术字来完成。先添加艺术字，再对艺术字进行编辑。

操作步骤如下：

1）将标题幻灯片中原来的占位符删除。

2）单击"插入"→"文本"中的"艺术字"按钮，选择样式"填充 - 黑色，文本 1，轮廓 - 背景 1，清晰阴影 - 背景 1"；在编辑区中单击，录入文字"项目施工管理报告"。

3）将文字格式设置为"微软雅黑，60 号，加粗"。

4）在"绘图工具 | 格式"选项卡的"艺术字样式"组中，将文本填充设置成"深绿色"。

封面页的效果如图 5-37 所示。目录页的制作过程和任务 5.1 的目录页的制作步骤相同，不再赘述。

### 2. 项目组织管理体系页的制作

Office 2013 提供了丰富的 SmartArt 图形，用户也可以直接使用 Excel 图表。SmartArt 图形是信息和观点的可视表示形式，而图表是数字值或数据的可视图示。一般来说，SmartArt 图形是为文本设计的，而图表是为数字设计的。

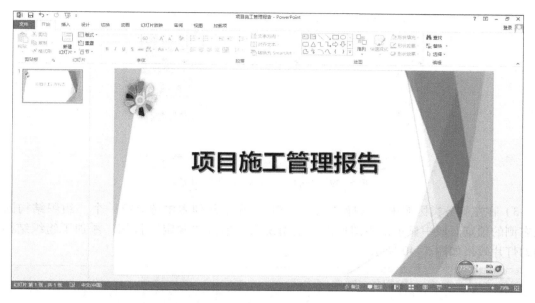

图 5-37　封面页效果

具体操作步骤如下：

1）新建版式为"标题和内容"的幻灯片，在标题占位符输入"一. 项目组织管理体系"。

2）单击内容占位符中的"插入 SmartArt 图形"按钮，如图 5-38 所示，或者单击"插入"→"插图"组中的"SmartArt"按钮，打开"选择 SmartArt 图形"对话框，如图 5-39 所示。

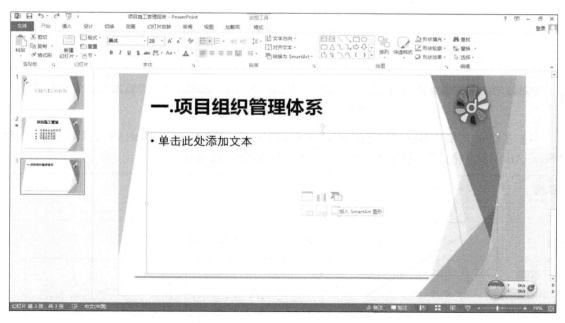

图 5-38　插入 SmartArt 图形按钮

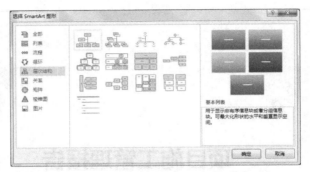

图 5-39 "选择 SmartArt 图形"对话框

3）在左侧分类区域中，选择"层次结构"，在中部列表中选择第一个"组织结构图"，在右侧的预览区域中显示出该图形以及使用说明，单击"确定"按钮。添加了组织结构图的幻灯片效果如图 5-40 所示。

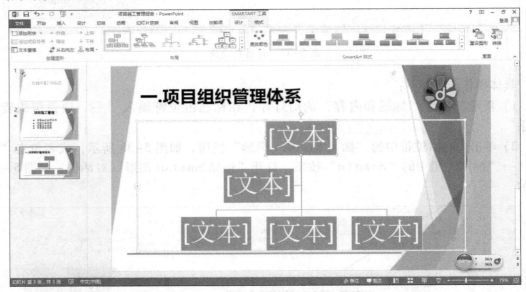

图 5-40　添加组织结构图的效果

4）在演示文稿中插入组织结构图，PowerPoint 会自动打开"SmartArt 工具│设计"和"SmartArt 工具│格式"选项卡，分别如图 5-41 和图 5-42 所示。

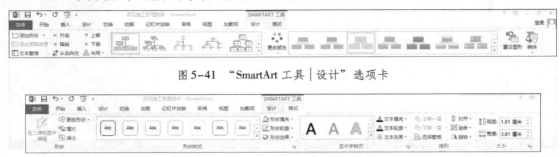

图 5-41　"SmartArt 工具│设计"选项卡

图 5-42　"SmartArt 工具│格式"选项卡

"SmartArt 工具|设计"选项卡主要是对组织结构图的结构进行编辑，可以通过"创建图形"组中的"添加形状""上移""下移""布局"等按钮添加节点，调整布局；用户也可以使用〈Delete〉键删除节点；"SmartArt 工具|格式"选项卡则主要是对组织结构图的样式进行编辑。

5）在组织结构图各个节点的文本框中输入文本，制作完毕的组织结构图效果如图5-43所示。

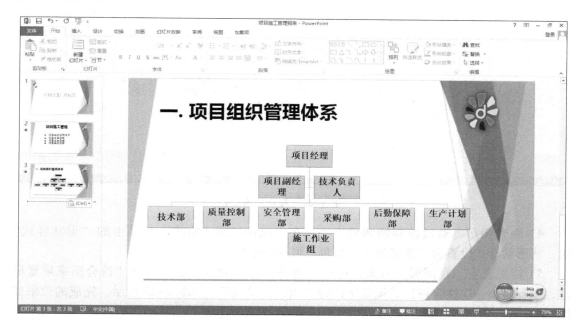

图5-43　组织结构图效果

## 5.2.3　添加图形

在演示文稿中插入图形，用户可以通过"插入"→"插图|形状"里提供的各种形状进行绘制，"形状"列表里提供线条、箭头、基本形状、流程图等8种类型，如图5-44所示。如果用户能够将"形状"里提供的各种图形灵活运用，则可以提高幻灯片的艺术感觉及演示效果。

本案例中的其他幻灯片都将用到形状。形状的使用分两个步骤：添加形状和编辑形状。

**1. 第4张幻灯片的制作**

操作步骤如下：

1）新建幻灯片，版式为"仅标题"类型，其余幻灯片的版式都选择"仅标题"。

2）添加标题"二．项目质量管理——质量目标"。将"——质量目标"字号设置为"36号"，取消加粗。

3）添加图形。选择形状"星与旗帜"类型中的"横卷形"，在编辑区中绘制一个横卷形图形。

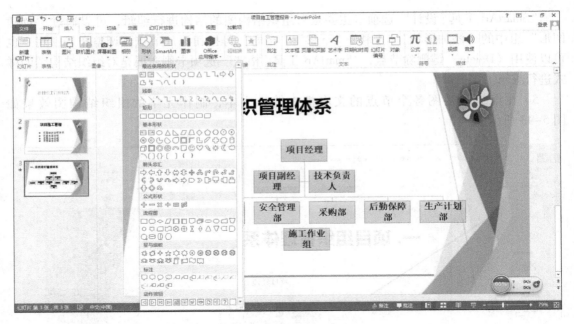

图 5-44　形状列表

4）编辑图形。通过控制柄调整大小；在"绘图工具│格式"选项卡的"形状样式"组，将形状样式设置为"细微效果 – 绿色，强调颜色 6"。

5）添加文字。在图形上右击，选择"编辑文字"命令，输入文字"符合国家质量标准，工程验收一次性合格！"，设置字体为"黑体，32 号"，如图 5-45 所示。完成的效果如图 5-46 所示。

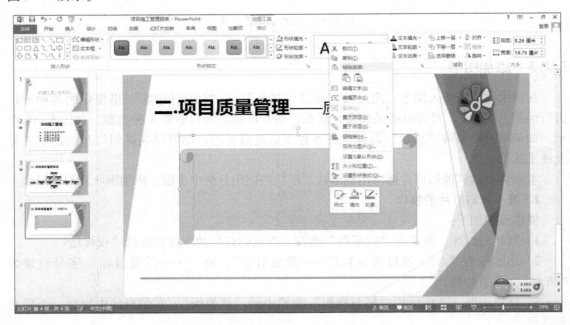

图 5-45　绘制"横卷形"形状及添加文字

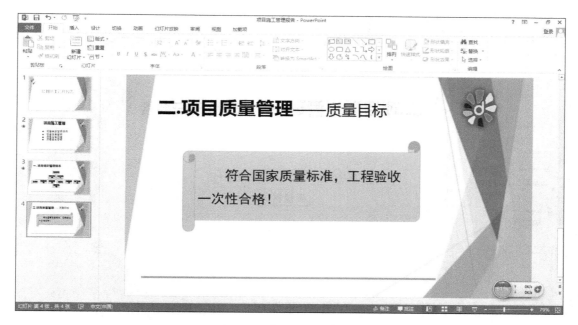

图 5-46　第 4 张幻灯片效果

**2．第 5、6 张幻灯片的制作**

操作步骤如下：

1）新建幻灯片，版式选择"仅标题"，添加标题"二．项目质量管理——质量管理三要素"。将"——质量管理三要素"字号设置为"36 号"，取消加粗。

2）绘制文本框。单击"插入"→"文本"中的"文本框"按钮，选择"横排文本框"命令，在编辑区的居中位置绘制文本框，输入文本"质量管理"，将字体格式设置为"黑体，28 号"。在"绘图工具｜格式"→"形状样式｜形状轮廓"中，将文本框的边框的颜色设置为"绿色，着色 6，深色 25%"，粗细设置为"3 磅"。

3）在"质量管理"文本框的左上角、右上角和正下方分别绘制 3 个文本框，内容分别是"质量保证""质量计划""质量控制"，并设置字体为"微软雅黑，24 号"，设置文本框为"无边框"，调整文本框位置。拖动文本框调整位置时，会自动出现虚线帮助对齐，这是PowerPoint 2013 提供的参考线对齐功能，如图 5-47 所示。

如果幻灯片里形状的数量较多、布局复杂，用户则可以在"视图"选项卡的"显示"组中勾选"参考线"复选框，使用参考线对齐功能，可以给用户提供很大的帮助。

4）绘制箭头。单击"插入"→"插图｜形状"→"箭头总汇"下拉列表中的"上弧形箭头"，在两个文本框中间绘制箭头，使用控制柄进行旋转、调整大小和位置。在"格式"选项卡的"形状样式"组中将形状样式设置为"彩色填充 – 绿色，强调颜色 6"。根据同样的方法，绘制其他箭头。完成后的效果如图 5-48 所示。

5）添加标注。单击"插入"→"插图｜形状"→"标注"中的"矩形标注"按钮，在编辑区中绘制矩形标注。矩形标注可以通过控制柄调整大小，通过上面的环形箭头对标注进行旋转，通过下面的黄色控制柄调整标注所指向的位置。添加标记的效果如图 5-49 所示。

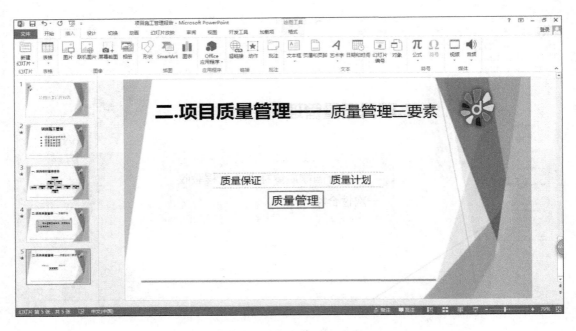

图 5-47　参考线对齐效果

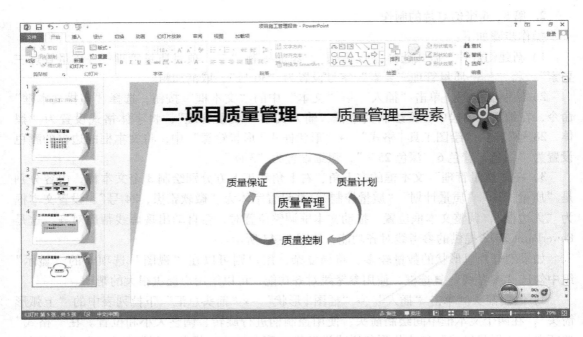

图 5-48　绘制箭头之后的效果

　　选中标注，右击打开快捷菜单，选择"编辑文字"命令，添加文字"管理审查供货商资质和质量保证"，将文字格式设置为"黑体，18 号"。在"格式"选项卡的"形状样式"组中将形状样式设置为"细微效果 – 绿色，强调颜色 6"。

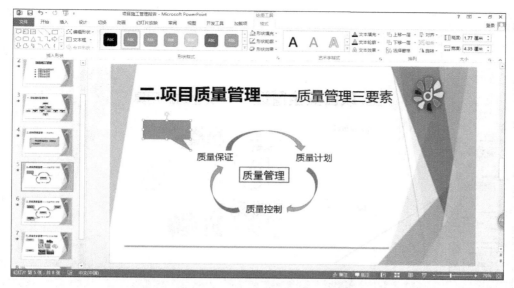

图 5-49　添加标注的效果

用同样的方法制作另外两个标注，分别指向"质量计划"和"质量控制"，添加文字"制定合格供货商的检查表""完全遵循业主和监理的指导和要求"。第 5 张幻灯片的效果如图 5-50 所示。

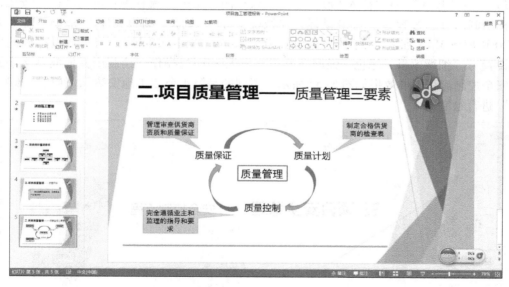

图 5-50　第 5 张幻灯片效果

6）第 6 张幻灯通过插入"形状"中"流程图"类型的"可选过程"和插入图片来完成，不再详述。第 6 张幻灯片的效果如图 5-51 所示。

**3. 第 7 张幻灯片的制作**

操作步骤如下：

1）新建幻灯片，版式选择"仅标题"。

图 5-51　第 6 张幻灯片效果

2）在标题占位符输入文字"三．项目安全管理——安全控制流程"，将"——安全控制流程"字号设置为"36 号，取消加粗"。

3）单击"插入"→"插入|形状"→"流程图"中的"流程图：可选过程"按钮，拖动鼠标绘制出可选过程框。右击鼠标，在快捷菜单中选择"编辑文字"命令，输入文字"OWNER EHS MAN 业主"，字体格式设置为"宋体，加粗，18 号"；将可选过程框的形状样式设置为"细微效果－绿色，强调颜色 6"。按照相同的操作，绘制出其他放置文字的组件。安全控制流程图的效果如图 5-52 所示。不同的是第 4 个"工地安防"，使用"流程图：准备"进行绘制。

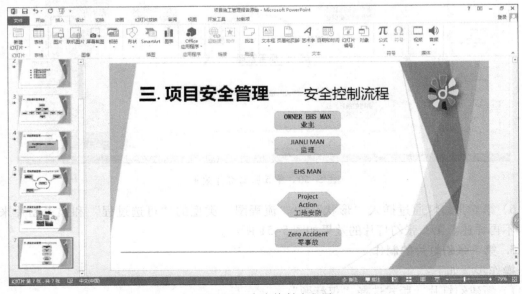

图 5-52　安全控制流程图

4）选择"形状|竖线线条"中的"箭头"和"肘形箭头连接符"，绘制流程图中的箭头，使用控制柄调整大小。安全控制流程图中添加了箭头的效果如图 5-53 所示。

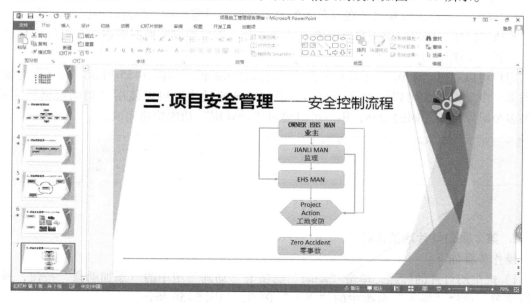

图 5-53　安全控制流程图中添加箭头

5）按照上面介绍的方法，添加标注。第 7 张幻灯片最终的效果如图 5-54 所示。

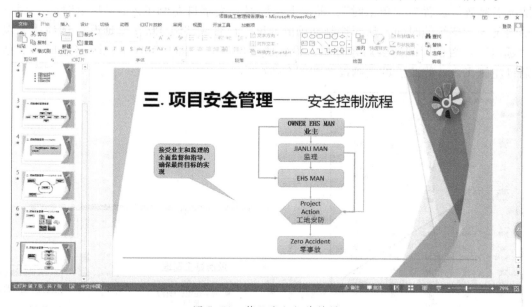

图 5-54　第 7 张幻灯片效果

### 5.2.4　添加动画

动画可以使幻灯片的文字、图片、图形等各个元素"动起来"，从而增强演示效果，吸引观众的视线。PowerPoint 2013 提供了以下 4 种类型的动画效果。

- ◆ "进入"效果：设置对象从无到有，如何出现在屏幕上的效果。
- ◆ "退出"效果：设置对象从有到无，如何从屏幕上消失的效果。
- ◆ "强调"效果：设置已经在屏幕上的对象，放大或缩小或自身旋转等强调效果。
- ◆ 动作路径：使对象上下移动、左右移动或者沿着星形或圆形图案移动，也可以自己绘制动作路径。

用户可以通过"动画"选项卡完成动画的添加和编辑，如图 5-55 所示。同一个对象可以添加一个动画，也可以添加多个动画。添加动画的操作也可以使用"动画窗格"完成。如果多个对象使用相同的动画，用户可以使用"动画刷"功能快速完成。

图 5-55 "动画"选项卡

### 1. 第 2 张幻灯片动画设计

操作步骤如下：

1）选中幻灯片的标题，单击"动画"选项卡"动画"组中的"添加动画"按钮，弹出下拉菜单，选择"进入"分类中的"飞入"选项，如图 5-56 所示。

2）修改动画的效果。"飞入"动画默认是自底部飞入，在"效果选项"中更改为"自左侧"；然后在"计时"组设置动画的触发条件和持续时间；"开始"是用来设置动画在什么情况下播放，设置为"单击时"，即单击鼠标时，文字自左侧飞入；"持续时间"用来设置动画飞入所持续的时间，从而控制动画的速度，设置成"01.00"；"延迟"选项用来设置在"延迟"设置的时间达到后才开始，设置成"00.50"，即文字在鼠标单击之后 0.5 秒后标题自左侧飞入。修改后的动画设置如图 5-57 所示。

图 5-56 "添加动画"按钮的下拉菜单

图 5-57 修改后的动画设置

3）给文本框中的文字添加动画效果。选中幻灯片文本框中的文字，单击"动画"选项卡中的"动画窗格"按钮，在右侧打开动画窗格，如图 5-58 所示。在动画窗格里按照动画的播放顺序列出了所有添加过动画的对象，用户可以选定某个对象对其进行编辑，还可以通过上下拖动或单击三角形箭头，改变动画的播放顺序。

在动画窗格中，选中"项目质量管理"，将"开始"改为"上一动画之后"；按照同样的方法，将"项目安全管理""项目进度管理"的"开始"都设置成"上一动画之后"。修改完成后，动画窗格里的内容变为如图 5-59 所示。

图 5-58　选中对象后打开"动画窗格"

图 5-59　动画窗格中修改后的动画

> **提示：**在进行第 3 步操作的时候，如果选定的不是如图 5-60 所示的文本框中的文字，而是选中的整个文本框，将把文本框作为一个整体来进行动画的设置，动画窗格如图 5-60 所示，就不能实现各行文字逐行出现的效果了。

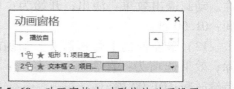

图 5-60　动画窗格中对形状的动画设置

### 2. 第 3、4 张幻灯片动画设计

操作步骤如下：

1）选中第 3 张幻灯片中的组织结构图，在"动画"选项卡中给组织结构图添加"强调"分类里的"填充颜色"；在"效果选项"中将填充颜色设置为"浅绿色"；开始为"单击时"。

2）选中第 4 张幻灯片中的横卷形图形，设置动画进入效果为"擦除"；效果选项为"自左侧"；开始为："单击时"；持续时间为 01.50 秒。

### 3. 第 5 张幻灯片动画设计

按照顺序分别给以下对象添加如下动画效果。

1）"质量管理"文本框。动画进入效果：淡出；开始为：单击时；持续时间：01.00 秒。

2）"质量保证"文本框。动画进入效果：展开；开始为：单击时；持续时间：01.00 秒。

3）"管理审查供货商资质和质量保证"矩形标注。动画进入效果：擦除；效果选项为：自右侧；开始为：单击时；持续时间：01.00 秒。

4）"管理审查供货商资质和质量保证"矩形标注。动画退出效果：淡出；开始为：单击时；持续时间：01.00秒。

5）最上面的上弧形箭头。动画的进入效果：擦除；效果选项为：自左侧；开始为：上一动画之后；持续时间：01.00秒。

6）"质量计划"文本框。动画的进入效果：展开；开始为：上一动画之后；持续时间：01.00秒。

7）"制定合格供货商的检查表"矩形标注。动画进入效果：擦除；效果选项为：自左侧；开始为：单击时；持续时间：01.00秒。

8）"制定合格供货商的检查表"矩形标注。动画退出效果：淡出；开始为：单击时；持续时间：01.00秒。

9）最右面的上弧形箭头。动画的进入效果：擦除；效果选项为：自顶部；开始为：上一动画之后；持续时间：01.00秒。

10）"质量控制"文本框。动画的进入效果：展开；开始为：上一动画之后；持续时间：01.00秒。

11）"完全遵循业主和监理的指导和要求"矩形标注。动画进入效果：擦除；效果选项为：自右侧；开始为：单击时；持续时间：01.00秒。

12）"完全遵循业主和监理的指导和要求"矩形标注。动画退出效果：淡出；开始为：单击时；持续时间：01.00秒。

13）最左面的上弧形箭头。动画的进入效果：擦除；效果选项为：自底部；开始为：上一动画之后；持续时间：01.00秒。

动画效果设计完毕之后，动画窗格如图5-61所示。

图5-61　第5张幻灯片的动画窗格

### 4. 第6张幻灯片动画设计

按照顺序分别给以下对象添加如下动画效果。

1）个人安全防护。动画进入效果：擦除；效果选项：自左侧；开始为：单击时；持续时间：00.50秒。

2）个人安全防护后面的3张图片。动画进入效果：劈裂；效果选项：左右向中央收缩。在动画窗格中，分别选中3张图片的动画，将"开始"均设置为：上一动画之后；持续时间：01.50秒。

3）现场安全防护及图片同"个人安全防护"及图片。

### 5. 第7张幻灯片动画设计

给流程图中所有的对象添加同一个动画效果。设置动画进入效果为"擦除"，效果选项为"自顶部"，开始为"单击时"。要注意动画的顺序，用户可通过动画窗格里各个对象的数字进行查看，如图5-62所示。

给左边的标注添加动画：擦除；效果选项：自左侧；开始：单击时。

> ✎ 提示：在第7张幻灯片中，流程图中的对象添加了相同的动画。为了避免重复操作，可以使用动画选项卡里的"动画刷"。动画刷的使用方法如下：

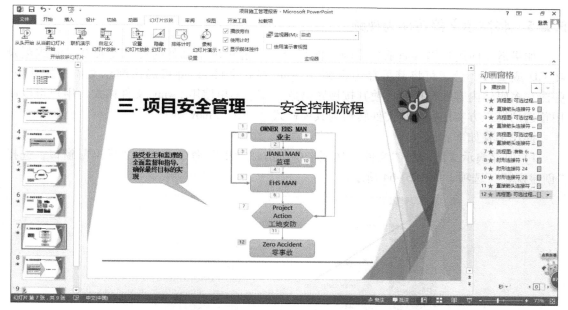

图 5-62 查看动画窗格里的动画顺序

1）制作好流程图里第一个对象 – "OWNET EHS MAN 业主"的动画，选定该对象。

2）双击"动画"选项卡中的"动画刷"按钮。

3）按顺序去单击流程图里的其他对象，这些对象就会添加上相同的动画。

4）按〈Ese〉键，退出"动画刷"。

如果给同一个类型的对象添加相同的动画，可以使用"动画刷"。

### 6. 第 8 张幻灯片动画设计

按照顺序分别给以下对象添加如下动画效果。

1）第 1 个矩形。进入动画效果：展开；开始：单击时；持续时间：01.00 秒。

2）第 2 个矩形。进入动画效果：轮子；开始：单击时；持续时间：02.00 秒。

3）第 3 个矩形。进入动画效果：翻转式由远及近；开始：单击时；持续时间：01.00 秒。

4）右箭头。进入动画效果：擦除；效果选项：自左侧；开始：单击时；持续时间：01.00 秒。

5）"总工期：N 个月"文本框。退出动画效果：形状；效果选项：圆；开始：上一动画之后；持续时间：02.00 秒。

### 7. 第 9 张幻灯片的动画设计

操作步骤如下：

1）选中文本框，设置动画进入效果为"菱形"，开始为"单击时"，持续时间为 02.00 秒。

2）在动画窗格中选中该条动画，右击鼠标，选择"效果选项"，弹出"菱形"对话框，如图 5-63 所示。打开"声音"下拉列表，选择"风铃"选项。

图 5-63 "菱形"对话框

### 5.2.5 将演示文稿转换为视频

如果需要向用户提供演示文稿的高保真版本（通过电子邮件附件、发布至网站或刻录在 CD 或 DVD 上），可将其另存为视频（.wmv 格式文件），即可确保演示文稿中的动画、旁白和多媒体内容顺畅播放，使其按视频播放。如果不想使用 .wmv 文件格式，用户可以使用首选的第三方实用程序将文件转换为其他格式（.avi、.mov 等）。

操作步骤如下。

1）保存演示文稿，在"文件"选项卡中单击"导出"命令，打开"导出"窗口，选择"创建视频"选项，如图 5-64 所示。

图 5-64 "导出"窗口的"创建视频"选项

2）打开"计算机和 HD 显示"下拉列表，执行下列操作之一。

◆ 若要创建质量很高的视频（文件会比较大），选择"计算机和 HD 显示"。

◆ 若要创建具有中等文件大小和中等质量的视频，选择"Internet 和 DVD"。

◆ 若要创建文件最小的视频（质量低），选择"便携式设备"。

注意：用户需要对这些选项进行测试，以确定哪个选项符合需要。

3）打开"不要使用录制的计时和旁白"下拉列表，执行下列操作之一。

◆ 如果没有录制语音旁白和激光笔运动轨迹并对其进行计时，单击"不要使用录制的计时和旁白"。

◆ 如果录制了旁白和激光笔运动轨迹并对其进行了计时，单击"使用录制的计时和旁白"。

4）单击"创建视频"按钮。在"文件名"框中为该视频输入一个文件名，通过浏览找到保存该文件的文件夹位置，单击"保存"按钮。通过查看屏幕底部的状态栏，用户可以跟踪视频创建过程。创建视频可能需要几个小时，具体取决于视频长度和演示文稿的复杂程度。

注意：对于较长的视频，用户可以设置为整夜创建视频。这样，在第二天早晨就可以创建完毕。

 任务小结

任务样本如图 5-65 所示。

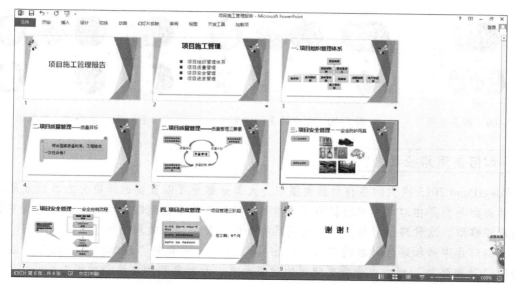

图 5-65　"项目施工管理报告"样本

 知识链接

### 如何设计并制作合并形状？

在演示文稿中使用形状可以提高演示文稿的观赏性，用户利用"合并形状"功能可以制作丰富的图形。首先按照需要添加多个形状，选定第一个形状，然后按住〈Shift〉键依次单击其他形状，在"绘图工具 | 格式"→"插入形状"组的"合并形状"按钮就激活了。"合并形状"按钮的下拉列表如图 5-66 所示。

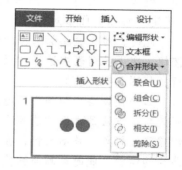

图 5-66　"合并形状"按钮的下拉列表

联合：是将两个或两个以上的形状组合成一个新形状。联合的 3 种效果如图 5-67 所示。

组合：是指将两个或两个以上的形状组合成一个新形状，并且将相交的部分删除。组合的 3 种效果如图 5-68 所示。

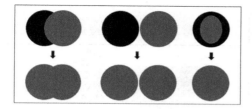

图 5-67　联合的 3 种效果

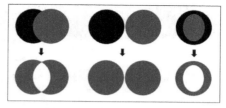

图 5-68　组合的 3 种效果

拆分：是指把两个或两个以上的形状按照相交线进行拆分，效果如图 5-69 所示。

相交：是指只保留两个或两个以上的形状重叠的部分。相交的 3 种效果如图 5-70 所示。

剪除：是指两个或两个以上的形状，只保留第一个形状，将其余形状全部删除，包括重叠的部分。剪除的 3 种效果如图 5-71 所示。

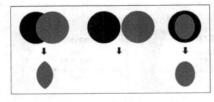
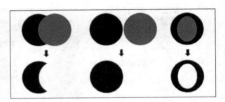

图 5-69　拆分效果　　　　　图 5-70　相交的 3 种效果　　　　图 5-71　剪除的 3 种效果

PowerPoint 2013 提供的各种动画类型中，大部分都是可以直接选择使用的动画效果，而路径动画则是需要在幻灯片中绘制路径的动画。在幻灯片中创建路径动画后，对象将沿着指定的路径移动。这种路径动画为用户创建具有个性的复杂动画效果提供了可能。

在幻灯片中添加路径动画的方法：单击"动画"选项卡中"添加动画"按钮，在下拉列表的"动作路径"栏中单击需要使用的动画选项，为对象添加该路径动画。

如果"动作路径"列表中的预设路径动画不能满足需要，用户可以选择"其他动作路径"选项。此时打开"添加动作路径"对话框，在对话框中选择需要的路径动画，单击"确定"按钮关闭该对话框。

此时，对象被添加选择的路径动画，幻灯片中显示动画运行的路径。单击"效果选项"按钮，在下拉列表中选择"反转路径方向"选项，此时动画会以与初始状态相反的方向运行，如图 5-72 所示。

如果预设路径动画中不能满足用户所有的需要，可以通过绘制路径来创建对象的路径动画效果。方法是选择"自定义路径"选项，鼠标指针变为"十字"形状，在幻灯片中单击创建路径起点，移动鼠标，在适当位置单击创建拐点，一直绘制到路径终点，双击鼠标结束路径的绘制。此时动画会预览一次，幻灯片中显示绘制的曲线路径。

在路径上右击打开快捷菜单，如图 5-73 所示。选择"编辑顶点"命令，在顶点上右击，在快捷菜单中选择"平滑顶点"命令，拖动顶点上的控制柄可以对路径形状进行修改。拖动路径起点和终点的绿色和红色箭头，可以修改起点和终点的位置，直接拖动曲线同样可以改变曲线的形状。

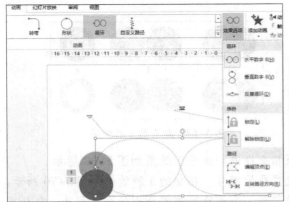
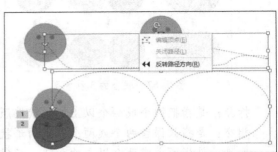

图 5-72　"效果选项"下拉列表　　　　　图 5-73　自定义路径的快捷菜单

## 能力训练

**制作电子相册**

要求：

① 自行准备图片素材。

② 播放时有背景音乐。

③ 照片切换要有动画效果。

④ 演示文稿要美观大方。

⑤ 另存为 PowerPoint 放映格式（.ppsx）文件。

# 任务5.3　公司产品展示

 任务描述

自助演示幻灯片是演示文稿一个很重要的应用方面。这种演示文稿通常包含文字、视频、动画、背景音乐等。

现在有这样一项任务：

3M 公司要参加一个商品展览会，在展台上需要以循环播放演示稿的形式宣传企业及它们的空气净化产品。

 任务分析

工作步骤与相关知识点分析见表 5-4。

表 5-4　任务分析

| 工　作　步　骤 | 相关知识点 |
| --- | --- |
| 创建和保存 | "文件"选项卡的"新建""保存"命令 |
| 制作文字幻灯片 | "开始"选项卡的"字体""段落"等组 |
| 插入视频、音频 | "插入"选项卡的"媒体"组 |
| 插入 Flash 动画 | "开发工具"选项卡的"控件"组 |
| 排练计时 | "幻灯片放映"选项卡的"设置"组 |
| 幻灯片播放 | "幻灯片放映"选项卡的"开始幻灯片放映"组 |

 任务实施

文件名：3M 空气净化产品介绍 .pptx。

要求：

1）演示文稿中要有 3M 公司文字介绍。

2）播放 3M 公司企业宣传片。

3）介绍 3M 公司空气净化产品文字介绍。

4）播放 3M 公司空气净化产品介绍动画片。

5）幻灯片播放时要有背景音乐。

素材准备：

1）新建一个文件夹，重命名为"产品介绍"。

2）准备制作演示文稿需要的音频、视频和动画素材，分别是：①当我遇上你 . mp3；②3M 企业宣传片 . mp4；③Flash 动画 . swf。

3）将准备好的素材复制到"产品介绍"文件夹中。

### 5.3.1 制作文字幻灯片

#### 1. 新建演示文稿

新建一个主题为"视差"的演示文稿，将演示文稿保存到"产品介绍"文件夹中，命名为"3M 空气净化产品介绍 . pptx"。"视差"主题效果如图 5-74 所示。

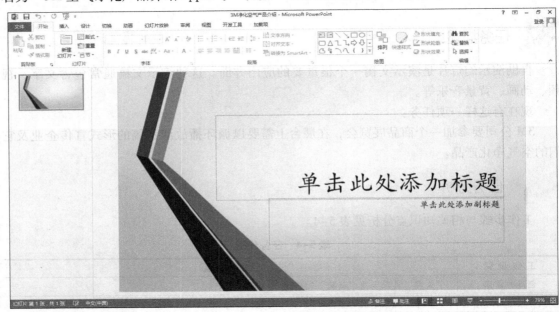

图 5-74 "视差"主题效果

#### 2. 制作标题幻灯片

在标题占位符上输入文字"3M 空气净化产品"，设置字体格式为"微软雅黑，66 号"。

#### 3. 制作公司文字介绍幻灯片

操作步骤如下：

1）新建一个版式为"标题和内容"的幻灯片。

2）在标题占位符录入文字"3M"，设置字体格式为"微软雅黑，48"号。

3）在内容占位符录入公司介绍的文字，设置字体格式为"黑体，24"号；文字可以直接从提供的素材"3M 公司介绍 . doc"中复制。调整占位符的位置和大小，使页面布局更加美观。效果如图 5-75 所示。

4）选中内容占位符中的文字。注意，这里是选中文字，不要选中占位符。给文字添加"进入"类动画"劈裂"。在动画窗格中分别选中 3 个动画并对 3 个动画进行如下设置。

222

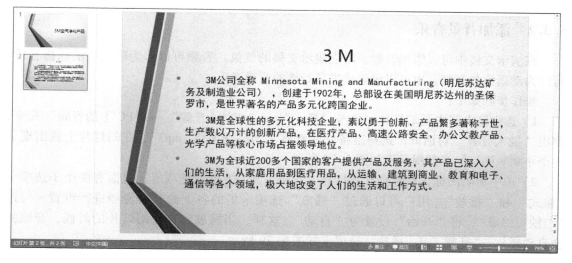

图 5-75　公司文字介绍页效果图

第 1 个动画：开始为"上一动画之后"，持续时间为 02.00 秒。

第 2 个动画：开始为"上一动画之后"，持续时间为：02.00 秒。在动画的播放的过程中，要给出足够的时间让观众去阅读上一段文字，所以，将第 2 个动画的延迟设为 10.00 秒，即上一段文字出现 10 秒之后，第 2 段文字出现。

第 3 个动画：重复第 2 个动画的设置。

对 3 个动画的设置进行修改后动画窗格如图 5-76 所示。

图 5-76　3M 公司文字
介绍页动画窗格

**4. 制作空气净化产品目录页**

基本制作步骤是输入内容、添加动画，制作步骤不再赘述。制作完毕的效果如图 5-77 所示。

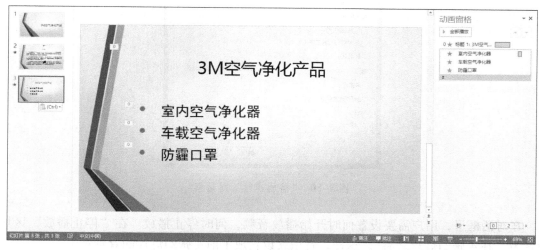

图 5-77　空气净化产品目录页效果图

### 5.3.2　添加背景音乐

在演示文稿中可以添加音频，增强演示文稿的气氛。音频可以作为阶段性的插播音乐，可以为动画添加音频，也可以设置成贯穿始终的背景音乐。

操作步骤如下：

1）选中第 1 张主题幻灯片。单击"插入"→"媒体 | 音频"→"PC 上的音频"命令，弹出"插入音频"对话框，选择准备好的素材"当我遇上你 . mp3"，在幻灯片上就出现了一个小喇叭图标。音频提示框如图 5-78 所示。

2）选中喇叭图标，系统会自动打开"音频工具 | 播放"选项卡，里面有两个子选项卡"格式"和"播放"，用户可以通过"播放"选项卡里的各个命令对音频进行设置。勾选"放映时隐藏"，将"开始"设置为"自动"。这样，当播放到这张幻灯片的时候，音频就会自动播放。"音频工具 | 播放"选项卡如图 5-79 所示。

图 5-78　音频提示框　　　　　　　图 5-79　"音频工具 | 播放"选项卡

3）选中喇叭图标，单击"动画"→"高级动画 | 动画窗格"命令，打开"动画窗格"，添加的音频会出现在动画窗格里。单击音频右边的下拉箭头，选择"效果选项"，弹出"播放音频"对话框，如图 5-80 所示。

图 5-80　"播放音频"对话框

在对话框里，用户需要设置何时开始播放音频，何时停止播放。在"停止播放"区域，设置为"在 4 张幻灯片之后"。这样，音乐就设置成了前 4 张幻灯片的背景音乐。

### 5.3.3 添加视频文件

PowerPoint 支持的视频格式十分有限，一般可以插入 WMV、MPEG－1、AVI、MP4 等格式的文件。注意：AVI 的压缩编码方法很多，并不是所有的 AVI 格式都支持；WMV 格式也存在高低版本的问题，有时可以正常播放，到其他低档机器上可能不能播放，所以最好选择 MPEG－1 格式和 MP4 格式。

操作步骤如下：

1）在第 2 张幻灯片的后面插入一张空白幻灯片。

2）单击"插入"→"媒体｜视频"→"PC 上的视频"命令，弹出"插入视频"对话框，选择准备好的素材"3M 企业宣传片．mp4"。插入视频后的效果如图 5-81 所示。

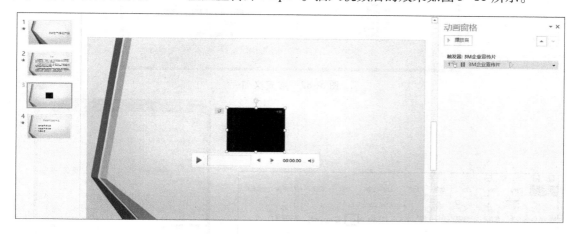

图 5-81　插入视频后的效果

3）按住鼠标左键拖动视频的四周的控制柄，将视频调整到合适大小。

4）同音频一样，选中视频之后，系统会自动打开"视频工具"选项卡。在"播放"子选项卡中，将"开始"设置为"自动"。

### 5.3.4 添加 Flash 动画

操作步骤如下：

1）选中第 4 张幻灯片（即 3M 空气净化产品目录幻灯片），在其后添加一个版式为空白的幻灯片。

2）通过添加相应的控件完成添加 Flash 动画。首先要先添加"开发工具"选项卡。单击"文件"→"选项"命令，打开"PowerPoint 选项"对话框。在左侧窗口中选择"自定义组"命令，在右侧的列表框中勾选"开发工具"复选框，如图 5-82 所示。

这样，界面上就添加了"开发工具"选项卡，如图 5-83 所示。

3）单击"开发工具"→"控件｜其他控件"命令，弹出"其他控件"对话框，如图 5-84 所示。在对话框中选择"Shockwave Flash Object"选项，单击"确定"按钮。鼠标变成十字光标，拖动十字光标画出一个矩形区域，这个区域就是播放动画的区域。插入控件的效果如图 5-85 所示。

图 5-82　自定义组

图 5-83　"开发工具"选项卡

图 5-84　"其他控件"对话框

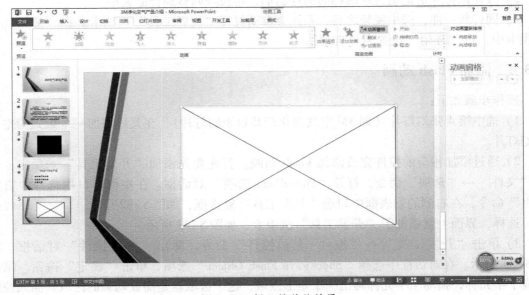

图 5-85　插入控件的效果

4）选中矩形区域并右击，在弹出的快捷菜单中选择"属性表"命令，打开"属性"对话框，如图 5-86 所示。在"属性"对话框中，进行如下设置。

- Movie：指定所插入的动画，输入 Flash 动画所在的完整地址。如果将 Flash 动画和演示文稿放在同一个文件夹里，只需输入文件名"swf 动画 . swf"即可。
- EmbedMovie：设置为"True"。这样，Flash 动画能跟随 PPT 文件一起移动。
- Playing：设置为"True"，Flash 动画就能够自动播放了。

> ✎ 提示：PowerPoint 对插入的音频和视频文件的格式要求比较严格，如果找不到合适格式的文件，用户可以通过格式转换软件来完成。在软件下载网站上可以找到视频格式转换软件和视频转换成"swf"动画的软件。

图 5-86 "属性"对话框

## 5.3.5 设置放映的排练计时

在"幻灯片放映"选项卡中，单击"排练计时"按钮，幻灯片开始全屏播放。在屏幕左上角会出现一个显示时间的"录制"工具栏。排练计时的界面如图 5-87 所示。

### 1. 排练计时的第 1 个功能——进行幻灯片播放前的预演

用户可以一边播放幻灯片，一边配以解说，通过显示的时间来把握播放速度。使用这个功能时，在结束排练计时后将弹出对话框询问"是否保留新的幻灯片计时？"，如图 5-88 所示，在提示框中选择"否"。

图 5-87 排练计时界面

图 5-88 "是否保留新的幻灯片计时"对话框

227

**2. 排练计时的第 2 个功能——通过排练计时功能来设置幻灯片的切换时间**

操作步骤如下：

1）单击"幻灯片放映"选项卡中的"排练计时"按钮进入全屏播放模式，此时的"切换→计时"设置如图 5-89 所示，排练计时也随之开始。

2）计时到 0：00：06 时，单击"录制"工具栏最左边的"下一项"按钮，功能是切换到下一张幻灯片，即第 1 张幻灯片停留 6 秒钟，自动切换第 2 张幻灯片。

3）第 2 张幻灯片按照动画的设置顺序播放，最后第 3 段文字"3M 为全球近 200 多个国家的客户提供产品及服务，……工作方式。"出现后，不要急于单击"下一项"按钮，要给观众留出阅读这段文字的时间，停留 10 秒钟，单击"下一项"按钮，进入第 3 张幻灯片的播放。

4）第 3 张和第 4 张按照相同的方法设置。

5）第 5 张幻灯片里的动画播放完毕，立即单击"录制"工具栏右上角的关闭按钮，弹出对话框，询问是否保留新的幻灯片计时，单击"是"按钮，排练计时结束。

排练计时结束后，选中第 1 张幻灯片，单击"切换"选项卡，选项卡里"计时"组的设置修改成了如图 5-89 所示。取消"单击鼠标时"复选框的勾选。

通过保留排练计时，其他幻灯片的自动换片时间都得到了修改。进行完排练计时，切换到幻灯片浏览视图，此时可以看到每张幻灯片下面显示出该张幻灯片通过排练计时设置的播放时间。

最后，还需要进行以下两步操作：

1）设置幻灯片的切换效果。

2）单击"幻灯片放映"→"设置"→"设置幻灯片放映"按钮，打开"设置放映方式"对话框，如图 5-90 所示。将放映类型设置成"在展台浏览（全屏幕）"。

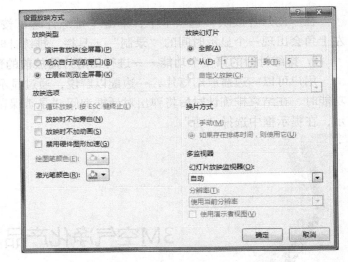

图 5-89 "切换→计时"设置　　　　　图 5-90 "设置放映方式"对话框

## 5.3.6　使用演示者视图

**1. 演示者视图**

PowerPoint 提供"演示者视图"功能，即可以在一台监视器上观看全屏放映的幻灯片，同时在另一台监视器上显示幻灯片预览图、演讲者备注和计时器等。

注意：在 2010 版本之前，PowerPoint 仅支持对每个演示文稿使用两台监视器。如果要在多台监视器上运行演示文稿，用户需要对计算机进行配置，如果没有内置这种支持，则需要两个视频卡。但是在 2013 版本中不需要用户自行设置，使用非常方便。

操作方法目在"幻灯片放映"→"监视器"组中，勾选"使用演示者视图"复选框，如图 5-91 所示，或者使用〈Alt + F5〉组合键直接打开演示者视图。

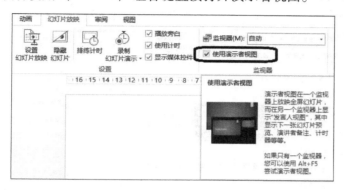

图 5-91 "使用演示者视图"复选框

打开的"演示者视图"窗口如图 5-92 所示，演示者视图提供下列工具，可以让用户更加方便地呈现信息：

◆ 使用缩略图，可以不按顺序选择幻灯片，为观看者创建自定义的演示文稿。
◆ 演讲者备注以清晰的大字体显示，可以将其用作演示文稿的脚本。
◆ 在演示过程中让屏幕加亮或变暗，在离开时再恢复。
◆ 图标和按钮都很大，即便使用不熟悉的键盘或鼠标，导航也非常方便。

图 5-92 "演示者视图"窗口

**2. 演示文稿的双屏放映**

在进行商业报告时，演示文稿需要通过投影仪等设备进行放映。通常情况下，用户计算机屏幕显示的内容和播放设备播放的内容是同步的，这就意味着无法查看添加的备注内容。如果用户使用的是笔记本电脑，可以通过 PowerPoint 的双屏放映功能来实现。在双屏播放模

229

式下，计算机屏幕显示备注内容、幻灯片预览图和常用的播放按钮，而投影仪上只显示幻灯片的内容。

下面以两台显示器为例讲解，操作步骤如下。

1）在笔记本电脑上连接投影仪等其他显示设备。

2）打开"控制面板"窗口，单击左侧列表中的"更改显示器设置"选项，打开"屏幕分辨率"窗口，如图 5-93 所示。

图 5-93　"屏幕分辨率"窗口

3）在"更改显示器外观"区域中将显示出连接到计算机的显示器的缩略图。如果只有 1 台显示器图标，可以单击"检测"按钮进行检测；单击"识别"按钮，连接到计算机的两个显示器上将分别显示数字"1"和"2"。

4）在"多显示器"下拉列表中选择"扩展这些显示"选项，然后在"显示器"下拉列表中选择连接计算机的第 2 台显示设备，对其"分辨率"和"方向"进行设置。完成设置后，单击"确定"按钮。

5）启动 PowerPoint 并打开演示文稿。在"幻灯片放映"选项卡的"监视器"组中，打开"监视器"下拉列表，选择用于放映幻灯片的监视器选项。

6）按〈F5〉键开始播放幻灯片，此时选择的监视器将全屏放映幻灯片的内容，而计算机屏幕上会显示 PowerPoint 演示者视图，用户可以看到幻灯片的备注、播放时间和幻灯片预览图等。通过使用控制台上的命令，用户可以方便地实现对幻灯片放映的控制。

## 5.3.7　联机演示

PowerPoint 2010 版本提供了"广播放映幻灯片"功能，演示者可以在任意位置通过 Web 与其他人共享幻灯片放映，通过电子邮件将幻灯片放映的 URL 发送给访问群体邀请的每个人，大家可以在他们的浏览器中观看幻灯片放映的同步视图。

在 2013 版本中更新为"联机演示"功能，是一项免费的公共服务。单击"幻灯片放映"→"开始放映幻灯片"组中的"联机演示"按钮，如图 5-94 所示。打开"联机演示"对话框，如图 5-95 所示。单击"连接"按钮启动连接服务，根据向导的提示，依次进行联机演示的设置。

图 5-94 "联机演示"按钮

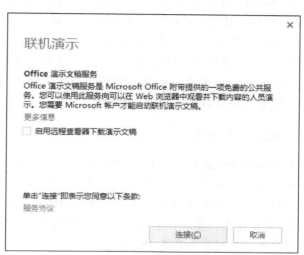

图 5-95 "联机演示"对话框

 任务小结

任务样本如图 5-96 所示。

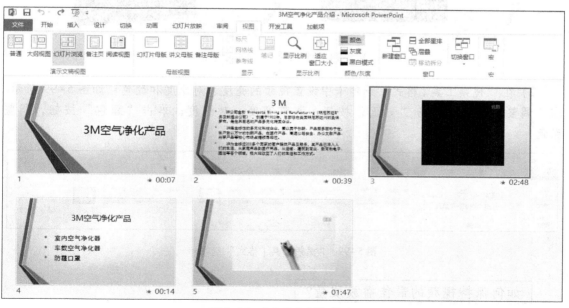

图 5-96 "产品介绍"样本

 知识链接

如何剪裁声音文件？

在 PowerPoint 演示文稿中，用户可以进行声音文件的剪裁，具体操作步骤如下。

1）在 PowerPoint 中添加了声音之后，单击"音频工具｜播放"→"编辑｜裁剪音频"按钮，弹出"剪裁音频"对话框，如图 5-97 所示。

2）在"裁剪音频"对话框中，拖动左侧的绿色滑块和右侧的红色滑块，分别设置开始时间和结束时间，设置完毕后单击"确定"按钮。

图 5-97 "剪裁音频"对话框

如何设置视频效果？

在 PowerPoint 演示文稿中，为了美化视频控件的外观，用户可以通过"视频工具｜格式"选项卡对视频的外观进行各种设置，如给视频添加样式、改变视频的亮度和对比度等。

1）添加样式。添加视频之后，在"视频样式"中选择"强烈"里的"监视器，灰色"。添加样式前后的对比如图 5-98 所示。

图 5-98 视频添加样式前后对比

2）在"视频工具｜格式"选项卡中设置视频的亮度、对比度和颜色，如图 5-99 所示。在"调整"组里，单击"更正"按钮，调整亮度、对比度；单击"颜色"按钮，调整颜色。

图 5-99 "视频工具｜格式"选项卡

如何保持视频的最佳播放质量？

插入视频之后，为了页面的美观，用户都会调整视频的尺寸，这样容易导致视频在播放

的过程中出现模糊或失真。以下操作可以保持视频的最佳播放质量。

1）单击"视频工具|格式"→"大小"组右下角的对话框启动器按钮，打开"设置视频格式"窗格，如图 5-100 所示。

2）在"设置视频格式"窗格中，勾选"幻灯片最佳比例"，在"分辨率"下拉列表中根据需要选择合适的分辨率。

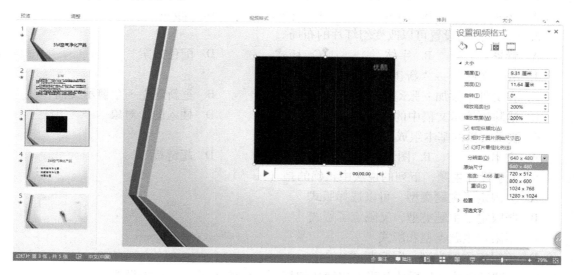

图 5-100  "设置视频格式"窗格

 能力训练

**1. 制作大学生职业规划活动宣传幻灯片**

要求：

① 制作一个自助播放的演示文稿。

② 幻灯片示例见素材文件夹中的操作说明。

③ 使用形状或 SmartArt 图形。

④ 下载职业规划相关的视频，插入到演示文稿中。

⑤ 使用排练计时功能，设置每张幻灯片的播放时间。

⑥ 演示文稿要内容完整，美观大方。

⑦ 另存为 PDF 格式文件。

**2. 制作项目总结汇报幻灯片**

要求：

① 根据提供的文字素材和图片，自行设计演示文稿的结构和内容。

② 文字精炼，图文并茂。

③ 使用形状或 SmartArt 图形。

④ 在目录页在插入超链接。

⑤ 添加动画及设置切换方式。

⑥ 演示文稿要内容完整，美观大方。

⑦ 另存为视频文件。

## 知识测试

### 一、选择题

1. PowerPoint 2013 文档默认的扩展名是（　　）。

A．．pptx  　　　B．．potm  　　　C．．potx  　　　D．．pptm

2. （　　）的设置可以改变幻灯片的布局。

A．背景  　　　B．字体  　　　C．版式  　　　D．配色方案

3. 用"文件"→"新建"命令可（　　）。

A．在文件中添加一张幻灯片  　　　B．重新建立一个演示文稿

C．清除原演示文稿中的内容  　　　D．插入图形对象

4. 演示文稿的基本组成单元是（　　）。

A．文本  　　　B．图形  　　　C．幻灯片  　　　D．超链接

5. 关于设计主题，下列的说法中正确的是（　　）。

A．只限定了主题类型，可以选择版式

B．既限定了主题类型，又限定了版式

C．不限定主题类型和版式

D．不限定主题类型，限定版式

6. 在演示文稿中只播放几张不连续的幻灯片，应该在（　　）中设置。

A．在"幻灯片放映"中的"设置幻灯片放映"

B．在"幻灯片放映"中的"自定义幻灯片放映"

C．在"幻灯片放映"中的"广播幻灯片"

D．在"幻灯片放映"中的"录制演示文稿"

7. 下列不能在放映时进行控制的放映模式是（　　）。

A．演讲者放映  　　　　　　　　　B．观众自行浏览

C．在展台浏览  　　　　　　　　　D．演讲者自行浏览

8. 如果对一张幻灯片使用了系统提供的某种版式，对其中各个对象的占位符（　　）。

A．只能用具体内容去替换，不可删除

B．不能移动位置，也不能改变格式

C．可以删除不用，也可在幻灯片中再插入新的对象

D．可以删除不用，但不能在幻灯片中再插入新的对象

9. 使用（　　）设置，可以从一张幻灯片淡出转到下一张。

A．自动内容步骤  　　　　　　　　B．"幻灯片切换"命令

C．"淡出"按钮  　　　　　　　　　D．"幻灯片定时"功能

10. PowerPoint 提供了 4 种视图，（　　）一次只能操作一张幻灯片，对幻灯片进行详细的编辑。

A．普通视图  　　　　　　　　　　B．幻灯片浏览视图

C．备注页视图  　　　　　　　　　D．阅读视图

11. 要插入一个在各张幻灯片相同位置都显示的小图片，应在（　　）中进行设置。

A. 画图工具 – 格式　　　　　　　　　　　　B. 幻灯片母版
C. 幻灯片背景　　　　　　　　　　　　　　D. 视图

12. PowerPoint 可以设置多种动画效果，（　　）效果可以使对象沿着星形、圆形或用户自己绘制的路线移动。

A. 进入　　　　B. 退出　　　　C. 强调　　　　D. 动作路径

13. PowerPoint 中支持从当前幻灯片开始放映，其快捷键是（　　）。

A. Shift + F5　　B. Ctrl + F5　　C. Alt + F5　　D. F5

14. （　　）是 PowerPoint 中具有特殊用途的幻灯片，可以进行个性化的格式设置，以控制演示文稿的整体外观，风格统一。

A. 主题　　　　B. 样式　　　　C. 模板　　　　D. 母版

15. 幻灯片编辑窗格中所显示的虚线框称为（　　）。

A. 矩形框　　　B. 文本框　　　C. 占位符　　　D. 分节符

16. 对于幻灯片中插入音频，下列叙述中错误的是（　　）。

A. 可以循环播放，直到停止

B. 可以播完返回开头

C. 可以插入录制的音频

D. 插入音频后显示的小图标不可以隐藏

17. 设置动画延迟是在（　　）中完成。

A. 持续时间　　B. 延迟　　　C. 开始　　　D. 效果选项

18. 关于插入在幻灯片里的图片、图形等对象，下列描述中正确的是（　　）。

A. 这些对象放置的位置不能重叠

B. 这些对象放置的位置可以重叠，叠放的次序可以改变

C. 这些对象无法一起被复制或移动

D. 这些对象各自独立，不能组合为一个对象

19. 幻灯片上可以插入（　　）多媒体信息。

A. 声音、音乐和图片　　　　　　　　　　　B. 声音和影片
C. 声音和动画　　　　　　　　　　　　　　D. 剪贴画、图片、声音和影片

20. 下面说法中错误的是（　　）。

A. 幻灯片上动画对象的出现顺序不能随意修改

B. 动画对象在播放之后可以再添加效果（如改变颜色等）

C. 可以在演示文稿中添加超级链接，然后用它跳转到不同的位置

D. 创建超级链接时，起点可以是任何文本或对象

**二、判断题**

1. 用户可以在一个演示文稿中给不同的幻灯片设置不同的主题。　　　　　（　　）

2. 在"切换"选项卡中单击"全部应用"按钮，则所有的幻灯片就应用所设置的切换效果。　　　　　　　　　　　　　　　　　　　　　　　　　　　　　　（　　）

3. 在放映幻灯片时，必须从第一张幻灯片开始放映。　　　　　　　　　（　　）

4. 用户可以利用自定义放映对演示文稿进行组织以满足不同时间或场合的放映需要。

（　　）

5. 给幻灯片选择了一种版式之后，就不可以改动了。（　　）

6. 幻灯片不仅可以插入剪贴画，还可以插入外部的图片文件。（　　）

7. 母版可以预先定义背景颜色、文本颜色、字体大小等。（　　）

8. 使用动画窗格可以随意更改动画效果的播放顺序。（　　）

9. 在幻灯片浏览视图中，不能对幻灯片的版式、背景和切换方式进行设置。（　　）

10. 演示文稿一般按原来的顺序依次放映。当需要改变这种顺序时，可以借助于超级链接的方法来实现。（　　）

11. 幻灯片中的声音总是在执行到该幻灯片时自动播放。（　　）

12. 对于任何一张幻灯片，用户都要进行"动画设置"的操作，否则系统提示错误信息。（　　）

13. 幻灯片浏览视图中，可以一次选中多张幻灯片进行删除、复制和移动等操作。（　　）

14. 设置幻灯片的"百叶窗""棋盘"等切换效果时，不能设置切换的速度。（　　）

15. PowerPoint 演示文稿可以导出为 Word 文档。（　　）

# 项目6　网络应用与共享

## 学习目标

- ◆ 了解常见搜索引擎，理解关键词的含义
- ◆ 了解网络信息搜索的主要策略与技巧
- ◆ 掌握常见数据库检索系统的使用方法
- ◆ 掌握网络共享文件及打印机的方法
- ◆ 掌握远程桌面连接的配置方法
- ◆ 掌握组建无线局域网的方法
- ◆ 掌握无线局域网的管理方法

## 能力目标

- ◆ 能够使用 Internet 进行信息检索与下载
- ◆ 能够熟练使用中文搜索引擎
- ◆ 能够熟练使用网络数据库检索系统
- ◆ 能够完成文件共享与打印机共享设置
- ◆ 能够配置远程桌面连接
- ◆ 能够完成无线局域网的组建与管理

## 任务6.1　信息检索与下载

 **任务描述**

　　信息搜索是 Internet 的常见应用。Internet 有海量的数据，是信息的海洋，但是在解决实际问题的时候，却出现了数据丰富、信息贫乏的问题。如何在海量的数据堆中，为用户准确、快速地查找到所需要的信息或知识，是需要掌握的一个重要技能。

　　现在就交给你一项任务：

　　学校要开展科技文化宣传周，小孙负责一些宣传材料的整理（文档、图片、视频等），需要一些国际著名科技公司（如微软、IBM、华为等）的简介，以及一些科技前沿的研究报告，需要通过 Internet 以及数据库检索系统找到这些信息并保存下来。

 **任务分析**

　　完成任务的工作步骤与相关知识点分析见表6-1。

表 6-1　任务分析

| 工 作 步 骤 | 相关知识点 |
| --- | --- |
| 浏览器的使用 | 熟悉浏览器的工作界面 |
| 浏览网页 | 使用浏览器浏览网页的方法（地址、历史记录、收藏夹） |
| 搜索网络资源 | 搜索引擎的使用、搜索引擎搜索方式 |
| 保存与下载网络资源 | 保存网页、下载文件 |
| 数据库检索系统 | 万方数据库等的信息检索查询与下载 |

## 6.1.1　互联网信息的检索与下载

### 1. 浏览器的概念

WWW 是环球信息网的缩写，也简称 Web、3W 等，中文称"万维网"。在 Internet 中浏览信息必须通过 Web 浏览器，浏览器是 Web 服务的客户端浏览程序，可向 Web 服务器发送各种请求，并对从服务器发来的超文本信息和各种多媒体数据格式进行解释、显示和播放。

浏览器应该具备以下三大能力。

1）跨终端能力。随着 PC、手机、平板电脑等多终端、多平台产品的融合，浏览器作为上网入口，其跨平台能力成为其必备的能力，PC 浏览器和手机浏览器可以统称为"浏览器"。

2）快捷、易用、安全。无论是 PC 端还是手机端浏览器，用户最为基础和迫切的需求就是速度、简单易用以及上网的安全性，否则浏览器就会失去存在的价值。

3）适度的平台化。比如 PC 和手机浏览器都应具备导航栏功能，方便用户一键上网，省去输入网址的麻烦。平台化能力考验企业整合资源的能力，若自身有大量资源可整合，将提升平台化的水平。

目前主流的浏览器有 IE 浏览器、谷歌浏览器、火狐浏览器、腾讯浏览器、360 浏览器等，常用的浏览器图标如图 6-1 所示。Windows 系统自带的是 Internet Explorer 浏览器。

图 6-1　浏览器图标

### 2. 浏览器的使用

（1）IE 浏览器

IE 浏览器由于其先入性的优势以及和操作系统捆绑的条件，霸主地位难以撼动。谷歌浏览器赢得人心的是简洁和速度，不过也有许多不完善的地方。火狐浏览器由于其开源、插件丰富、性能优越，应该是浏览器的首选，只是一些网站如支付类网站等非 IE 浏览器不可，导致许多用户成为多浏览器用户。

不同的浏览器界面不同，基本操作都是相似的，本任务以 IE 浏览器为例，讲解浏览器的使用。

双击桌面上的 IE 浏览器图标或单击任务栏中的图标，可打开 IE 浏览器的工作界面，如图 6-2 所示。工作界面包括标题栏、窗口控制按钮、前进后退按钮、地址栏、搜索栏、收藏夹栏、菜单栏、命令栏、网页浏览区和状态栏等。

1）IE 浏览器的工作界面。

● 网页标签：显示浏览器当前正在访问网页的标题。

● 收藏夹栏：包含在使用浏览器浏览时收藏的网站地址。

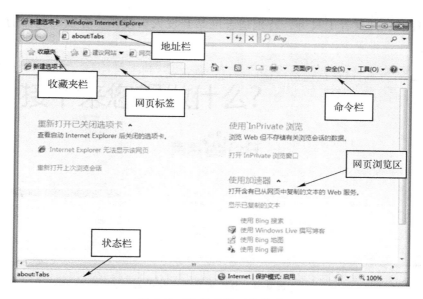

图 6-2　IE 浏览器工作界面

- 命令栏：包括一些常用的命令等。
- 地址栏：可输入要浏览的网页地址。
- 网页区：显示当前正在访问网页的内容。
- 状态栏：显示浏览器下载网页的实际工作状态。

2）IE 浏览器常见按钮的功能，如图 6-3 所示。

图 6-3　使用 IE 浏览器常见按钮

- 后退：回到访问过的上一个页面。
- 前进：能前进到浏览器访问过的下一个页面。
- 停止：能停止对当前网页内容的下载。
- 刷新：当打开一些更新很快的页面时，需要单击"刷新"按钮，或者是当打开的站点因为传输问题页面出现残缺时，也可单击"刷新"按钮，重新打开站点。
- 主页按钮：可以回到起始页，也就是启动浏览器后显示的第一个页面。
- 搜索按钮：可以登录到指定的搜索网站，搜索 WWW 的资源。
- 收藏夹按钮：可以打开收藏夹下拉列表。

（2）谷歌浏览器

谷歌浏览器（Google Chrome）的优点是提供了很多程序调试的工具，如扩展程序、编码、任务管理器、开发者工具等，特别适合网站开发人员使用。谷歌浏览器的工作界面如图 6-4 所示。

图 6-4　谷歌浏览器工作界面

### 3. 浏览网页的方法

（1）直接输入网址

要浏览某个网站，首先要知道它的域名或 IP 地址（如 www. baidu. com），并在地址栏中输入，按〈Enter〉键即可进入该网站的主页；或者使用前进后退按钮，查看浏览过的网站。

（2）使用历史记录

通过历史记录，用户可以直接访问以前浏览过的站点。

打开 IE 浏览器，单击右上角的五角星按钮，打开"查看收藏夹、源和历史记录"对话框，分为收藏夹、源和历史记录 3 个标签，单击"历史记录"标签，可以按照不同的时间段查看历史记录。另外还可以使用〈Ctrl + H〉组合键，快速打开历史记录窗口，如图 6-5 所示。

（3）使用收藏夹

IE 浏览器提供了网页收藏夹功能，对于经常访问的网站可以收藏起来，可以在不连接 Internet 的情况下在浏览器中浏览，这种方式又称"脱机浏览"。

图 6-5　IE 浏览器的
"历史记录"窗口

操作步骤如下。

1）进入到所需要的网站，选择菜单栏中的"收藏夹"选项，单击"添加到收藏夹栏"命令，如图 6-6 所示，或者使用快捷键〈Ctrl + D〉。

2）在打开的窗口中，用户可以修改网站名称，如果不修改，单击"确定"按钮即可。

再次浏览该网站的时候，打开浏览器，然后打开"收藏"菜单，单击收藏的名称即可。如果要整理收藏夹的内容，使之规整有序，可以使用"整理收藏夹栏"命令，进行相应的创建、移动、重命名、删除等操作。

另外，若要将网页添加到某个子收藏夹中，则在"添加到收藏夹栏"对话框中，单击"新建文件夹"按钮，创建子收藏夹，并将浏览到的网页地址放入其中，如图 6-7 所示。

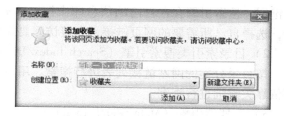

图 6-6 "添加到收藏夹"按钮　　　　　　　　图 6-7 添加子收藏夹

（4）使用 IE 浏览器的快捷键

一般在 IE 浏览器中浏览，使用鼠标操作非常方便，但是要加快浏览速度，提高上网效率，就必须使用快捷键。

- 〈Backspace〉：返回到前页。
- 〈Ctrl + N〉：打开新的浏览器窗口。
- 〈F5〉：刷新当前页。
- 〈F6〉：在地址栏和浏览器窗口之间转换。
- 〈F11〉：在全屏显示和窗口之间转换。

## 6.1.2　常见搜索引擎的使用

如果希望在网络中得到特定的信息，并且知道相应的标题或短语，用户可以使用搜索引擎。搜索引擎使用自动索引软件来发现、收集、标引网页并建立数据库，以 Web 形式提供给用户一个检索界面，供用户输入检索关键词进行检索，以发现包含所需信息的网页。

### 1. 搜索引擎

（1）搜索引擎的工作原理

搜索引擎的英文为 Search Engine。任何搜索引擎的设计，都有其特定的数据库索引范围、独特的功能和使用方法，以及预期的用户指向。搜索引擎是一个对互联网信息资源进行搜索整理和分类，并储存在网络数据库中供用户查询的系统，包括信息搜集、信息分类、用户查询 3 个部分。

搜索引擎的工作过程如下：

- 获取网页。每个独立的搜索引擎都有自己的网页获取程序。获取程序顺着网页中的超链接，连续获取网页，被获取的网页称为网页快照。
- 处理网页。搜索引擎获取网页后，要做大量的预处理工作，才能提供检索服务。其中，最重要的就是提前关键词，建立索引文件。
- 提供检索服务。用户输入关键词进行检索，搜索引擎能够从索引数据库中找到匹配该关键词的网页。为了便于用户判断，除了网页标题和 URL 外，还会提供一段来自网页的摘要及其他信息。

（2）搜索引擎的类型

搜索引擎按信息搜索服务和服务提供方式的不同，分为以下几种类型。

1）全文搜索引擎（Full Text Search Engine）。

由检索器根据用户的查询输入，按照关键词检索索引数据库，这种方式是大多数搜索引擎的主要功能。在主页上有一个检索框，用户在检索框中输入要查询的关键词，如果是多个关键词，搜索引擎会在自己的信息库中搜索含有输入关键词的信息条目。用户可以通过分析，选择自己所需要的网页链接，直接访问要找的网页。

2）目录索引类搜索引擎（Search Index/Directory）。

按目录分类的网站链接列表进行搜索。用户完全可以按照分类目录找到所需要的信息，不依靠关键词进行查询。

3）元搜索引擎（Meta Search Engine）。

检索时，元搜索引擎接收用户查询请求后，同时在多个搜索引擎上搜索，并对搜索结果进行汇集、筛选等优化处理后，以统一格式在统一界面集中显示。

4）智能搜索引擎。

此类搜索引擎除了提供传统的全网快速检索、相关度排序等功能外，还提供了用户等级、内容的语义理解、智能信息化过滤等功能，为用户提供了一个真正个性化、智能化的网络工具。

（3）常用中文搜索引擎

常用的中文搜索引擎网站见表6-2。

表6-2　常见搜索引擎

| 名　　称 | 网　　　址 |
| --- | --- |
| 百度 | http://www.baidu.com |
| bing（必应） | http://www.bing.com |
| 搜狗 | http://www.sogou.com |
| 天网搜索 | http://e.pku.edu.cn |
| 新浪 | http://www.sina.com.cn |
| 搜狐 | http://www.sohu.com |

**2. 关键词**

由于搜索引擎设计的目的、方向和技术的不同，同一个关键字在不同的搜索引擎上可能查到不同的结果，所以在使用搜索引擎前，要选择较为合适的引擎站点。对于同一个搜索引擎，关键字的不同，也可能获得不一样的结果。所以，掌握一定的网上搜索方法和技巧，对高效率地利用网络信息资源有着重要的意义。

关键词要能够表达查找资源的主题，不要使用没有实质意义的词，如介词、连词、虚词等。同时，还要注意利用同义词来约束该关键词，保证检索结果的全面性和准确性。确定了使用哪个搜索引擎后，最好先使用含义较广的词开始搜索，然后再逐步缩小范围。

1）使用英文双引号进行精确匹配。

如果要查找的是一个确切的词组或短语，可以通过英文双引号把整个短语作为一个关键词，如"教师培训"。若不用引号，所有网页中包含"教师"和"培训"这两个关键词之一的网页都会呈现给用户，反之则只呈现包含该短语的网页，检索精确度将大幅度提高。

2）利用多个关键词搜索。

使用多个关键词进行搜索时，关键词之间使用"＋""－"或空格进行连接。加入

"＋"或空格，表示告诉搜索引擎，这些关键词要同时出现在搜索结果的网页中；加入"－"则告诉搜索引擎，这个关键词不要出现在搜索结果的网页中。

3）搜索结果至少包含多个关键词中的任意一个。

使用大写的"OR"表示逻辑"或"操作。输入"A OR B"，就是指搜索的网页中，要么有 A，要么有 B，要么同时有 A 和 B。例如搜索包含 PHP 和 MySQL 的网页，可以输入"PHP OR MySQL"作为关键词进行搜索。

4）使用"site"把搜索限制在某网站内进行。

"site"表示搜索结果局限于某个具体网站或者网站频道，例如，在搜索引擎的搜索框中输入"网页设计与制作 site：51cto. com"，找到的网页都是 51cto. com 网站中的资源。

5）搜索某一类型的文档。

"filetype"可以检索相应类型的文档，如 docx、pptx、pdf 等。例如，要搜索网页设计与制作的 PPT 文档，直接输入"网页设计与制作 filetype：pptx"即可。

## 6.1.3 保存与下载资源

在无限广阔的网络世界，用户除了可以浏览各式各样的信息之外，还需要将各种信息保存下载，将网上提供的资料文件，如音乐、影片、游戏、软件、图片、网页等资源，保存到自己的计算机硬盘上，便于以后随时随地使用。

**1. 网页中链接文件的下载**

很多网页中，为可以直接下载的文件已经做好了链接，用户可以选择以下两种方式之一下载："直接单击"和"目标另存为"。例如，下载一个万能声卡驱动程序，找到驱动程序的下载地址超链接。

方法 1：直接单击。单击"立即下载"按钮，如图 6-8 所示。如果计算机中安装了"迅雷"等下载工具，则弹出如图 6-9 所示的对话框，单击"立即下载"按钮即可。

图 6-8 下载地址的超链接

如果未安装下载软件，则出现"文件下载"对话框，如图 6-10 所示，单击"保存"按钮，选择保存路径就可以保存到本地计算机了。

方法 2：目标另存为。右击链接弹出快捷菜单，选择"目标另存为"命令，弹出"另存为"对话框，选择保存位置，单击"保存"按钮即可。

图 6-9　下载对话框

图 6-10　"文件下载"对话框

### 2. 保存整个网页

如果将网页保存到本地计算机上，用户可以在浏览器窗口单击"文件"菜单，在打开的下拉菜单中选择"另存为"命令。弹出网页保存窗口，确定保存位置和网页名称后，单击"保存"按钮。使用这种方法保存网页，就将其中的所有文字和图片保存了下来，以后可以随时进入该文件夹进行查看，但是网页内容不会自动更新。如果希望看到最新的网页，还需要到实际的网站浏览。

另外，用户还可以在"文件"下拉菜单中单击"打印"命令，将整个页面打印出来。

### 3. 网页中单个图片的下载

在浏览到的网页上，如果想保存某个图片，用户可以在该图片上右击，如果在弹出的列表中有"图片另存为"命令，表明该图片是以一个普通的文件形式镶嵌在网页中的，单击该命令，在弹出的对话框中设定文件名和保存位置，就可以保存到本地硬盘上了。

对于这样的图片，也可以在右击弹出的列表中选择"复制"命令，将其复制到剪贴板中，再用画图等图形处理软件处理和保存，然后在 Word 或 PowerPoint 等软件中使用"粘贴"命令将该图片加入当前文档中。

如果在弹出的快捷菜单中没有"图片另存为"和"复制"选项，可以采用屏幕抓取的办法，单击〈PrintScreen〉键将整个屏幕复制下来，然后利用画图等图形处理软件进行处理。

## 6.1.4　数据库检索系统的使用

如果要检索大量的专业资源，如全文、书目、学位论文等，一般的搜索引擎无法完全满足需要，用户就必须通过一些专业的数据库检索系统进行查询。下面介绍几个常用的数据库检索系统。

### 1. 中国知网（CNKI）

中国知网是我国的国家知识基础设施（National Knowledge Infrastructure，NKI）。NKI 由世界银行于 1998 年提出。CNKI 工程是以实现全社会知识资源传播共享与增值利用为目标的信息化建设项目，由清华大学、清华同方发起，始建于 1999 年 6 月，目前已建成了中国期刊全文数据库、优秀博硕士学位论文数据库、中国重要报纸全文数据库、重要会议论文全文数据库、科学文献计量评价数据库系列光盘等大型数据库产品。

CNKI 中国期刊全文数据库（Chinese Journal Full – text Database，CJFD）收录了自 1994

年至今的 6600 种核心期刊与专业特色期刊的全文，积累全文文献 618 万篇，分为理工 A
（数理化天地生）、理工 B（化学化工能源与材料）、理工 C（工业技术）、农业、医药卫生、
文史哲、经济政治与法律、教育与社会科学、电子技术与信息科学 9 个专辑，126 个专题文
献数据库。

　　网站及数据库交换服务中心每日更新，各镜像站点通过互联网或光盘来实现更新。中国
知网的主页如图 6-11 所示。

图 6-11　中国知网主页

### 2. 万方数据知识服务平台（wanfangdata）

　　万方数据库是由万方数据公司开发的，是涵盖期刊、会议纪要、论文、学术成果、学术
会议论文的大型网络数据库，和中国知网齐名的专业学术数据库。它集纳了涉及各个学科的
期刊、学位、会议、外文期刊、外文会议等类型的学术论文、法律法规、科技成果、专利、
标准和地方志，收录自 1998 年以来国内出版的各类期刊 6 千余种，其中核心期刊 2500 余
种，论文总数量达 1 千余万篇，每年约增加 200 万篇。

　　万方数据知识服务平台的主页如图 6-12 所示。

### 3. 中国科学引文数据库（CSCD）

　　中国科学引文数据库（Chinese Science Citation Database，CSCD）创建于 1989 年，1999
年起作为中国科学文献计量评价系列数据库（ASPT）的 A 辑，由中国科学院文献情报中心
与中国学术期刊电子杂志社联合主办，并由清华同方光盘电子出版社正式出版，是我国最
大、最具权威的科学引文索引数据库，即中国的 SCI，为我国科学文献计量和引文分析研究
提供了强大的工具。

　　CSCD 收录了国内数学、物理、化学、天文学、地学、生物学、医药卫生、工程技术、
环境科学和管理科学等领域的中英文科技核心期刊和优秀期刊，其中核心库来源期刊为
650 种。

### 4. 维普中文科技期刊数据库（VIP）

　　维普网，原名"维普资讯网"，是重庆维普资讯有限公司建立的网站，该公司是中文期
刊数据库建设事业的奠基人，目前已经成为中国最大的综合文献数据库。它收录了 1989 年

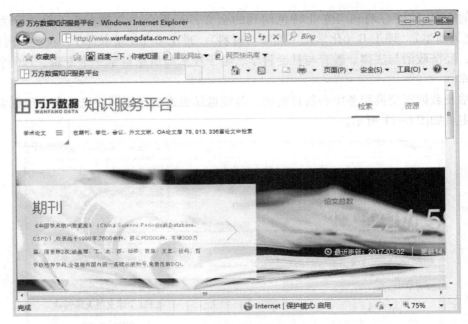

图 6-12　万方数据知识服务平台主页

以来 8000 余种中文期刊的 830 余万篇文献，并以每年 150 万篇的速度递增。

维普数据库按照《中国图书馆图书分类法》进行分类，所有文献分为 7 个专辑：自然科学、工程技术、农业科学、医药卫生、经济管理、教育科学和图书情报，7 大专辑又进一步细分为 27 个专题，并提供快速检索、传统检索、高级检索、分类检索等多种检索方式，还有期刊导航、专辑导航、分类导航的浏览方式。

维普数据中文期刊服务平台的主页如图 6-13 所示。

图 6-13　维普网的主页

## 任务 6.2　资源共享与远程访问

任务描述

学校为了学生会更好地开展学生工作，为学生会开设了新的办公场所，并配置了 10 台计算机和一台打印机，组建了一个小型局域网。小孙作为网络管理员，需要为计算机设置文件共享，方便计算机之间文件传输，协同工作，同时还要将打印机在局域网中共享，便于打印。

任务分析

完成任务的工作步骤与相关知识点分析见表 6-3。

表 6-3　任务分析

| 工 作 步 骤 | 相关知识点 |
| --- | --- |
| 文件共享 | 文件夹权限设置、共享设置 |
| 打印机添加 | 打印机驱动安装、默认打印机设置 |
| 打印机共享 | 打印机共享设置 |
| 主机远程设置 | 远程访问设置 |
| 远程访问主机 | 远程访问客户端使用 |

### 6.2.1　共享设置

下面以 Windows 7 操作系统为例，介绍在局域网中设置文件与打印机的共享。

1）打开"计算机"窗口，单击导航窗格中的"网络"命令，或者双击桌面上的"网络"图标，进入"网络"窗口，如图 6-14 所示。用户也可以在"控制面板"窗口中找到"网络和共享中心"，如图 6-15 所示。

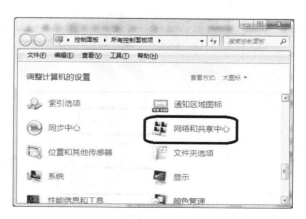

图 6-14　"网络"窗口　　　　　　　　　图 6-15　"控制面板"窗口

2）单击"网络和共享中心"选项，进入控制面板的"网络和共享中心"窗口，单击"更改高级共享设置"选项，如图6-16所示。

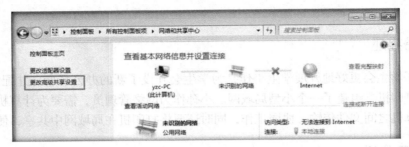

图6-16　网络和共享中心

3）在打开的"高级共享设置"窗口中，显示"家庭或工作"和"公用（当前配置文件）"两个区域，如图6-17所示。

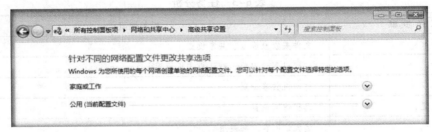

图6-17　高级共享设置窗口

4）根据任务实施要求，在构建局域网时，不需要密码就可以直接访问和使用共享的文件和打印机，操作步骤如下。

① 在"公用（当前配置文件）"区域中，选中"启用网络发现"和"启用文件和打印机共享"两个单选按钮，如图6-18所示。

图6-18　"公用（当前配置文件）"设置1

② 在"公用（当前配置文件）"区域中，选中"使用 128 位加密帮助保护文件共享连接"和"关闭密码保护共享"两个单选按钮，如图 6-19 所示。

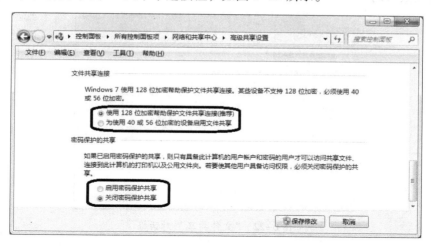

图 6-19　"公用（当前配置文件）"设置 2

③ 单击"保存修改"按钮，设置完毕。

5）设置共享的文件夹。

例如，需要共享一个名为"参考"的文件夹。右击文件夹并选择"属性"快捷菜单命令，打开该文件夹的"参考属性"对话框。

选择"参考属性"对话框的"共享"标签页，如图 6-20 所示，单击"高级共享"按钮，打开"高级共享"对话框，用户可以自定义共享文件夹的权限，修改共享文件夹的名字等，如图 6-21 所示。

图 6-20　"参考属性"对话框的"共享"标签页

图 6-21　"高级共享"对话框

在该文件夹"参考属性"对话框的"共享"标签页中，单击"共享"按钮，打开"文件共享"对话框，如图 6-22 所示。在下拉列表中选择要与其共享的用户，例如选择"黑客"账户,单击"添加"按钮,在列表框中显示用户名称,对该用户设置读取、读/写、删除等不同的权限级别。

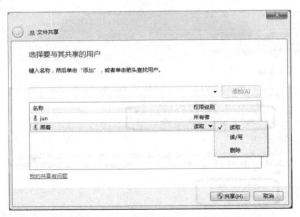

图 6-22 "文件共享"对话框

## 6.2.2 添加打印机并设置共享

添加打印机的操作步骤如下。

1)打开"开始"菜单,选择"设备与打印机"命令,或者在"控制面板"窗口中找到"设备与打印机"选项。打开"设备和打印机"窗口,如图 6-23 所示,选择"添加打印机"命令。

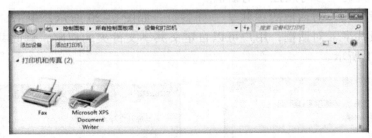

图 6-23 "设备和打印机"窗口

2)在打开的"添加打印机"对话框中,选择所需要安装的打印机类型。选择"添加本地打印机(L)",单击"下一步"按钮,如图 6-24 所示。

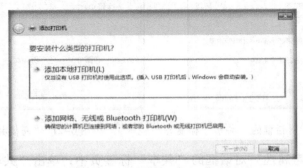

图 6-24 "添加打印机"对话框

3）选择打印机所使用的端口，如图 6-25 所示，单击"下一步"按钮。

4）选择厂商和打印机型号，安装打印机的驱动程序，如图 6-26 所示。

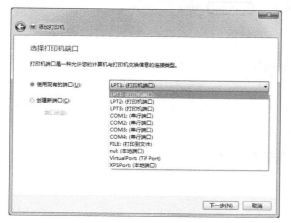 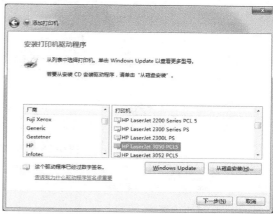

图 6-25  打印机端口选择　　　　　　　　　　　图 6-26  打印机驱动程序安装

5）设置打印机名称，单击"下一步"按钮，完成安装。此时可以看到"打印机共享"窗口，如图 6-27 所示。填写"共享名称"和"位置"，单击"下一步"按钮，此时打印机被设置为"默认打印机"。

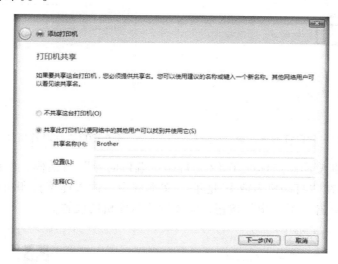

图 6-27  "打印机共享"窗口

## 6.2.3  设置网络打印机

在局域网中，如果需要将打印机设置成网络打印机，还需要进行如下设置。

1）添加了打印机，则在"设备和打印机"窗口显示出"打印服务器属性"按钮，如图 6-28 所示。单击该按钮，打开"打印服务器属性"对话框。

2）在"打印服务器属性"对话框中，选择"端口"标签页，如图 6-29 所示。单击"添加端口"按钮，打开"打印机端口"对话框，如图 6-30 所示。在下拉列表中选择"Standard TCP/IP Port"选项，单击"新端口"按钮。

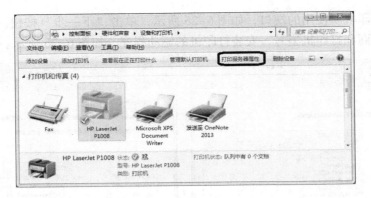

图 6-28　"设备和打印机"窗口

图 6-29　打印机属性 – 端口设置

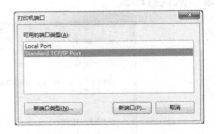

图 6-30　"打印机端口"对话框

3）打开"欢迎使用添加标准 TCP/IP 打印机端口向导"对话框，根据向导提示依次完成端口设置。最后在"打印机名或 IP 地址"文本框中，输入连接打印机的计算机 IP 地址，如图 6-31 所示。单击"下一步"按钮，完成网络打印机的设置。

图 6-31　添加标准 TCP/IP 打印机端口向导—添加端口

4）设置了网络打印机，在本网络中的用户就可以使用了。若需要在网络中的任何计算机上访问该打印机，操作步骤如下：

① 打开"网络"窗口。

② 双击连接打印机的计算机的图标。

③ 双击打印机图标。Windows 系统会自动将打印机添加到计算机，并安装打印机驱动程序。

## 6.2.4　连接远程桌面

远程桌面连接可以帮助用户使用一台计算机连接到其他位置的"远程计算机"。例如从家庭计算机连接到工作计算机，并访问其所有的程序、文件和网络资源，让程序在工作计算机上运行，然后在家庭计算机上浏览工作计算机的桌面以及正在运行的程序。

### 1. 主机远程设置

为了安全，系统默认情况下远程桌面是关闭的。如果要使用远程桌面和远程协助，必须先将其开启，具体操作方法如下。

方法 1：打开"开始"菜单，右击"计算机"按钮，在弹出的快捷菜单中选择"属性"命令，进入"系统"窗口，如图 6-32 所示。

方法 2：在"控制面板"窗口中，选择"系统"选项，打开"系统"窗口。

图 6-32　"系统"窗口的远程设置

主机远程设置的操作步骤如下。

1）在"系统"窗口中，选择"远程设置"选项，打开"系统属性"窗口，如图 6-33 所示。

2）在"系统属性"窗口中，选择"远程"标签页，勾选"远程协助"区域中的"允许远程协助连接这台计算机"复选框，选中"远程桌面"区域中的"仅允许运行使用网络级别身份验证的远程桌面的计算机连接"单选按钮，用来保障远程连接的安全性。

3）单击"选择用户"按钮，打开"远程桌面用户"对话框，通过"添加"按钮，限定用户远程连接此计算机，如图 6-34 所示。如果需要创建新用户账户或将用户添加到其他组，首先在控制面板窗口中创建用户账户。

4）单击"远程协助"区域中的"高级"按钮，打开"远程协助设置"对话框，设置远程协助的限制属性，如图 6-35 所示。

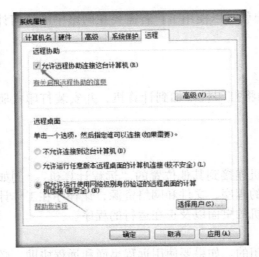

图 6-33 "系统属性"对话框的"远程"标签页

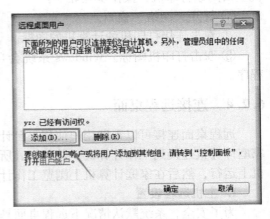

图 6-34 添加远程桌面用户

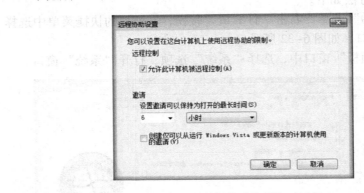

图 6-35 "远程协助设置"对话框

### 2. 远程登录主机

远程桌面允许用户在本地登录远程计算机，使用远程桌面必须具备下列条件：

◆ 远程计算机处于开机状态。

◆ 远程计算机允许进行远程桌面连接。

◆ 用户拥有远程计算机的账号和密码，即拥有对其合法的访问权限。

启动远程桌面连接的方法如下。

方法 1：单击"开始"→"附件"中的"运行"按钮，或者使用组合键〈Win + R〉，打开"运行"窗口，输入"mstsc"命令，按〈Enter〉键确认即可打开远程桌面连接。

方法 2：单击"开始"→"附件"中的"远程桌面连接"按钮，可以直接打开该窗口。

设置远程桌面连接的操作步骤如下。

1）在"远程桌面连接"窗口中，选择"常规"标签页的"登录设置"区域，在"计算机（C）"的文本框中输入需要远程控制的完整计算机名称。

2）输入用户名。勾选"允许我保存凭据"复选框，在远程连接时需要询问凭据。

3）单击"连接"按钮，即可开始连接，如图 6-36 所示。如果无法连接到远程计算机，弹出警告窗口，用户可以根据提示查找原因，如图 6-37 所示。

图 6-36 "远程桌面连接"窗口

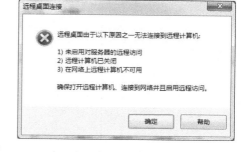

图 6-37 "远程桌面连接"警告提示框

连接成功后，用户就可以看到远程计算机的桌面，能够像在本地一样操作远程计算机。在远程计算机的资源管理器中同时显示本地计算机的磁盘和远程计算机的磁盘，用户可以交换两台计算机的数据。如果需要断开连接，直接在远程计算机上执行"注销"即可。

## 任务 6.3    无线局域网的组建与管理

 **任务描述**

学生会为了方便笔记本电脑等移动 PC 的联网，采购了一台无线路由器，小孙作为网络管理员，需要使用这台无线路由器组建一个无线局域网，方便移动办公使用。

 **任务分析**

完成任务的工作步骤与相关知识点分析见表 6-4。

表 6-4    任务分析

| 工作步骤 | 相关知识点 |
| --- | --- |
| 无线路由器的配置 | 配置客户端设置、路由器 SSID 设置、频段设置、DHCP 配置等 |
| 主机与路由器连接 | 热点选择、客户端配置等 |
| 无线局域网维护 | 上网时间限定、MAC 地址过滤、无线局域网故障排除等 |

### 6.3.1    无线路由器

无线路由器包括共享宽带上网的能力和无线客户端接入的能力，应选择品牌产品，其产品性能和发射功率有保证，同时在支持接入主机数量、安全方案、无线覆盖范围、设置管理等方面也会得到保证。建议购买 D－LINK、TP－LINK、Cisco－Linksys、华为或 H3C 等。

无线路由器应放置在接收信号最强并且干扰最小的位置。一般将无线路由器放置在中心位置，应离开地面，并且远离墙壁和金属物品（如金属文件柜）。计算机与路由器之间的物理障碍物越少，越有可能使用路由器的全信号强度，同时避免与微波炉、无绳电话等设备的相互干扰。

根据任务实施要求，首先对无线局域网进行物理设计，其拓扑结构如图 6-38 所示。

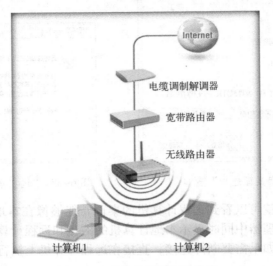

图 6-38　无线局域网拓扑结构

## 6.3.2　无线路由器的配置

目前流行的无线路由器，一般都支持专线 XDSL、Cable、动态 XDSL、PPTP 4 种接入方式，还具有部分网络管理的功能，如 DHCP 服务、NAT 防火墙、MAC 地址过滤等功能。大多数无线路由器实行 802.11n 无线规范，可以与 802.11ac 向下兼容，所以两种规格并行于市场主流。二者的区别是：802.11n 无线规范已经同步支持 2.4 GHz 与 5 GHz 两种频率，而 802.11ac 使用 5 GHz 频率。

本次任务采用的是 TP-Link 无线路由器，配置无线路由器的操作步骤如下：

1）常见的无线路由器一般都有一个 RJ45 接口作为 WAN 口，也就是 UPLink 到外部网络的接口，其余 2~4 个接口作为 LAN 口，用来连接普通局域网，内部有一个网络交换机芯片，专门处理 LAN 接口之间的信息交换。通常无线路由的 WAN 口和 LAN 之间的路由工作模式一般都采用 NAT 方式。所以，无线路由器也可以作为有线路由器使用。

TP-Link 无线路由器的接口如图 6-39 所示。注：如果路由器忘了密码，用户可以按住〈reset〉键 10 s 左右，即可恢复出厂设置。

图 6-39　无线路由器接口

2）按照如图6-40所示进行连接。WAN口连接宽带进线，LAN口连接局域网内计算机的网卡。

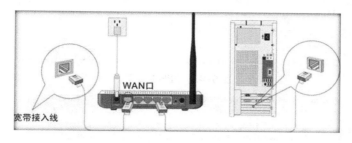

图6-40 配置连接示意图

3）第1次配置无线宽带路由器时，参照说明书找到无线宽带路由器默认的IP地址是192.168.1.1，默认子网掩码是255.255.255.0。由于TP-LINK TL-WR541G的配置界面是基于浏览器的，所以要先建立正确的网络链接，将本地计算机通过网卡连接到无线宽带路由器的局域网端口。

在计算机中启动IE浏览器，在浏览器窗口的地址栏上输入"http://192.168.1.1"，输入默认的用户名和密码：admin，admin，即可进入配置主界面，如图6-41所示。

图6-41 无线路由器配置主界面

4）登录之后，出现"设置向导"窗口，单击"下一步"按钮。

5）单击"下一步"按钮后出现如图6-42所示窗口用来设置上网方式。如果设置为"PPPoE"方式，需要提供拨号时所需的用户名和账号，如图6-43所示。如果选择以太网宽带，则需要填写所分配的IP地址和子网掩码，静态IP地址配置如图6-44所示。

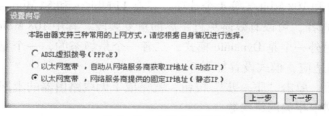

图6-42 上网方式设置

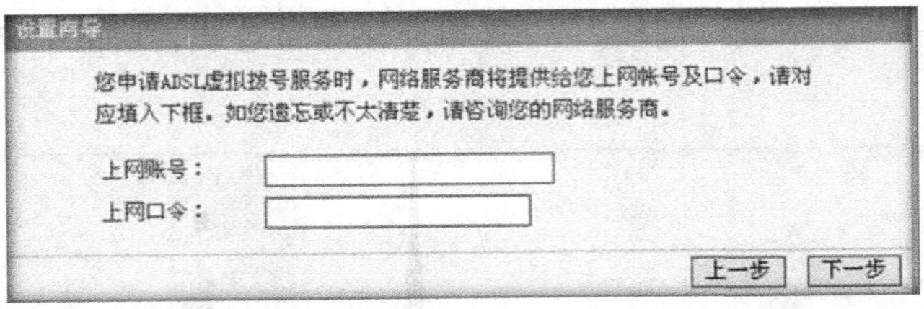

设置向导

您申请ADSL虚拟拨号服务时，网络服务商将提供给您上网帐号及口令，请对应填入下框。如您遗忘或不太清楚，请咨询您的网络服务商。

上网账号：［　　　　　　　　　　］

上网口令：［　　　　　　　　　　］

　　　　　　　　　　　　　　　　　上一步　下一步

图 6-43　PPPoE 设置

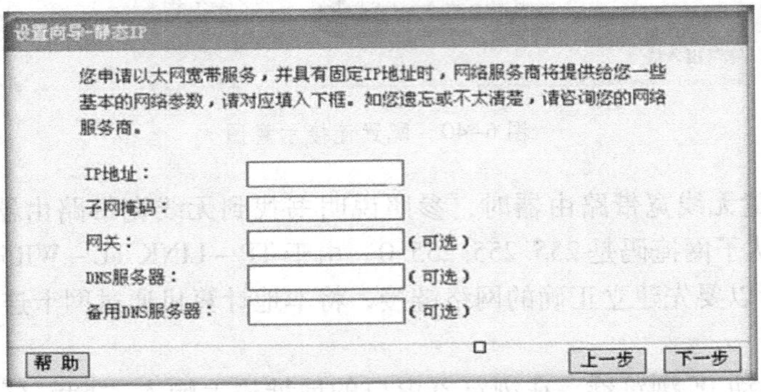

设置向导-静态IP

您申请以太网宽带服务，并具有固定IP地址时，网络服务商将提供给您一些基本的网络参数，请对应填入下框。如您遗忘或不太清楚，请咨询您的网络服务商。

IP地址：［　　　　　　　　］

子网掩码：［　　　　　　　　］

网关：［　　　　　　　　］（可选）

DNS服务器：［　　　　　　　　］（可选）

备用DNS服务器：［　　　　　　　　］（可选）

帮助　　　　　　　　　　　　　　　　上一步　下一步

图 6-44　静态 IP 地址设置

6）经过以上的设置之后，在前两个步骤单击"下一步"按钮都会跳转到如图 6-42 所示的窗口，如果选择的是动态 IP 则直接跳转到这里。选择路由是否开启无线状态，默认是开启的。SSID 是无线局域网用于身份验证的登录名，只有通过身份验证的用户才可以访问本无线网络。SSID 设置如图 6-45 所示。

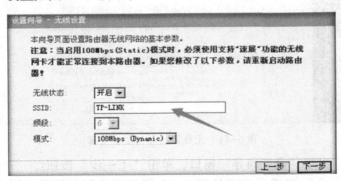

设置向导 — 无线设置

本向导页面设置路由器无线网络的基本参数。

注意：当启用108Mbps(Static)模式时，必须使用支持"速展"功能的无线网卡才能正常连接到本路由器。如果您修改了以下参数，请重新启动路由器！

无线状态：　开启 ▾

SSID：　TP-LINK

频段：　6 ▾

模式：　108Mbps (Dynamic) ▾

　　　　　　　　　　　　　　　　上一步　下一步

图 6-45　SSID 设置

7）设置无线路由工作模式。在模式这里可以选择带宽设置有 11 Mbit/s（界面中表示为 11 Mps）、54 Mbit/s 和 108 Mbit/s 等 4 个选项，只有 11 Mbit/s 和 54 Mbit/s 可以选择频段，共有 1～13 个频段供选择，可以有效避免近距离的重复频段。其中 108 Mbit/s 模式有两个，一个是 Static 模式，另外一个是 Dynamic 模式，二者一个是静态的，一个是动态的。建议选择动态或 54 Mbit/s 自适应，模式设置如图 6-46 所示。

8）设置完成后，单击"下一步"按钮，就完成了无线路由器的上网设置。

9）设置局域网中相关网络参数。

进入"网络参数"设置的"LAN 口设置"，即用户希望组建的局域网网段，如图 6-47

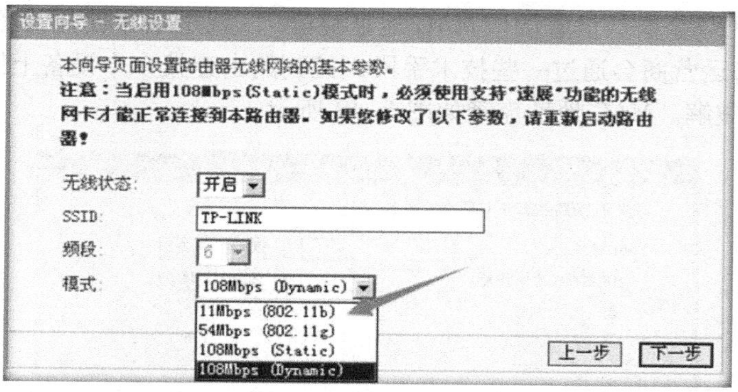

图 6-46　模式设置

所示。IP 地址即用户将要使用的网关，IP 地址设置好后，子网掩码有 255.255.255.0 和 255.255.0.0 可以选择。如果选择 255.255.255.0，最多可以使用 254 个 IP 地址，按照设置的 IP 地址项表述的话就是 100.100.100.1 ~ 100.100.100.254 可以使用，但是路由器本身占用了 .1 的地址，所以只有 253 个。如果选择的是 255.255.0.0，则可以使用 100.100.0.1 ~ 100.100.255.254 的除路由器占用的 .1 外的任意 IP 地址。

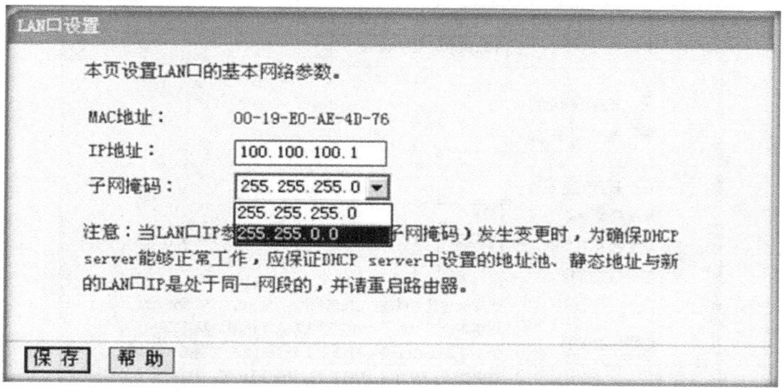

图 6-47　LAN 口设置

10）进入"网络参数"设置的"WAN 口设置"，就是刚才使用设置向导设置好的上网信息，如图 6-48 所示。

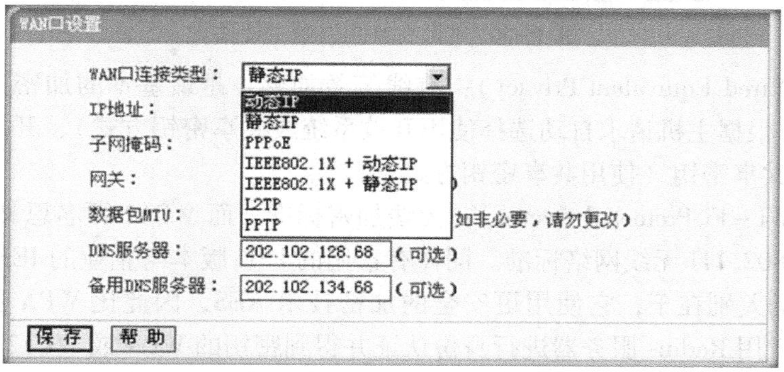

图 6-48　WAN 口设置

259

11）进入"网络参数"设置的"MAC 地址克隆"，就是刚才使用设置向导设置好的上网信息。有些网络运营商会通过一些技术手段，控制路由连接多个设备上网，用户可以通过克隆 MAC 地址来破解。MAC 地址克隆如图 6-49 所示。

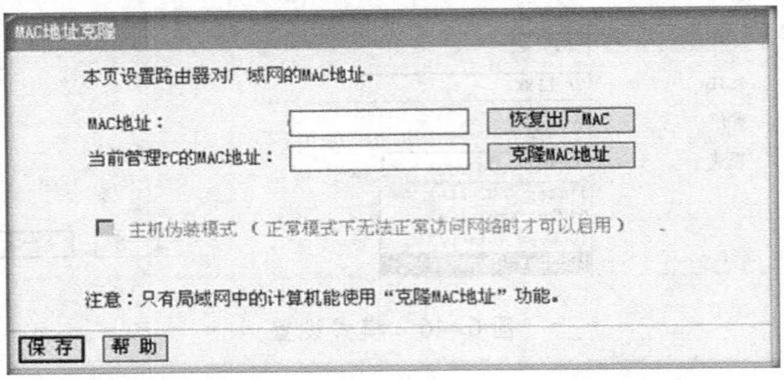

图 6-49 MAC 地址克隆

12）进入"无线参数"中的"基本设置"，在这里设置安全密码，如图 6-50 所示。密码的安全类型主要有 3 个：WEP、WPA/WPA2、WPA – PSK/WPA2 – PSK。

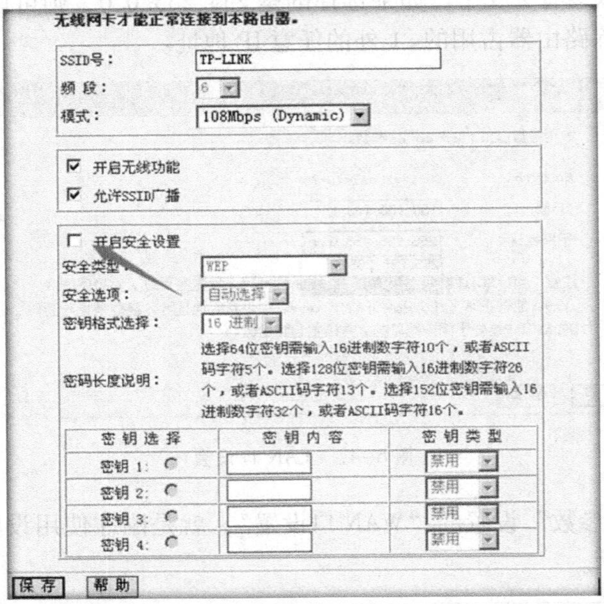

图 6-50 "无线参数"基本设置

① WEP（Wired Equivalent Privacy）：有线等效加密，是最基本的加密技术。其安全选项有自动选择（根据主机请求自动选择使用开放系统或共享密钥方式）、开放系统（使用开放系统方式）、共享密钥（使用共享密钥方式）3 个。

② WPA（Wi – Fi Protected Access）：无线加密标准，而 WPA2 顾名思义就是 WPA 的加强版，是 IEEE 802.11i 无线网络标准。同样有家用的 PSK 版本与企业的 IEEE 802.1x 版本。WPA2 与 WPA 的差别在于，它使用更安全的加密技术 AES，因此比 WPA 更难破解、更安全。WPA/WPA2 用 Radius 服务器进行身份认证并得到密钥的 WPA 或 WPA2 模式。在 WPA/WPA2 或 WPA – PSK/WPA2 – PSK 的加密方式都一样包括自动选择、TKIP 和 AES。

③ WPA – PSK/WPA2 – PSK：基于共享密钥的 WPA 模式。这里的设置和之前的 WPA/WPA2 也大致相同，注意这里的 PSK 密码是 WPA – PSK/WPA2 – PSK 的初始密码，最短为 8 个字符，最长为 63 个字符。

对于任何品牌型号的无线路由器，推荐使用 WPA2 安全类型。

13）无线网络 MAC 地址过滤设置。用户可以利用本页面的 MAC 地址过滤功能对无线网络中的主机进行访问控制。如果开启了无线网络的 MAC 地址过滤功能，并且过滤规则选择了"禁止列表中生效规则之外的 MAC 地址访问本无线网络"，而过滤列表中又没有任何生效的条目，那么任何主机都不可以访问本无线网络。MAC 地址过滤设置如图 6-51 所示。

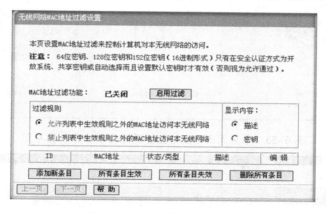

图 6-51　MAC 地址过滤设置

14）DHCP 服务设置。在无线参数的设置以后，回到 TP – LINK 路由基本设置页面中的 DHCP 服务设置。用户可以配置 DHCP 服务，为连接到无线路由器的终端 PC 自动分配 IP 地址、子网掩码、网关以及 DNS 服务器等。DHCP 服务配置如图 6-52 所示。

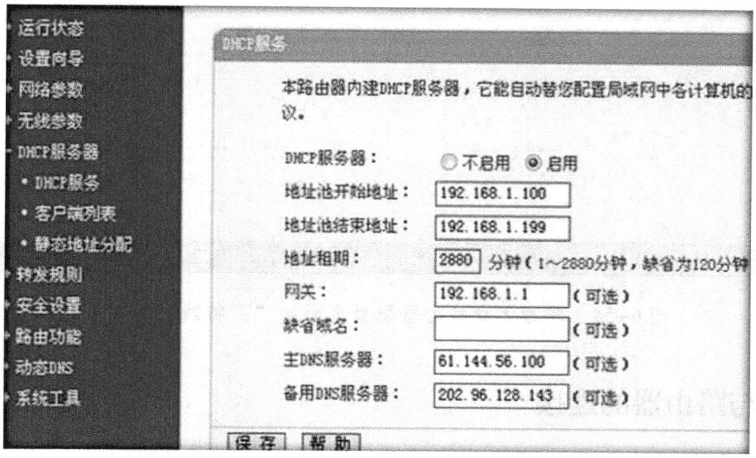

图 6-52　DHCP 服务配置

对于不同品牌的无线路由器，其配置方法需要参考说明书，根据网页中的提示和要求，完成相应的参数配置。例如华为无线路由器的配置页面如图 6-53 和图 6-54 所示。

图 6-53　华为无线路由器配置页面的"首页"标签页

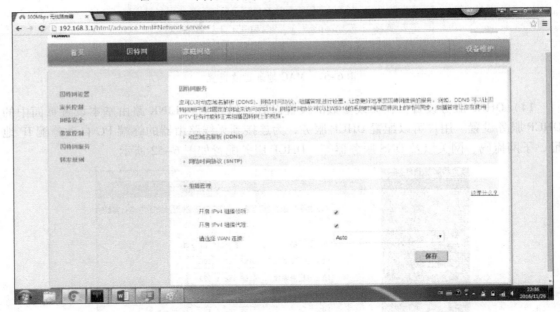

图 6-54　华为无线路由器配置页面的"因特网"标签页

## 6.3.3　主机与路由器的连接

连接主机和路由器的步骤如下。

1）打开"控制面板"中的"网络和共享中心"，单击"更改适配器设置"命令。

2）打开"网络连接"，找到本地无线网卡，右击选择"属性"命令，打开"WLAN 属性"窗口，选中"Internet 协议版本 4（TCP/IPv4）"选项，单击"属性"按钮。无线网卡属性对话框如图 6-55 所示。

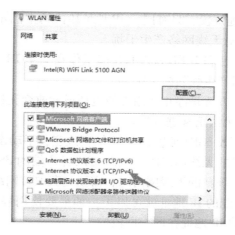

图 6-55　无线网卡属性对话框

3）设置无线网卡 TCP/IP 参数，由于在无线路由器上已经设置了 DHCP 服务，所以设置为"自动获取 IP 地址"。

4）单击计算机屏幕右下角的无线网络图标，打开无线网络连接列表，如图 6-56 所示。选择设定的无线网络 SSID，选中该 SSID，单击"连接"按钮，输入网络安全密钥，如图 6-57 所示。验证成功就可以连接到无线路由器。

图 6-56　无线网络连接热点列表

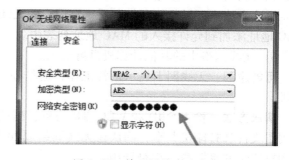

图 6-57　输入网络安全密钥

### 6.3.4　无线局域网的管理

#### 1. 常见故障分析

在使用无线网络的时候，经常会出现一些故障，下面针对常见的一些故障进行分析，并加以解决。

1）无线网络内部能够正常连接，但是无法和与无线路由器相连的以太网进行通信。

**可能原因：** 局域网（LAN）端口连接故障；IP 地址设置有误。

**解决方法：** 通过查看 LAN 指示灯来检查 LAN 端口与以太网连接是否正确。查看无线网络和以太网是否在同一 IP 地址段，只有同一 IP 地址段内的主机才能进行通信。

2）拨打无绳电话时，对无线网络产生干扰。

**可能原因：**由于无绳电话和 IEEE 802.11b 都工作在 2.4 GHz 频段上，因此，当拨打无绳电话时，就会对无线网络产生强烈的干扰。

**解决方法：**一般的解决方法是停止使用无绳电话或者改变无线网络所使用的信道。

3）网络环境改变时，无法正常进行接入。

**可能原因：**没有及时更改 SSID 配置；WEP 加密改变；手动设置 IP 地址信息。

**解决方法：**当接入到新的无线网络时，及时更改客户端的 SSID 设置；如果接入无线网络需要使用密钥，则在接入该新的无线网络时，需要先获取该网络的密钥以便进行接入；通常情况下，使用无线 AP 分配的 IP 地址就可以了。如果要使用静态的 IP 地址，则必须确保该静态 IP 地址和无线 AP 的 IP 地址在同一网段内。

4）混合无线网络经常掉线。

**可能原因：**从理论上说，IEEE 802.11g 协议是向下兼容 802.11b 协议的，使用这两种协议的设备可以同时连接至使用 IEEE 802.11g 协议的 AP。但是，从实际经验来看，只要网络中存在使用 IEEE 802.11b 协议的网卡，那么整个网络的连接速度就会降至 11 Mbit/s（IEEE 802.11b 协议的传输速率）。

**解决方法：**在混用 IEEE 802.11b 和 IEEE 802.11g 无线设备时，一定要把无线 AP 设置成混合（Mixed）模式，使用这种模式就可以同时兼容 IEEE 802.11b 和 802.11g 两种模式。

5）设置全部正确，却无法接入无线网络。

**可能原因：**网络管理员对无线路由器设置了 MAC 地址过滤，只允许指定的 MAC 地址接入到无线网络中，而拒绝未被授权的用户以保证无线网络的安全。

**解决方法：**可以与管理员联系，将用户的无线网卡的 MAC 地址告诉对方，请对方将此 MAC 地址添加到允许接入的 MAC 地址列表中。

6）无线网络中的其他计算机没有显示。

**可能原因：**无线网卡显示正常工作，但是在"网络"窗口中无法查看网络中的其他计算机。

**解决方法：**检查 SSID 和 WEP 参数设置，确认拼写和大小写正确无误；检查计算机是否启用了文件和打印机共享，确认在无线网络属性"常规"选项卡中的"Microsoft 网络的文件和打印机共享"复选框被选中。

7）无线客户端接收不到信号。

**可能原因：**无线网卡距离无线 AP 或者无线路由器的距离太远，超过了无线网络的覆盖范围；无线 AP 或者无线路由器未加电或者没有正常工作，导致无线客户端根本无法进行连接；如果定向天线的角度存在问题，也会导致无线客户端无法正常连接；如果无线客户端没有正确设置网络 IP 地址，就无法与无线 AP 进行通信；如果网卡的 MAC 地址被过滤掉了，也无法进行正常的网络连接。

**解决方法：**在无线客户端安装天线以增强接收能力。如果有很多客户端都无法连接到无线 AP，则在无线 AP 处安装全向天线以增强发送能力；通过查看 LED 指示灯来检查无线 AP 或者无线路由器是否正常工作，并使用笔记本电脑进行近距离测试；若无线客户端使用了天线，则试着调整一下天线的方向，使其面向无线 AP 或者无线路由器的方向；为无线客户端设置正确的 IP 地址；查看无线 AP 或者无线路由器的安全设置，将无线客户端的 MAC 地址设置为可信任的 MAC 地址。

**2. 防止网络盗用**

用户在使用无线路由器时，要防止网络被其他人连接，常用方法如下：

（1）修改密码

密码被盗用，最简单的方法就是修改路由器的默认密码，使用 WPA2 加密技术。设置密码时最好使用汉字，可以有效防止破解。

（2）MAC 物理地址绑定和过滤

设置无线路由器时，要使用 MAC 地址的绑定和过滤地址。一是绑定自己的地址，二是过滤别人的地址。如果得到蹭网者的一个 IP 地址和 MAC 地址，就可以打开 MAC 地址过滤表，把对方的主机过滤掉，使其不能再连接到无线网络。

（3）关闭 DHCP，使用静态 IP

DHCP 的功能是用来自动分配 IP 地址。所以，需要关闭路由器的 DHCP 功能，同时把 SSID 号和密码都更换，最好把 LAN 口的上网网段也进行修改，然后设置计算机 IP，用固定 IP 上网。只要不知道上网网段，就算账号和密码被盗，也没有正确的 IP 可以上网。

这个方法会让用户在使用网络时，不是很方便。

（4）关闭 SSID 广播

在路由器无线设置的基础参数里，将 SSID 广播的选项取消，就可以不对外广播 Wifi 名称了。如果需要上网，在无线终端上手动建立连接就可以了。

 能力训练

**1. 设置办公网络打印机**

某公司组成局域网后，通过网络实现了软件、资料等资源的共享，工作效率提高了许多。近日，公司新购买了一台打印机，型号为 HP LaserJet 1200，并将其连接在了计算机 A1 上。在使用过程中发现，只能通过计算机 A1 打印，其他计算机要打印文件时，需要先把文件通过网络共享复制到 A1 中，再进行打印。这样极为不便，请你为该公司设计一个解决方案，让打印机也可以像文件夹一样在网络中共享使用。

**2. 实现办公文件共享**

某公司办公室原有一台用于编辑处理办公文档等工作的计算机，随着公司业务的发展，又新增了两名员工并新购置了两台计算机。在实际工作中，办公室的员工发现，办公材料经常需要利用 U 盘等存储设备复制到其他计算机中进行其他操作，非常不方便。同时，由于经常使用他人的计算机，自己的计算机也要被他人使用，所以一般不设置用户密码，管理上存在很大漏洞。希望你能帮他们解决这个难题。

**3. 组建办公室无线局域网**

某公司新租用写字楼 4 个大开间区域做办公室，写字楼为公司提供一个 100 Mbit/s 静态以太网接口，IP 地址是 172.16.1.254，子网掩码是 255.255.255.0，默认网关是 172.16.1.1。员工可以通过写字楼的有限局域网接入互联网。公司需要在新租用的大开间组建无线局域网，购入 4 台无线路由器，要求配置一个开放的 WLAN，并为每个客户端动态分配地址，请你帮助他们完成这个工作。

## 知识测试

### 一、选择题

1. WWW 检索工具主要检索 WWW 站点上的资源，通常称为搜索引擎，常用的搜索引擎有很多，下列网址不是搜索引擎的是（　　）。

A. Http://www.sohu.com
B. Http://www.baidu.com
C. Http://www.google.com
D. Http://www.cnki.net

2. 常用的搜索引擎有很多，下列网站中不提供针对互联网的全文搜索服务的是（　　）。

A. 搜狗　　　　B. 百度　　　　C. Google　　　　D. CNKI

3. 重庆维普《中文科技期刊数据库》和 CNKI 的《中国期刊全文数据库》所收录的文献分别始于（　　）年。

A. 1989，1994　　　B. 1989，1915　　　C. 1998，1915　　　D. 1998，1994

4. 若想找到某学位论文的电子版并下载到本地计算机，应在（　　）数据库中查找。

A. 维普中文科技期刊数据库
B. 复印报刊资料全文数据库
C. 超星数字图书馆
D. 万方数据资源系统

5. 在局域网中，能提供网络共享打印服务的是（　　）。

A. 文件服务器　　　B. 打印服务器　　　C. 通信服务器　　　D. 数据库服务器

6. 共享文件夹的访问权限类型有 3 种，下列不是访问权限类型的是（　　）。

A. 读取　　　　B. 更改　　　　C. 部分控制　　　　D. 完全控制

7. 管理打印机的权限有 3 个等级，下列不是等级的是（　　）。

A. "管理打印机队列"权限
B. "打印"权限
C. "管理文档"权限
D. "管理打印机"权限

8. 无线局域网 WLAN 传输介质是（　　）。

A. 无线电波　　　B. 红外线　　　C. 载波电流　　　D. 卫星通信

9. 下列设备中不会对 WLAN 产生电磁干扰的是（　　）。

A. 微波炉　　　B. 蓝牙设备　　　C. 无线接入点　　　D. GSM 手机

10. 在下面信道组合中，选择有 3 个非重叠信道的组合（　　）。

A. 信道 1　信道 6　信道 10
B. 信道 2　信道 7　信道 12
C. 信道 3　信道 4　信道 5
D. 信道 4　信道 6　信道 8

### 二、判断题

1. 浏览器可以直接打印所浏览的网页。（　　）

2. 在设置共享文件夹权限的对话框中，Everyone 指的是所有共享用户。（　　）

3. 共享文件夹的访问权限有读取、更改和完全控制，读取是所有新建共享的默认权限。（　　）

4. 目前，无线传输介质主要有无线电、微波、红外线、蓝牙。（　　）

5. 无线局域网的标准是 IEEE802 系列标准。（　　）